Teubner-Reihe Wirtschaftsinformatik

R. Kaschek (Hrsg.)

Entwicklungsmethoden für Informationssysteme
und deren Anwendung

Teubner-Reihe Wirtschaftsinformatik

Herausgegeben von

Prof. Dr. Dieter Ehrenberg, Leipzig
Prof. Dr. Dietrich Seibt, Köln
Prof. Dr. Wolffried Stucky, Karlsruhe

Die „Teubner-Reihe Wirtschaftsinformatik" widmet sich den Kernbereichen und den aktuellen Gebieten der Wirtschaftsinformatik.

In der Reihe werden einerseits Lehrbücher für Studierende der Wirtschaftsinformatik und der Betriebswirtschaftslehre mit dem Schwerpunktfach Wirtschaftsinformatik in Grund- und Hauptstudium veröffentlicht. Andererseits werden Forschungs- und Konferenzberichte, herausragende Dissertationen und Habilitationen sowie Erfahrungsberichte und Handlungsempfehlungen für die Unternehmens- und Verwaltungspraxis publiziert.

Entwicklungsmethoden für Informationssysteme und deren Anwendung

EMISA '99
Fachtagung der Gesellschaft
für Informatik e.V. (GI),
September 1999 in Fischbachau

Herausgegeben von
Dr. Roland Kaschek
Universität Klagenfurt

 B.G.Teubner Stuttgart · Leipzig 1999

Dr. Roland Kaschek

Geboren 1955 in Merkstein. Von 1976 bis 1979 Ausbildung zum mathematisch-technischen Assistenten im Forschungszentrum Jülich. Von 1980 bis 1986 Studium der Mathematik an der Universität Oldenburg. 1990 Promotion an derselben Universität mit einer Arbeit über Endomorphismenmonoide endlicher Graphen. Seit 1990 Universitätsassistent an der Universität Klagenfurt. Arbeitsschwerpunkte: Entwurf von Informationssystemen, Objektorientierte Analyse einschließlich Prozeß-Modellierung, Mathematische Grundlagen der konzeptionellen Modellierung.

Gedruckt auf chlorfrei gebleichtem Papier.

Die Deutsche Bibliothek – CIP-Einheitsaufnahme

Entwicklungsmethoden für Informatiksysteme und deren Anwendung : Fachtagung der Gesellschaft für Informatik e.V. (GI), September 1999 in Fischbachau / EMISA '99. Hrsg. von Roland Kaschek. – Stuttgart ; Leipzig : Teubner, 1999
  (Teubner-Reihe Wirtschaftsinformatik)

  ISBN-13:978-3-519-00275-8   e-ISBN-13:978-3-322-84795-9
  DOI: 10.1007/978-3-322-84795-9

Vorwort

Die Bedeutung von Informationssystemen für unser heutiges Leben kann nicht hoch genug eingeschätzt werden. Neue spezifische Arten von Informationssystemen eröffnen bzw. erobern neue Anwendungsbereiche. Etablierte Arten sind zu unverzichtbaren Werkzeugen geworden. Ohne ein von Methoden geleitetes Herangehen an die Entwicklung von Informationssystemen wären viele Entwickler durch die an sie gestellten Aufgaben überfordert. Die 1976 gegründete Fachgruppe EMISA (Entwicklungsmethoden für Informationssysteme und ihre Anwendung) der GI (Gesellschaft für Informatik) hat dies frühzeitig erkannt und sich darum bemüht, ein Forum zur Diskussion von Fragen der Entwicklung von Informationssystemen zu etablieren. Der Umstand, daß die EMISA mit etwa 1600 Mitgliedern eine der größten Fachgruppen der GI ist zeigt, daß ein derartiges Forum nach wie vor notwendig ist.

Fachtagungen der Fachgruppe EMISA zeichnen sich im allgemeinen dadurch aus, daß sie der Diskussion durch die Teilnehmer einen breiten Raum einräumen. Das hängt damit zusammen, daß Methoden nur dann helfen können Aufgaben besser zu bewältigen, wenn sie dazu führen, daß die Methodenanwender Wissen über ihre Domäne entwickeln und systematisieren. Dies aber setzt gerade voraus, daß eine kritische Auseinandersetzung mit der jeweiligen Methode stattfindet, daß Methoden verglichen und bewertet sowie ihre Stärken, Schwächen und Grenzen erkannt werden. Dazu Anregungen und Anleitung zu geben, ist auch Aufgabe der Fachtagungen der EMISA.

Der hier vorliegende Tagungsband dokumentiert die Fachtagung EMISA'99 vom 10. bis 12. September 1999 in Fischbachau in Oberbayern. Neben den in einem Begutachtungsverfahren ausgewählten Beiträgen enthält der Band die schriftliche Fassung einiger eingeladener Vorträge. Darüber hinaus wird der einleitende Beitrag zur Podiumsdiskussion zu Fragen der universitären Informationssystem-Ausbildung wiedergegeben.

Ich danke dem Teubner-Verlag, insbesondere Herrn Weiß, für die Unterstützung. Ferner danke ich allen Autoren bzw. Autorinnen, den Mitgliedern des Programmkomitees sowie dem Organisator der Podiumsdiskussion.

Klagenfurt, im Juli 1999   Roland Kaschek

Programmkomitee

Joachim Biskup, Dortmund	Erich Ortner, Darmstadt
Jörg Desel, Karlsruhe	Walter Liebhart, Basel
Stefan Jablonski, Erlangen	Hansjürgen Paul, Gelsenkirchen
Heinrich Jasper, Gütersloh	Klaus Pohl, Aachen
Manfred Jeusfeld, Tilburg	Andy Schürr, München
Roland Kaschek, Klagenfurt	Bernhard Thalheim, Cottbus
Josef Küng, Linz	Helmut Thoma, Basel
Peter C. Lockemann, Karlsruhe	Gottfried Vossen, Münster
Udo Lipeck, Hannover	Volkmar P. Strohm, Frankfurt/M.
Heinrich C. Mayr, Klagenfurt	Torsten Wittkugel, Walldorf
Andreas Oberweis, Frankfurt	

Veranstalter

Roland Kaschek für die Fachgruppe EMISA der GI

Die EMISA Fachtagung 1999 wurde mit Unterstützung der Firma sd&m GmbH & Co. KG, München durchgeführt

Inhaltsverzeichnis

Eingeladene Beiträge

Angenommene Beiträge

Podiumsdiskussion zur Informationssystem Ausbildung

Definition und Implementierung eines Vorgehensmodells

Joachim Boidol, Heinrich Jasper, Bernd Korzen

Bertelsmann mediaSystems GmbH,

Projektservices & Training

Zusammenfassung

Die Entwicklung von Individualsoftware bei der Bertelsmann mediaSystems GmbH, dem internen Dienstleister der Bertelsmann AG, orientiert sich an einem konzerneigenen Standard. Aufgrund der sich ändernden Marktanforderungen und durch den Einsatz neuer Technologien ist dieses Vorgehensmodell modernisiert und in ersten Projekten erfolgreich eingesetzt worden. Orientierungspunkte sind hierbei eine stärkere Fokussierung auf Geschäftsanforderungen bei gleichzeitiger Berücksichtigung von komponentenbasierter Softwareentwicklung. In dem Vortrag werden die wesentlichen Konzepte des Vorgehensmodells vorgestellt und ein erstes Feedback des Einsatzes gegeben.[1]

1. Einführung

Moderne IT-Systeme bieten für jedes Unternehmen zahlreiche Chancen:

- IT-Systeme ermöglichen eine inhaltliche Unterstützung von vielschichtigen Geschäftsvorfällen in bisher nicht bekanntem Umfang und führen damit zu Vorteilen am Markt.

- Durch IT-Systeme lassen sich neuen Marktpotentiale erschließen, einerseits durch neue, „elektronische" Produkte und Dienstleistungsangebote aber auch durch neue Wege der Kommunikation z.B. mit Kunden.

Die individuelle Entwicklung derartiger moderner IT-Systeme stellt jedes Unternehmen vor vielfältigen Herausforderungen aufgrund der zunehmenden inhaltlichen, technischen und organisatorischen Komplexität:

---

[1] Dieser Aufsatz ist von der Geschäftsleitung Bertelsmann mediaSystems GmbH (BmS) zur Veröffentlichung freigegeben. Durch entsprechende Publikationen soll zukünftig eine stärkere Präsenz von BmS in der IT-Community erreicht werden.

- Moderne IT-Systeme basieren auf integrierten, heterogenen, vernetzten Teilsystemen, deren Auf- und Ausbau hohe technische Kompetenz verlangt.

- Die Nutzung moderner IT-Systeme gelingt nur durch die Schaffung geeigneter organisatorischer Rahmenbedingungen.

- Zusätzliche Herausforderungen ergeben sich durch weitere Faktoren, die den Entwicklungsprozeß maßgeblich beeinflussen:

- Sich schnell ändernde Geschäfte, die innerhalb kürzester Zeit durch IT-Systeme unterstützt werden müssen.

- Zunehmender Wettbewerbs- und Preisdruck für das Unternehmen, so daß Optimierungspotentiale durch IT-Systeme genutzt werden müssen.

- Ein verändertes Angebot an Entwicklungsmethoden für IT-Systeme mit Verlagerung des Schwerpunktes auf die frühen Phasen des Entwicklungsprozesses zur besseren Berücksichtigung der Business-Requirements.

- Die ständige Veränderung und Verbesserung von Hard- und Softwareplattformen, die zur nachfolgenden Aufwänden in den Unternehmen führt.

Das hier vorgestellte Vorgehensmodell liefert eine Anleitung zur Bewältigung dieser Herausforderungen. Es präsentiert ein in der Praxis erprobtes Vorgehen, beschreibt notwendige Dienste und liefert ein ganzheitliches Modell mit Hinweisen für die Umsetzung in der jeweiligen Organisation.

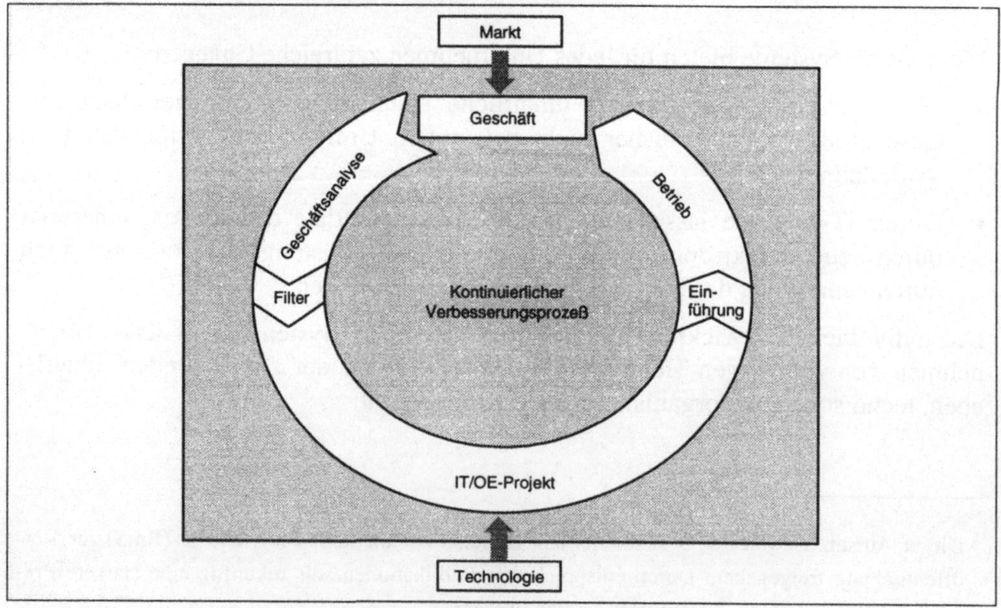

Abb. 1: IT-Entwicklung im Geschäftskontext

Es wird der gesamte Lebenszyklus eines IT-Systems – von der Definition bis hin zur Ablösung – betrachtet. Die Entwicklung von IT-Systemen erfolgt in einem Rahmen, der durch Entscheidungspunkte (Filter, Einführung) charakterisiert ist, die Sinnhaftigkeit und Nutzen für das konkrete Geschäft berücksichtigen. IT-Projekte werden aus Geschäftssicht aufgesetzt und gehen über definierte Schritte in den Betrieb zur Unterstützung der zugehörigen Organisation über, siehe Abb. 1.

Die Abbildung zeigt ebenfalls eine erste, grobe Struktur des Vorgehensmodells auf: Ausgehend vom Geschäft, das vom Markt getrieben wird, werden in einer Geschäftsanalyse IT- oder Organisationsentwicklungs-Projekte (meist kombiniert) erzeugt. Die Ergebnisse dieser Projekte stehen nach Einführung dem Geschäft zu Unterstützung der Geschäftsprozesse zur Verfügung.

2. Ziel und Auftrag

Ziele für ein Vorgehensmodell sind:

- Das Vorgehen in IT-Projekten (Aktivitäten / Ergebnisse) ist allgemein festgelegt.

- Ein gemeinsames Verständnis über das Vorgehen in Projekten existiert zwischen Auftraggeber und Auftragnehmer.

- Der Weg zu projektspezifischen Ausprägungen (Working Model) des allgemeinen Modells ist vorgegeben.

- Die Qualität des jeweiligen Projektprozesses und der im Projekt erzielten Ergebnisse ist prüfbar.

- Die Entscheidungspunkte in Projektprozessen sind exakt bestimmt.

- Die Einbeziehung von Standardsoftware ist im Vorgehensmodell berücksichtigt.

Bei Bertelsmann mediaSystems existiert seit Jahren ein derartiges Vorgehensmodell, das erfolgreich in Projekten eingesetzt wird. Es basierte auf einem objektbasierten Vorgehen, daß sowohl Client/Server- als auch Host-Technologie berücksichtigt.

Der Auftrag zur Verbesserung dieses Vorgehensmodell beinhaltet folgende Aspekte:

- Frühzeitige Entscheidungen über Sinnhaftigkeit und Machbarkeit von Projekten ermöglichen.

- Berücksichtigung neuer Technologien, insbesondere vollständige Objektorientierung und komponentenbasierte Systeme.

- Berücksichtigung von marktkonformen Standards im Vorgehensmodell.

Das definierte Vorgehensmodell berücksichtigt langjährige Erfahrungen in Konzeption und Projektarbeit von Entwicklern, Beratern, IT-Führungskräften und Organisatoren. Ergänzend arbeiteten externe Berater, insbesondere im Bereich der Tool-Unterstützung, mit.

Die vorhandenen und neu definierten Bausteine des Vorgehensmodells wurden in verschiedenen IT-Projekten erprobt und schließlich in einem eigenen Projekt zusammengeführt, in dem das Vorgehensmodell schriftlich fixiert wurde. Durch anschließende Reviews konnte eine Qualitätsverbesserung und auch Akzeptanz sowohl bei potentiellen Auftraggebern als auch in der eigenen Organisation auf den Ebenen Geschäftsführung, Abteilungsleiter, Projektleiter und Team-Mitglieder erreicht werden.

3. Das Vorgehensmodell

Ein Entwicklungsprozeß mitsamt Supportprozessen ist im Vorgehensmodell definiert. Wichtige Einzelergebnisse sind:

- Aus einer Geschäftsanalyse heraus wird die IT-Strategie und auch das IT-Projektportfolio definiert. Damit wird auf Geschäftsebene der Sinn und Nutzen eines IT-Projekts frühzeitig erkannt und das Vorgehen in dem Projekt (z.B. Individualentwicklung vs. Standardsoftware) entschieden. Somit wird zu einem sehr frühen Zeitpunkt eine erste qualitative Entscheidung über ein Projekt ermöglicht. Die IT-Strategie wird durch Aufsetzen und Controlling von IT-Projekten "gelebt".

- Der Kernprozeß des Vorgehensmodells ist vollständig objektorientiert und beinhaltet den Marktstandard UML. Zusätzlich sind Geschäftsprozesse als Ausgangspunkt der Konzeption durchgängig integriert, Komponenten als Architekturprinzip verankert und Einführungsprozesse berücksichtigt. Damit ist eine fachliche Durchgängigkeit von den Anforderungen des Geschäfts bis hin zu den Leistungen der im Betrieb befindlichen IT-Lösung gegeben.

- Der Kernprozeß ist offen bezüglich Technologieplattformen. Das Feindesign und auch die Realisierung sind abhängig von Plattformen. Als Ergänzung zum Vorgehensmodell existiert hier pro IT-Plattform ein Entwicklerleitfaden.

- Weitere Supportprozesse sind für Methodik, Versions- und Konfigurationsma-
nagement, Qualitätssicherung und Testen sowie Dokumentation und Schulung
definiert.

Die Abb. 2 zeigt die Struktur des Vorgehensmodells. Weitere Informationen zum
Vorgehensmodell finden sich in St 99.

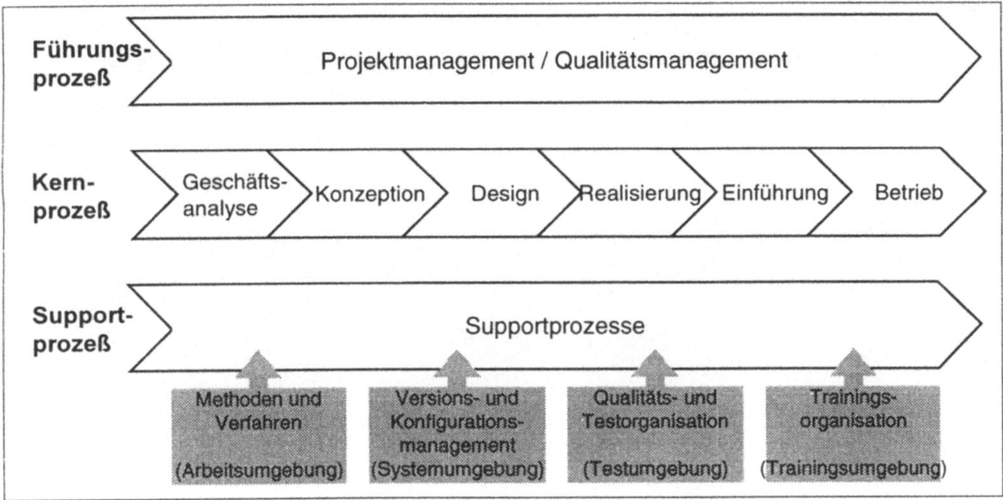

Abb. 2: Die Prozesse des Vorgehensmodells

4. Erfahrungen mit der Umsetzung

Die Umsetzung basiert auf folgenden Maßnahmen:

- Definition konkreter Leitfäden für Projekte (Working Model) und Plattformen
(Entwicklerleitfaden).

- Vorgehen nach dem neuen Vorgehensmodell in neu aufgesetzten Projekten.
Dazu existieren projektbegleitende, spezifische Schulungen.

- Schulungs- / Weiterbildungsmaßnahmen der eigenen Organisation.

- Schulungen für Kundenorganisationen.

Erste Erfahrungen mit dem Vorgehensmodell zeigen eine Reihe von Vorteilen:

- Durch exakt definierte Entscheidungspunkte kann der Entscheidungsprozeß
frühzeitig festgelegt und dadurch Projekte in frühen Phasen besser "auf Kurs
gebracht" und somit beschleunigt werden.

- Der Prozeß ist stabil gegenüber Übergängen von einer Individualentwicklung
zur Einführung von Standardsoftware.

- Das Vorgehensmodell ist skalierbar für große und kleine Projekte.

14

- Durch das komponentenbasierte, objektorientierte Vorgehen sind externe Anbieter, die einen UML-Prozeß kennen, sehr schnell in Projekte zu integrieren.

Ergänzungen sind insbesondere im Bereich hybrider Systeme (IT-Systeme auf Basis Standardsoftware und eigenentwickelter Software) notwendig.

Literatur

St 99: Carl Steinweg: „Praxis der Anwendungsentwicklung", Vieweg, 1999.

20 Jahre Konstruktivismusforschung in der Informatik und Wirtschaftsinformatik – Was hat sie gebracht, was sind ihre Motive und wo liegen die Verständnisschwierigkeiten?

Erich Ortner[*]

Technische Universität Darmstadt

Fachgebiet: Wirtschaftsinformatik I

Entwicklung von Anwendungssystemen

Hochschulstr. 1, D-64289 Darmstadt, Germany

Summary

20 years of constructivism-research in the computer science and information system development are taken as the opportunity, about a partial inventory of the results as well as an assessment of the future development from technological, application-oriented and curricular point of view. From technological view, more effective structures of information systems through reconstruction of speech act types in the application area can be obtained. In the design of application systems, terminology-based methodologies are more effective than the concept of schema-integration from the seventies. From curricular view a linguistic-logical as well as a content orientated reconstruction of expert languages must be taken up into the study-plans from the computer science as well as from the affected individual sciences. In this sense, the elements of a construction theory are presented.

Key-words: abstraction, method, term, speech act type, normative language, object language, metalanguage, construction theory

1.   Einleitung

Die Konstruktivismusforschung in der Informatik und Wirtschaftsinformatik setzte Ende der 70er Jahre ein. Einer der ersten Veröffentlichungen ist der Beitrag von Wedekind „Eine Methodologie zur Konstruktion des konzeptionellen Schemas" [Wede79] in den Proceedings zu einer Datenbanktagung in Bad Nauheim. In dem Beitrag wurde ein Streit zwischen Perlis und Dijkstra über „formale" und „informale" Anteile bei der Softwareentwicklung zum Anlaß genommen, um auf

---

[*] ortner@bwl.tu-darmstadt.de

den Mangel einer Methodologie in der Informatik bei der Entwicklung von Software aufmerksam zu machen. Dabei wurden die Grundzüge einer Entwicklungsmethodologie vorgeschlagen, die bezüglich ihrer Grundlagen auf der konstruktiven Wissenschaftstheorie beruhte. Das erste umfassende Resultat dieses Programms wurde von Wedekind einige Zeit später für den Bereich „relationale Datenbanksysteme" in Form eines Lehrbuchs [Wede81] veröffentlicht. Weitere Arbeiten – z. B. [Wede92] für den „objektorientierten Schemaentwurf" von Informationssystemen – folgten.

Als Mitarbeiter am Lehrstuhl für Datenbanksysteme in Erlangen waren damals W. Eberlein, A. Luft, Th. Müller, D. Steinbauer sowie der Autor dieses Beirags tätig. Forschergruppen, die sich die methodische Entwicklung von Informationssystemen zur Aufgabe gestellt hatten, entstanden an verschiedenen Universitäten im In- und Ausland; z . T. bildeten sich auch Forscherteams mit dieser Zielsetzung in der industriellen Praxis. Blickt man heute zurück, so ist das Ziel, einem größeren Teil dieser Forscher die Vorteile des konstruktivistischen Ansatzes bei der Anwendungssystementwicklung gegenüber dem „Mainstream" aufzeigen zu können, nicht erreicht worden.

Zum „Mainstream" zählt man Vorgehensweisen, die bei der Entwicklung von Informationssystemen einen „formalistischen Ansatz" mit einem „empiristischen Ansatz" kombinieren. Man geht von spezifischen „Metasprachen", z. B. dem „Relationenmodell", in der Informationssystementwicklung aus (formalistischer Teil) und analysiert in den Anwendungsbereichen (empiristischer Teil) die relevanten objektsprachlichen „Inhalte" zu den metasprachlichen Aussagen. Für die Begründung und theoretische Fundierung dieser Ansätze wird oft die „analytische Wissenschaftstheorie" verwendet. Dagegen werden mit der „konstruktiven Wissenschaftstheorie" der „linguistic turn" in der Philosophie und Wissenschaftstheorie und der „Pragmatizismus" von Ch. S. Peirce zur Begründung der methodischen Entwicklung von Informationssystemen herangezogen. Bei einem konstruktivistischen Ansatz werden entwicklungsrelevante Sachverhalte aus den Anwendungsbereichen nicht nur analysiert, sondern sie werden im Hinblick auf die zu erfüllenden Zwecke durch die zu entwickelnde Software sowohl hinsichtlich der Form (Satzbaupläne) als auch hinsichtlich des Inhalts (objekt- und metasprachliche Terminologie) sowie des (Sprach-) Handlungstyps (z. B. Behauptungen, Aufforderungen oder Fragen) der Sprachartefakte rational (re-)konstruiert.

„For the reader familiar with modern philosophy of science it may be helpful to state that the term „constructive" (being the Latin equivalent of „synthetic") stands in opposition to „analytic". Both analytic and constructive philosophy are philosophies after the linguistic turn. They are the results of Frege, Russel, and Wittgenstein. Constructive philosophy is at the same time philosophy after the

pragmatic turn (Peirce, Dingler, and the later Wittgenstein). In contrast to analytic philosophy , in constructive philosophy our talking about what we are doing (about our praxis) is not taken as something given that has to be analyzed but as something to be constructed by us. The construction has to be done methodically, that is, step by step, without gaps and without circles." [Lor87b].
Mittelstraß [Mitt89] bringt den Ansatz auf den Punkt, wenn er auf die Frage „Was bedeutet Konstruktivismus?" schreibt „Er bedeutet: Sagen was ist... – und besser machen, was ist..."

Als mit der Konstruktivismusforschung in der Informatik und Wirtschaftsinformatik - zunächst in Darmstadt [WeOr80] - begonnen wurde, war die Relationentheorie von Codd [Codd70] bereits 10 Jahre alt. Sie hat das Fach „Datenbanksysteme" für die Informatik überhaupt lehrbar gemacht. Im Software-Engineering war dagegen schon 10 Jahre von einer Krise die Rede, die noch heute – nach 30 Jahren – „mangels einer Konstruktionslehre für Informationssysteme" gelegentlich beklagt wird. Das vorrangige Ziel (Motiv) des Konstruktivismusansatzes war die Entwicklung einer Konstruktionslehre für Informationssysteme, die zunächst an den Gebieten Datenbanksysteme und Datenbankanwendungen [Wede81], [Ortn83], [Stei83] und später an den Gebieten Workflow-Management-Systeme [JaBu96] und –Anwendungen [Lehm99], an der objektorientierten Entwicklung von Informationssystemen [Wede92], [Schi97], dem Aufbau von Anwendungssystemen aus fachlichen Komponenten [KaLO98] sowie an der Entwicklung von Metainformationssystemen und Repositoriumsanwendungen [WAGL99], [Ortn99] ausgerichtet war.

Um im folgenden einen Abriß dieser Konstruktionslehre für Informationssysteme zu geben, wird zunächst im 2. Abschnitt ein Fundamentalsatz der Informatik und Wirtschaftsinformatik, das Abstraktionsprinzip, aus konstruktivistischer Sicht (im Vergleich zum ungeklärten formalistisch – empiristischen Standpunkt) behandelt. Eine Methodologie ist wesentlich durch ihre Vorgehensweise – durch den eingeschlagenen Weg – gekennzeichnet. Bei den heute in der Anwendungsentwicklung in Lehre und Forschung sowie in der Unternehmenspraxis sich entgegenstehenden Positionen kann man den Unterschied zwischen beiden Standpunkten (im 3. Abschnitt) am besten mit einer Denkfigur Kambartels [JaKM74], ob die Entwicklung einen „Anfang von oben" (formalistisch – empiristischer Standpunkt) oder einen „Anfang von unten" (konstruktivistisch – pragmatizistischer Standpunkt) nimmt, verdeutlichen.

Auf eine „kompendarisch" verfaßte Konstruktionslehre für Informationssysteme nach dem „konstruktivistischen Ansatz" kann man bis dato noch nicht zurückgreifen. Man muß sie sich durch vergleichendes (und verbindendes) Lesen der zitierten Texte z. T. selbst zusammenstellen. Im 4. Abschnitt wird daher der Versuch unternommen, durch Beschreibung der Elemente einer Konstruktionslehre für Informationssysteme wie „Methodologie", „System- und Anwendungskomponenten", „Qualitätssicherung" und „Grundlagen der Schemaentwicklung", dem interessierten Leser diese Arbeit zu erleichtern.

In einem Ausblick (5. Abschnitt) werden Projekte, die in technologischer, anwendungsbezogener und curricularer Hinsicht bei den neuen Herausforderungen einer globalen Informationsverarbeitung als nächstes auf Basis der konstruktiven Wissenschaftstheorie in Angriff genommen werden, erläutert. Die Darstellung der zurückliegenden Entwicklung und der geplanten Projekte erfolgt ausschließlich aus Sicht des Autors. Ebenso sind weder ein „ranking" der zitierten Arbeiten noch ihre komplette Aufzählung Ziele dieses Beitrages.

2   Auf dem Kriegsfuß mit abstrakten Objekten

Die problematische Situation läßt sich hier beispielsweise durch folgende entwicklungsrelevante Aussage beim Aufbau eines Informationssystems kennzeichnen: Wenn behauptet wird, „Kunde besteht aus fünf Attributen.", worauf nimmt dann das Wort „Kunde" in dieser Aussage eigentlich Bezug? Es handelt sich dabei weder um eine Aussage über das Wort „Kunde", noch wird eine Aussage über ein konkretes (reales) außersprachliches Objekt, das „Kunde" heißt, getroffen. Offenbar wird eine Aussage über ein „abstraktes Objekt", über den Typ „Kunde", dessen Existenz (Ontologie) jedoch konkret nicht „bewiesen" werden kann, getroffen. Dieser Umstand scheint heute in Wissenschaftsgebieten wie z. B. der Mathematik kaum jemanden zu beunruhigen, obgleich doch vielfach von Zahlen, von Mengen oder Klassen etc., d.h. von „abstrakten Objekten" in wissenschaftlicher Absicht (in zu begründenden Aussagen) die Rede ist.

Die Situation ist in der Informatik noch prekärer. Von verschiedenen Forschern werden hier Feststellungen wie „Die Informatik ist die Ingenieurwissenschaft der abstrakten Objekte." (Zemanek) oder „In repositories all instances are types." (Bernstein) als fundamental für dieses Fach hervorgehoben. Hoare schreibt zu dieser Frage in [Hoar72] beispielsweise: „It is my belief that the process of abstraction, which underlies attempts to apply mathematics to the real world, is exactly the process which underlies the application of computers in the real world."

Es folgt an anderer Stelle des Beitrags [Hoar72] die Feststellung: „In the development of our understanding of complex phenomena, the most powerful tool available to the human intellect is abstraction... We may then be said to have an abstract concept to cover the set of objects or situations in questions..." Dann wird der Abstraktionsvorgang wie folgt [Hoar72] beschrieben:

„(1) **Abstraction:** the decision to concentrate on properties which are shared by many objects or situations in the real world, and to ignore the differences between them.

(2) **Representation:** the choice of a set of symbols to stand for the abstraction; this may be used as a means of communication.

(3) **Manipulation:** the rules for transformation of the symbolic representation as a means of predicting the effect of similar manipulations of the real world.

(4) **Axiomatisation:** the rigorous statement of those properties which have been abstracted from the real world, and which are shared by manipulations of the real world and of the symbols which represent it."

Die Schritte (1) – (4) bieten eine „naive" und unbefriedigende Beschreibung des Abstraktionsvorgangs, denn sie sagen über die „Existenz" abstrakter Objekte („abstract concepts") oder über eine Methode der Ersetzung von Aussagen über abstrakte Objekte durch äquivalente Aussagen über konkrete Objekte (wie „symbols") nichts aus.

Als ein wichtiges Resultat der Konstruktivismusforschung in der Informatik und Wirtschaftsinformatik kann die Anwendung der konstruktivistischen Abstraktionsmethode [Lore62] im Übergang von Aussagen über abstrakte Objekte zu äquivalenten Aussagen über konkrete Objekte (und umgekehrt) betrachtet werden. Ein Entwickler hat es überwiegend mit entwicklungsrelevanten Aussagen über abstrakte Objekte zu tun. Für die Entwicklung von Informationssystemen sind beispielsweise „singuläre Aussagen" wie „Müller hat 5.000,00 DM Kredit" weniger relevant als „allgemeine Aussagen" wie „Ein Kunde hat ein Kreditlimit", die z. B. bei der Entwicklung eines Datenschemas rekonstruiert werden müssen. Während aber in der ersten Aussage konkrete Objekte (z. B. Müller) benannt werden, werden in der zweiten Aussage Wörter (z. B. Kunde), die abstrakte Objekte bezeichnen – zunächst in Form eines Aussagesatzes und später in Form eines Datenschemas zusammengefaßt – im Konstruktionsprozeß berücksichtigt. Dabei gilt es zu erkennen, um welche abstrakten Objekte (z. B. Typen oder Attribute) es sich hier handelt und wie sich Aussagen über abstrakte Objekte in äquivalente Aussagen über konkrete (zur Verfügung stehende) Objekte übertragen lassen. Diese Möglichkeit bringt das Abstraktionsschema [vgl. Lore62]

$$A({_\alpha}a) =_{DF} \forall_x (a \sim x \rightarrow A(x))$$

exakt zum Ausdruck. „α" ist als Zeichen oder „Namen" (Abstraktor) für das zur Geltung gebrachte abstrakte Objekt (wie Typ, Zahl oder Klasse) im Einsatz, während „~" als „... ist invariant mit ..." zu lesen ist.

Auf der linken Seite des Schemas steht beispielsweise die Aussage: Der Typ (α) Kunde (a) besteht aus fünf Attributen (A). Dann ist diese Aussage definitionsäquivalent (= DF) mit jeder anderen Aussage (rechte Seite), bei der der „Prädikat-Teil" (A) unverändert bleibt, für das „Subjekt" (Argument, x) aber ein zu a in einer Invarianzbeziehung (~) bezüglich dieser Aussage stehender Name (x) eines konkreten Objekts – oder das konkrete Objekt (z. B. ein Wort oder ein Symbol) selbst - eingesetzt wird. Die Invarianzbeziehung wird durch eine Äquivalenzrelation wie „Bezeichnungsgleichheit‚‚ oder „Darstellungsgleichheit" zwischen konkreten Objekten (z. B. Wörtern) begründet. In obigem Beispiel kann das Wort „Kunde" durch das Wort „Customer" ersetzt werden, ohne daß sich die Aussagen (rechte Seite) hinsichtlich ihres Wahrheitswerts ändern.

Für „Kunde" (a) kann der Entwickler auch „Customer" (x) einsetzen, und damit ist auf der Seite der konkreten Objekte (der Wörter „Kunde" oder „Customer") geklärt, daß eine Aussage über abstrakte Objekte (z. B. die Aussage: Der Typ „Kunde" besteht aus fünf Attributen) auch als eine besondere (invariante) Aussage über konkrete Objekte (über die Wörter „Kunde" oder „Customer") aufgefaßt werden kann. Begründet ist dieser Übergang durch eine Äquivalenzrelation zwischen den Wörtern „Kunde" und „Customer", die Bezeichnungsgleichheit oder Darstellungsgleichheit genannt wird.

Die Äquivalenzrelation ist eine zweistellige Relation R auf einem Bereich von Gegenständen (z. B. Wörtern), von der gefordert wird, daß sie die Bedingung der Reflexivität (jeder Gegenstand x ist sich selbst äquivalent) der Symmetrie (wenn x äquivalent zu y ist, so ist auch y äquivalent zu x) und der Transitivität (wenn x äquivalent zu y und y äquivalent zu z ist, so ist auch x äquivalent zu z) erfüllt. Wir sagen, die Wörter „Kunde" und „Customer" stellen denselben (abstrakten) Begriff oder Typ „Kunde" (respektive „Customer") aufgrund der rekonstruierten Äquivalenzrelation „Bezeichnungsgleichheit" zwischen den Wörtern „Kunde" und „Customer" dar.

Lorenzen leitet in dem bekannten Beitrag „Gleichheit und Abstraktion" [Lore62] das Ziel seiner Beschreibung der Abstraktionsmethode, die eine Weiterentwicklung der Fregeschen Abstraktionstheorie [Thie79] darstellt, wie folgt ein: „Die folgenden Bemerkungen sollen den Versuch machen, die Frage nach der „Existenz" abstrakter Objekte dadurch zu klären, daß untersucht wird, auf welche Weise wir dazu kommen, überhaupt sinnvoll von abstrakten Objekten zu reden.

Es werden sich dabei „realistische" Aussagen wie z. B. „Ziffern sind Figuren, die Zahlen bedeuten. Die Zahlen sind keine Figuren." als wahr ergeben. Andererseits werden aber keine „realistischen" Voraussetzungen gemacht, so daß der „Nominalist" diese Ergebnisse als bloße façon de parler erklären kann... Da es sich nun gerade darum handelt, auf welche Weise (façon) sinnvoll von abstrakten Objekten zu reden (parler) ist, wird dem der „Realist" durchaus zustimmen können."

Im Lehrbuch der konstruktiven Wissenschaftstheorie [Lor87a] steht hierzu: „Die Abstraktionsmethode liefert uns die Möglichkeit, so zu reden, als ob wir über neue Gegenstände (abstrakte Objekte) reden – obwohl wir nur in neuer Weise über die bisherigen Gegenstände (konkrete Objekte) reden. Z. B. reden wir „abstrakt" über Zahlen, Begriffe, Relationen und Sachverhalte statt „konkret" über Zählzeichen, Prädikatoren (mehrstellige Prädikatoren) und Aussagesätze zu reden." Quine [Quin79] nennt diese Abstraktion deshalb auch eine „innocent abstraction", um sie von der „wicked abstraction", die unkritisch von der „Existenz" abstrakter Objekte ausgeht, abzugrenzen.

In der Anwendungssystementwicklung bietet die Abstraktionsmethode erst die Möglichkeit, explizit auszuführen, welche Bedeutung Aussagen über abstrakte Gegenstände besitzen und zu welchen entwicklungsrelevanten Resultaten sie uns im Übergang zu konkreten Gegenständen führen. Darüber hinaus ist sie ein Verfahren, das anzuwenden ist, wenn Aussagen über abstrakte Objekte in Aussagen über konkrete Objekte (und umgekehrt) transformiert werden müssen. Es wird zwar durch die Abstraktionsmethode die Möglichkeit geschaffen, in Konstruktionsprozessen begründet von abstrakten Objekten zu reden, implementiert wird aber auf einem Rechner das invariante Operieren mit zu den abstrakten Objekten „äquivalenten" konkreten (darstellenden)Objekten. Sie ist deshalb für die Entwicklung von Informationssystemen von grundlegender Bedeutung.

3. Entwicklung von Anwendungssystemen „von oben" versus Entwicklung von Anwendungssystemen „von unten"

Auf Kambartel [JaKM74] geht die Denkfigur und Formulierung zurück, die Rekonstruktionsansätze von Wissenschaftssprachen (als Aufgabe einer Wissenschaftstheorie) danach einzuteilen, ob sie einen „Anfang von oben" oder einen „Anfang von unten" nähmen. Überträgt man diese Denkfigur auf das Gebiet der methodischen Entwicklung von Informationssystemen (als Sprachartefakte), so resultiert daraus folgende (Bild 1) „konträre" Unterscheidung von Entwicklungsmethodologien:

Axiome sind nach heutigem Verständnis Aussageformen, die ausschließlich aus Strukturwörtern (oder Strukturwortsymbolen) als Konstanten und „Variablen" für Themenwörter (z. B. für objekt- oder metasprachliche Fachwörter) bestehen. Als „spezifische Metasprachen" (Bild 1) kann man in der Informatik (partielle) „Interpretationen" von Axiomensystemen wie z. B. das Relationenmodell [Codd70], – mit dem Konzept „funktionale Abhängigkeit" als „Belegung" oder „Modell" der Armstrong-Axiome [Arms74] – bezeichnen.

Bei einer Entwicklung von Informationssystemen „von oben" (Bild1, a)) wird nun bei einem „formalistisch-empiristischen" Ansatz im Hinblick auf die Sachverhalte in den Anwendungsbereichen das „rekonstruiert" (analysiert), was sich im Rahmen der vorgegebenen „Metasprache" (z. B. des Relationenmodells) analysieren läßt – Dingschemata mit funktionalen Abhängigkeiten zwischen den Schlüssel- und den Nichtschlüsselattributen unter Ausschluß von Transivitäten werden gemeinsam mit den Anwendern „ermittelt".

Die Nachteile dieser Vorgehensweise (Bild 1, a)) liegen für die Informationssystementwicklung auf der Hand. Man betrachtet die Sachverhalte in den Anwendungsbereichen immer schon „spezifisch" (technologie- oder arbeitsmittelabhängig) – einmal aus relationaler Sicht, dann aus objektorientierter Sicht oder z. B. aus regelbasierter Sicht etc. Es kommen Entwicklungsansätze (Paradigmen) wie das Vorgangssteuerungskonzept (Prozesse) oder der datenbankorientierte Ansatz (Ressourcenverwaltung) bei der fachlichen Problemlösung der Aufgabe in den Anwendungsbereichen „metasprachlich" bereits von Anfang an zum Einsatz. Da in den „Metasprachen" keine Festlegung im Hinblick auf die objektsprachlichen (fachsprachlichen) Terminologien in den Anwendungsbereichen stattfindet – von „Metasprachen" werden Metaprädikatoren (zur Bezeichnung von Struktureigenschaften) wie „Schlüsselattribut", „funktionale Abhängigkeit" oder „Transitivität", nicht jedoch Fachwörter (Objektprädikatoren) wie „Kunde", „bestellen" oder „kreditwürdig" definiert –, können die Entwicklungsergebnisse auch nur auf ihre „formale Korrektheit" (Erfüllung der Struktureigenschaften) hin – gemessen an den Struktureigenschaftsdefinitionen - überprüft werden.

Als weiteres Handicap ist anzuführen, daß die Anwender, mit denen die „Rekonstruktion" des entwicklungsrelevanten Fachwissens erfolgt, „ständig" auf neue Paradigmen (Metasprachen) umzuschulen sind. Ist in einem Entwicklungsprojekt von „Relationen", „voller funktionaler Abhängigkeit" oder von „strukturellen Integritätsbedingungen" die Rede, muß der Anwender in einem anderen Projekt in Struktur-Konzepten wie „Klasse", „Vererbung" oder „Polymorphismus" argumentieren können. Daran ändert sich durch den Einsatz von Diagrammsprachen, die diese Konzepte in graphische Symbole transformieren (z. B. Datenflußdiagramme oder Petri-Netze), nichts. Im Durchschnitt müßte ein Anwender bei diesem Ansatz (nach eigener Schätzung) heute 30 bis 50 Diagrammsprachen gut beherrschen.

Bei einer Entwicklung der Anwendungssysteme „von unten" (Bild 1, b)) findet zunächst keine Festlegung in Hinblick auf eine „spezifische" (implementierte) Metasprache wie z. B. das Relationenmodell, ein Objektmodell oder ein Workflowmodell statt, sondern es wird „konstruktivistisch-pragmatizistisch"(sprachhandlungsorientiert) aus den Anwendungsbereichen heraus dasjenige Entwicklungsergebnis (metasprachen– bzw. methodenneutral) rekonstruiert, das sich aus Sicht der Problemlage („Mit welchem fachlichen Konzept (z. B. Deckungsbeitragsrechnung) soll unser Problem (z. B. unsere Konkurrenten unterbieten ständig unsere Preise) gelöst werden?") technologieunabhängig als zweckmäßig erweist. Dabei muß neben der (Re-)Konstruktion der Entwicklungsergebnisse – begleitend zur Anwendungsentwicklung – eine objekt- und metasprachliche „Normsprache" [Lehm98] mit „methodenneutralen" Satzbauplänen (Grammatik) und einer objekt- sowie metasprachlichen Terminologie (Lexikon) rekonstruiert und administriert werden (Bild 1, b)).

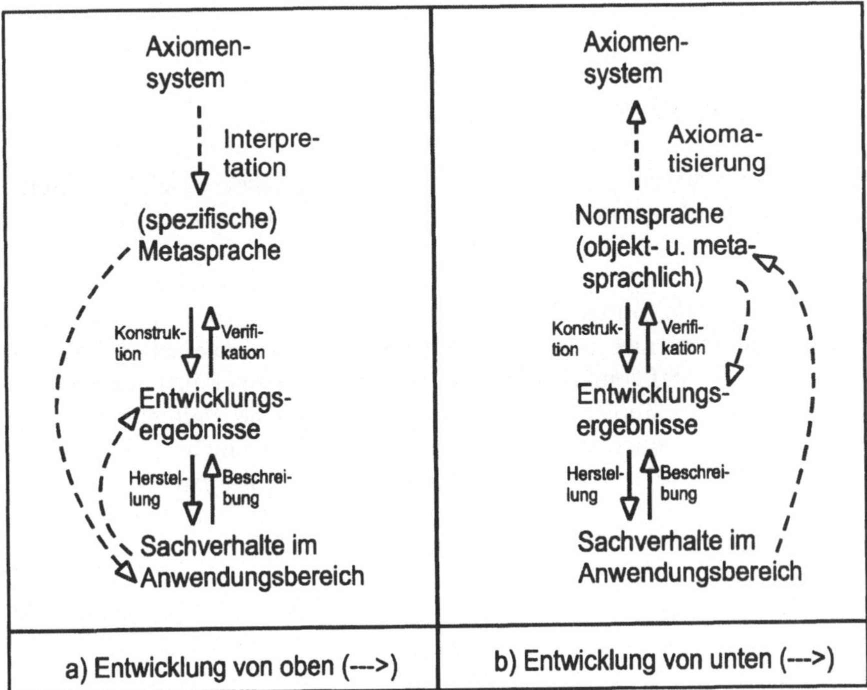

Bild 1: Formalistische (a) und konstruktivistische (b) Anwendungssystementwicklung

Eine Normsprache bietet gegenüber den „spezifischen Metasprachen" (Bild 1, a)) bei der Rekonstruktion des entwicklungsrelevanten Fachwissens mit den Anwendern den Vorteil, daß sie zwar einerseits sowohl in ihrer Grammatik als auch bezüglich ihres Wortschatzes gegenüber der „natürlichen Sprache" eingeschränkt ist, daß sie aber andererseits den Anwendern, wenn sie sie mit ihren Fachsprachen vergleichen, dennoch „vertraut" (ähnlich) erscheint. Sie ist so ausgelegt, daß es den Anwendern nicht schwerfällt, die „Einschränkungen" in Grammatik und Lexikon zu akzeptieren, während sie aus Sicht der Entwickler die erforderliche Präzision des Ausdrucks im Hinblick auf die spätere „Softwarelösung" sicherstellt.

Diese Vorgehensweise (Bild 1, b) bietet bei der Entwicklung der Informationssysteme den Vorteil, daß nicht sofort eine Entscheidung für einen bestimmten Entwicklungsansatz (z. B. Datenbankanwendung, Workflowmanagement-Anwendung oder regelbasierte Anwendungslösung) gefällt werden muß. Die Anwender werden bei der mit den Entwicklern erarbeiteten fachlichen Lösung nicht durch metasprachliche Konzepte wie „funktionale Abhängigkeit", „Vererbung" oder „Kontrollflußkonstrukt" belastet. Darüber hinaus lassen sich die Entwicklungsergebnisse mit der rekonstruierten objekt- und metasprachlichen Normsprache sowohl im Hinblick auf ihre „formale Korrektheit" (Struktureigenschaften) als auch im Hinblick auf ihre „materiale Korrektheit (Fachwörter) überprüfen – und sie sind in anderen Entwicklungssituationen wiederverwendbar.

Der Entwicklungsprozeß (Bild 1, b)) läßt sich hier „theoretisch" dadurch „abschließen", daß nun auch noch versucht wird, ein Axiomensystem (für Teile) der rekonstruierten Normsprache (Axiomatisierung) zu definieren. Für die Implementierung der Entwicklungsergebnisse hat dieser Schritt jedoch keine ausschlaggebende Bedeutung. Die Entwicklungsergebnisse werden vor ihrer Implementierung von den Entwicklern (methodenspezifischer Entwurf) in eine „spezifische Metasprache" – für die ggf. ein Basissystem auf dem Rechner installiert ist – umgeschrieben. Für die Implementierung der Normsprache (mit einem Repositorium) kann ebenfalls eine andere implementierte Metasprache (z. B. die Metasprache eines objekt-relationalen Datenbank-Management-Systems) gewählt werden.

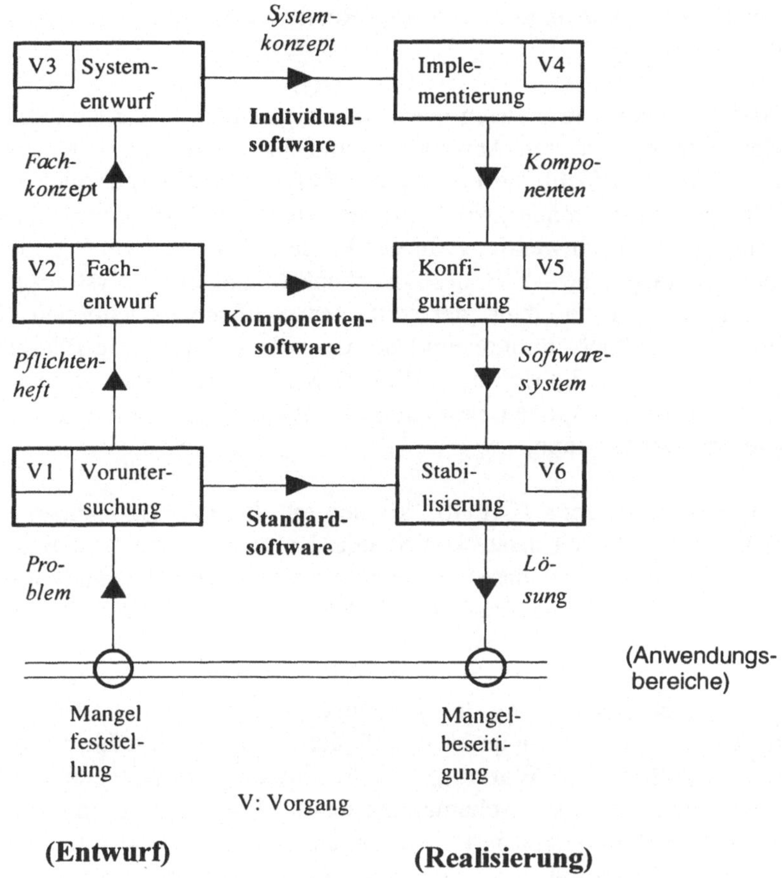

Bild 2: Ein Multipfad-Vorgehensmodell für die Anwendungssystementwicklung

Als adäquate und in einigen Unternehmen bereits praktizierte [Ortn98] Entwicklungsmethodologie kann eine aus den Ansätzen a) und b) (Bild 1) kombinierte
Vorgehensweise (Bild 2), die sich durch die Merkmale

- Materialsprachlichkeit,
- Methodenneutralität und
- Normsprachlichkeit

auszeichnet [Ort97a], empfohlen werden. Die graphische Darstellung (Bild 2)
wurde so gewählt, daß dabei – im Vergleich zu Bild 1 – der „Entwurf" einer

fachlichen Lösung „von unten" und die „Realisierung" der Lösung „von oben" erfolgen.

In der Phase „Fachentwurf" (nach der „Voruntersuchung") werden zunächst eine „methodenneutrale" (mit den Anwendern) und dann eine „methodenspezifische" (ohne die Anwender) fachliche Lösung der Aufgabenstellung erarbeitet. Hier erfährt die zu rekonstruierende „Normsprache" (rekonstruierte Unternehmensfachsprache) ihre primäre Anwendung. In der Phase „Systementwurf" bildet die implementierte Metasprache – z. B. des Datenbank-Management-Systems eines Herstellers - für das „Umschreiben" der methodenspezifischen fachlichen Lösung in eine „Systemlösung" (Systemkonzept) die Grundlage. Durch die Phasen „Implementierung" und „Konfigurierung" (Bild 2) wird erreicht, daß diese Vorgehensweise auch für die komponentenorientierte Entwicklung von Anwendungssystemen eingesetzt werden kann.

Wie der Praxiseinsatz zeigt [Ortn98], können mit diesem Vorgehensmodell (Bild 2) „die Auswahl und der Einsatz von Standardsoftware" – mit einem „Customizing" in der Stabilisierungsphase – „die Entwicklung von Anwendungssystemen durch Auswahl und Zusammensetzung katalogisierter fachlicher Komponenten" (im Übergang vom „Fachentwurf" zur „Konfigurierung") oder „die komplette (komponentenorientierte bzw. konventionelle) Entwicklung von Anwendungssystemen" (durch Bearbeitung der Vorgänge V1 bis V6) realisiert werden. Mit der „eingebauten" Normsprache ist es möglich, nicht nur die Entwicklung, sondern auch den Betrieb (die Wartung) und die Nutzung von Anwendungssystemen – im Unterschied zu einer „schemaintegrierten" Entwicklung und Nutzung der Systeme – „terminologiebasiert" zu organisieren. Die terminologiebasierte Entwicklung und Nutzung von Informationssystemen wird sich im Rahmen der globalen, komponentenorientierten Informationsverarbeitung in den nächsten Jahren gegenüber dem „Schemaintegrationsansatz", auf dessen Basis beispielsweise auch SAP R/3 entwickelt wurde, wahrscheinlich durchsetzen.

4. Aufbau einer Konstruktionslehre für Informationssysteme

Eine Konstruktionslehre für Informationssysteme könnte aus den Elementen (Bild 3) „Entwicklungsmethodologie", „System- und Anwendungskomponenten", „Qualitätssicherung" und „Grundlagen der Schemaentwicklung" gebildet werden. Dabei wäre sie sowohl im Hinblick auf ihre Lehrinhalte als auch beim Aufbau eines Curriculums für die Informatik und Wirtschaftsinformatik – mit Schwerpunkten und Abstrichen bei den einzelnen Studienrichtungen – gemäß dieser Einteilung (Bild 3) zu implementieren.

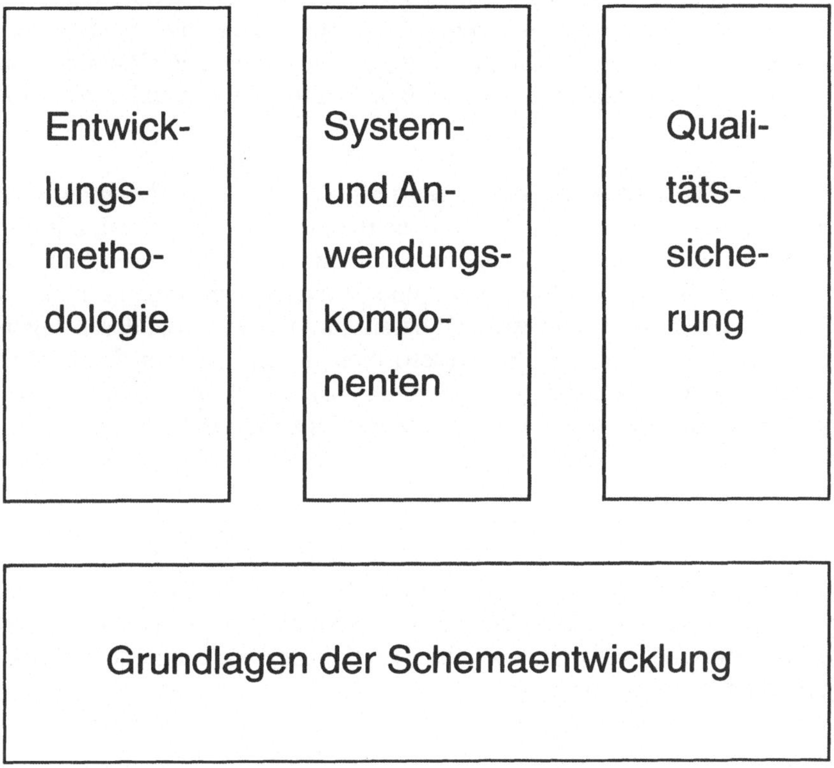

Entwick- lungs- metho- dologie	System- und An- wendungs- kompo- nenten	Quali- täts- siche- rung

Grundlagen der Schemaentwicklung

Bild 3: Elemente einer Konstruktionslehre für Informationssysteme

Die „Grundlagen der Schemaentwicklung" sollten im Grundstudium und die Teilbereiche „Entwicklungsmethodologie", „System- und Anwendungskomponenten" sowie „Qualitätssicherung" im Hauptstudium vermittelt werden.

Entwicklungsmethodologien werden i. d. R. von einer Anwendungsentwicklungsumgebung (AEU), die im gesamten Informationssystem-Lebenszyklus eingesetzt wird [vgl. Ortn98, Bild 1], „verkörpert". Sie kann aus den (Software-)Komponenten „Vorgangssteuerungssystem", „Entwicklungswerkzeuge" und „Repositorium" bestehen und als Aufgabengebiete die Bereiche „Vorgehensmodell", „Methoden", „Normteile und Standards", „Projektmanagement" und „Qualitätssicherung" umfassen. Während das Vorgangssteuerungssystem (z. B. in

28

Form eines Workflow-Management-Systems) mit dem Vorgehensmodell und dem Projektmanagement in Verbindung steht, werden Methoden, die aus Sprachen und Vorgehensweisen bestehen, durch Entwicklungswerkzeuge implementiert. Die Aufgabengebiete „Normteile und Standards" sowie die „Qualitätssicherung" können am besten mit einem Repositorium (als Entwicklungsdatenbank) unterstützt werden. Das Repositorium [Ortn99] verwaltet Normteile und Standards ebenso wie die entwickelten Systeme, die sich durch Erfüllung von Qualitätsanforderungen auszeichnen.

System- und Anwendungskomponenten (Bild 3) sind ein Lehrgebiet, das man in anderen Ingenieurbereichen, z. B. im konstruktiven Maschinenbau, mit dem zur Konstruktionslehre gehörenden Lehrstoff „Maschinenelemente" vergleichen könnte. Das Gebiet ist in der Informatik und Wirtschaftsinformatik noch wenig entwickelt, so daß es in einem vergleichbaren Umfang wie in anderen Ingenieurgebieten (z. B. Elektrotechnik, Bauwesen) nicht gelehrt werden kann. Bezogen auf „größere Bauteile" (sogenannte „Business Objects") ist es jedoch über den Hardwarebereich hinaus auch in der Software-Entwicklung heute möglich, Wissen über Komponenten – mit dem Ziel der methodischen Konstruktion von Anwendungssystemen aus Bauteilen [KaLO98] – systematisch zu vermitteln. Zwar überwiegen in der Software-Industrie noch Konzepte wie „Customizing", der „Einsatz von Standardsoftware" oder demnächst die Entwicklung von Anwendungssystemen durch die „Anpassung von Frameworks". Man kann aber bereits deutlich erkennen, daß sich die Entwicklung von Anwendungssystemen durch „Auswahl und Zusammensetzung katalogisierter Komponenten" – nach dem Vorbild anderer Ingenieurgebiete – ohne Anpassung der Komponenten, wenn sie in Baureihen organisiert und in hoher Variantenzahl verwaltet vorliegen, durchsetzen wird. In der Lehre sollten deshalb diese Themen frühzeitig in die Studienpläne aufgenommen werden.

Der Stand der **Qualitätssicherung** (Bild 3) kennzeichnet den „Reifegrad" einer professionellen Anwendungssystementwicklung. Es ist bekannt, daß (mathematische) Beweisverfahren in der industriellen Softwareherstellung zur Feststellung der Korrektheit von Komponenten und Systemen nicht weit führen. Daher bilden hier die Teilgebiete „Testen", „Messen", „Tunen" zur Erreichung der Qualitätsziele den Schwerpunkt der Lehrinhalte. Aber auch Schutz- und Sicherheitsaspekte sowie die Wirtschaftlichkeit von Systemen und Verfahren sind zur Qualitätssicherung zu zählen. Bei einem weit gefaßten Anwendungssystembegriff – er führt zu der Feststellung, daß Anwendungssysteme in der Informationsverarbeitung aus Hardware, Software und Menschen gebildet werden -, ist die Qualität eines Anwendungssystems sowohl im Hinblick auf seine „formale Korrektheit" (Struktureigenschaften) als auch im Hinblick auf seine „materiale Korrektheit" (verwendete Terminologie) zu überprüfen. Daneben müssen die Lösungen einerseits in technischer (Laufzeiteigenschaften) und andererseits in ergonomischer (Handhabung und Zweckbestimmung) Hinsicht – wissenschaftstheoretisch ist von Begründung oder Rechtfertigung der erzielten Resultate die Rede - auf „Qualität" überprüft werden.

Zu den **Grundlagen der Schemaentwicklung** (Bild 3) und damit zu den Grundlagen einer Konstruktionslehre für Informationssysteme, gehört die Abstraktions- und Kompositionstheorie [z. B. Ort97a], die weniger abstrakt in eine Grammatiktheorie [z. B. Chom78] mündet, sowie Termini-Theorien [Lore73], [JaKi73], [Wüst91] zur Bezeichnung sprachlicher und nichtsprachlicher Objekte. Auf der Seite der Entwicklungsmethodologie (Bild 3) könnte beispielsweise eine Argumentationstheorie [z. B. Geth79] als Grundlage für die kooperative Entwicklungsarbeit beim Aufbau von Informationssystemen dienen. Sie hat jedoch ebenso bei der Schemaentwicklung – z. B. bei der „Automatisierung des Schlußfolgern" mit einem Expertensystem – als Grundlagenfach zu fungieren. Man kann noch eine Modell(ierungs)theorie [Stac73], [WGKI98] und eine Zeichentheorie [z. B. Peir91] zu den Grundlagen einer Schemaentwicklungslehre zählen. Zu überprüfen ist auch, ob nicht durch die „Multimedia-Programmierung" [GiTS95] neue Grundlagenanteile im Zusammenhang mit Begriffen wie „Virtualität" und „Visualisierung" berücksichtigt werden müssen. Für die Qualitätssicherung (Bild 3) sollten „Wahrheitswerttheorien" [Skir89] sowie „Begründungstheorien,, [Kamb76] und „Beweistheorien" [Schü60] zu den Grundlagen der Schemaentwicklung gehören.

Eine Konstruktionslehre für Informationssysteme kann damit als Teilgebiet einer Informatik, die sich als „Sprach- Ingenieurwissenschaft" versteht, bezeichnet werden. Während die Informatik dabei als „metasprachlich" zu charakterisieren ist, (re-)konstruiert die Wirtschaftsinformatik auch spezielle Objekt- oder Fachsprachen.

5. Ausblick

Die Konstruktivismusforschung wird in der Informatik und Wirtschaftsinformatik im Hinblick auf die Herausforderung einer globalen Informationsverarbeitung fortgesetzt. Ihre Aufgabenbereiche können in die Kategorien „Technologie", „Anwendungsbezug" und „curriculare Aufgaben" eingeteilt werden.

Durch stärkere Konzentration auf den „performativen Aspekt" (z.B. behaupten, auffordern, fragen, schlußfolgern, kommunizieren etc.) sprachlicher Äußerungen wird klar [JaBS97, S. 12ff], daß wir mit Basissystemen Sprachhandlungstypen – nach Austin [Aust72] „illokutionäre Akte" genannt – implementieren. So sind beispielsweise Workflow-Management-Systeme Implementierungen von Routinen zur Automatisierung des „Aufforderns", während Expertensystem-Shells das „Schlußfolgern" automatisieren. Dabei besitzen Datenbank-Management-Systeme, die den Sprachhandlungstyp „Behaupten/Feststellen" als Verbindungsglied zwischen den Ebenen „Schema" und „Ausprägungen" realisieren, gegenüber den anderen Basissystemen eine herausragende Bedeutung. Das Ebenenpaar „Schema – Ausprägungen" kann stets orthogonal zu den Ebenenpaaren anderer Basissystemtypen [Ort97a] – z. B. zum Ebenenpaar „Steuerung-Ausführung" bei Workflow-Management-Systemen - angeordnet werden. Sie werden deshalb oft als „Trägersysteme" für andere Basissysteme – z.B. für Workflow-Management-Systeme oder Repositoriumssysteme – herangezogen.

Hier kann man, obwohl Fortschritte zu verzeichnen sind [JaBS97], feststellen, daß wir trotz „sprachkritischer" Rekonstruktion der Architektur von Workflow-Management-Systemen [Buß98] diesen Systemtyp im Hinblick auf „flexibles Workflowmanagement" [Ort97b] noch nicht optimal beherrschen.

Im Bereich der CORBA (Common Object Request Broker Architecture) –Aktivitäten könnte man im Hinblick auf die universelle Sprachhandlung „Kommunizieren" mit einem Datenbank-Management-System, das zu einem Kommunikationsmanagement-System ausgebaut wird, die zahlreichen Aufgaben beim „Informationsaustausch" (Senden und Empfangen) in Verbindung stehender Objekte besser als ohne ihren Einsatz bewältigen. Für beide Aufgabengebiete, „flexibles Workflowmanagement" und „datenbankgestütztes Kommunikationsmanagement", sollen in Projekten durch Implementierung von Systemen effektivere Lösungen gefunden werden. Dabei werden „Repositoriumssysteme" [Ortn99] für die Metainformationsverarbeitung zu einem wichtigen Teilforschungsgebiet gehören. Mit Repositoriumssystemen wird das Konzept der „Beobachtung" (Dokumentationssysteme) und des „Vollzugs" (Produtionssysteme) – als Lösungsansatz zur Überwindung der Heterogenität bei globaler Informationsverarbeitung – in der Anwendungssystementwicklung an Bedeutung gewinnen.

Ende 1977 wurde in der Zeitschrift „Die Betriebswirtschaft" die Architektur für ein (kaufmännisches) Rechnungswesen [WeOr77] vorgeschlagen, die auf dem Schmalenbachschen Konzept von einer Grundrechnung und mehreren Sonderrechnungen basierte und als Datenbank-Anwendung entworfen wurde. Solche Ansätze flossen in den darauffolgenden Jahren in die Lehre und Unternehmensberatung [Sche95] ein oder wurden – nicht immer im Sinne der Erfinder - als Produkte – wie die „SAP R/3-Software" – angeboten. Aus heutiger Sicht ist das Konzept der „Schemaintegration" durch den Aufbau einer Grundrechnung für das Rechnungswesen in Form einer (separaten) Datenbank als überholt und durch neue Konzepte als verbesserungsbedürftig einzustufen. Anwendungssysteme sollten nicht mehr auf der Basis partieller „Referenzmodelle" (z.B. auf der Basis eines branchenspezifischen Unternehmensdatenmodells), sondern auf der Grundlage fachlich rekonstruierter Terminologien als „Integrationsbasen" entwickelt werden. Der Aufwand für die Konsistenzsicherung und Pflege der „integrierten Schemata" – die heute auf objektsprachlicher Ebene als „Weltschemata" (z. B. STEP: Standard for the Exchange of Product Model Data) entworfen werden müssen – hat sich als zu hoch und ihre Handhabung als zu inflexibel erwiesen.

Eine neue Generation „fachsprachlich (terminologisch) normierter Anwendungssysteme" wird komponentenorientiert organisiert sein und über „Datenaustauschmechanismen" wie den ORB (Object Request Broker) betrieben werden. Dabei ist klar ersichtlich, daß wir uns auf eine terminologiebasierte Entwicklung [Schi97], [Lehm99] und Nutzung [LehP99] von Anwendungssystemen zubewegen. Auch die Anfänge einer Komponentenindustrie – wie das IBM-Produkt „San Francisco" oder die Anwendungsentwicklungsumgebung „Bolero" der Software AG zeigen – sind bereits zu erkennen.

Die Architektur eines terminologiebasierten Rechnungswesens, das aus interagierenden Komponenten – ohne eine separate Datenbank – besteht und auf der Basis eines Kommunikationsmanagement–Systems, das den Datenaustausch zwischen den Komponenten „terminologiebasiert" regelt, implementiert wird, wobei die Komponenten auf der Grundlage rekonstruierter „Geschäftsprozesse" zusammengesteckt werden, gilt es in einem Projekt zu realisieren.

Das INTERNET mit Browsing- und Hypermedia-Anwendungen bildet im Rahmen eines Graduiertenkollegs „Infrastruktur für den elektronischen Markt" an der TU Darmstadt ein weiteres Aufgabengebiet für die „konstruktivistische" Entwicklung von Web-Anwendungen [Flei99]. Die Aufgabenstellung kann hier aus „sprachkritischer Sicht" wie folgt formuliert werden: Zu rekonstruieren sind jene sprachlichen Mittel und Regeln kaufmännischen Argumentierens – eine rational rekonstruierte, implementierte „Business Language" -, die einem wettbewerbsorientierten Dialog um Ressourcen, Kapital und Produkte im globalen Netz zugrunde liegen. Das Ziel ist die Implementierung einer Geschäftssprache („Business Language") im World Wide Web, in dessen Rahmen die Kommunikation um Wirtschaftsgüter „rechnerunterstützt" (terminologiebasiert) geführt werden kann.

In curricularer Hinsicht hat sich die „Modellierung" (die Rekonstruktion fachlicher Beschreibungen entwicklungsrelevanter Sachverhalte im Hinblick auf den Rechnereinsatz) nicht nur in der Informatik und Wirtschaftsinformatik, sondern auch in jenen Einzelwissenschaften, die den Computer als „Erkenntnismittel" (wie z.B. die Wirtschaftswissenschaften, die Chemie oder die Physik) einsetzen, als wichtiges neues Lehrfach [WGKI98] herausgebildet. Modellierungsveranstaltungen sind nicht nur in die Studienpläne der Informatik und Wirtschaftsinformatik, sondern auch in die Studienpläne der tangierten Einzelwissenschaften (Anwendungsgebiete) aufzunehmen. Ebenso gilt es an den Schulen – im Hinblick auf die globale Informationsverarbeitung und Wissensgesellschaft – einen „logikbasierten Sprachunterricht" [z.B. KaLo73] wieder einzuführen. Dadurch werden der Informatik-Unterricht in grundlegenden Fragen sowie die Wettbewerbsvorteile der Absolventinnen und Absolventen in einer globalen Wissensgesellschaft deutlich aufgewertet. In dieser Hinsicht sind auch im Berufsleben stehende Personen herausgefordert, eine Sprache im Web-Umfeld kontrolliert und nicht nur durch den Sprachinstinkt gesteuert einzusetzen.

Literatur

[Arms74]   Armstrong, W. W.: Dependency structures of data base relationships, in: Information Proceeding ´74, IFIP Congress, Stockholm 1974, S. 580 – 583.

[Aust72]   Austin, J. L. L: Zur Theorie der Sprechakte (How to do things with words), Deutsche Bearbeitung von E. v. Savigny, Stuttgart 1972.

[Broy96]   Broy, M.: Mathematik des Software-Engineering, in:Wegener, I. (Hrsg.); Highlights aus der Informatik, Springer-Verlag, Berlin/Heidelberg/New York 1996, S. 229 – 252.

[Burk97]   Burkhard, R.: UML – Unified Modeling Language, Objektorientierte Modellierung für die Praxis, Addison Wesley Longmann Verlag, München etc. 1997.

[Bußl98]   Bußler, Ch.: Organisationsverwaltung in Workflow-Management-Systemen, Deutscher Universitätsverlag, Wiesbaden 1998.

[Chom78]   Chomsky, N.: Aspekte der Syntax-Theorie, Suhrkamp Verlag, Frankfurt a. M. 1978.

[Codd70]   Codd, E. F.: A relational model of data for large shared data banks, in: Comm. of the ACM, 13 (1970) 6, S. 377 – 387.

[Flei99]   Fleischmann, D.: Entwicklung von Hypermedia-Anwendungen für Netzwerke mit Repositorien, Bericht 99/03, Technische Universität Darmstadt, Fachgebiet Wirtschaftsinformatik I, April 1999.

[Fran97]   Frank, U.: Enriching Object-Oriented Methods with Domain Specific Knowledge; Outline of a Method for Enterprise Modelling, Arbeitsbericht des Instituts für Wirtschaftsinformatik, Universität Koblenz-Landau, Nr. 4, Koblenz 1997.

[Geth79]   Gethmann, C. F.: Protologik, Untersuchungen zur formalen Pragmatik von Begründungsdiskursen, Suhrkamp Verlag, Frankfurt a. M. 1979.

[GiTs95]   Gibbs, S. J.; Tsichritzis, D. C.: Multimedia programming: objects, environments and frameworks, ACM Press, New York 1995.

[Hoar72]   Hoare, C. A. R.: Notes on Data Structuring, in: Dahl, Dijkstra, Hoare; Structured Programming, Academic Press, London and New York 1972, S. 83 – 174.

[JaKM74]   Janich, P.; Kambartel, F.; Mittelstraß, J.: Wissenschaftstheorie als Wissenschaftskritik, aspekte verlag, Frankfurt a. M. 1974.

[JaBu96]   Jablonski, S.; Bußler, Ch.: Workflow Management: Modeling Concepts, Architecture and Implementation, International Thomson Computer Press, New York etc. 1996.

[JaBS97]   Jablonski, S.; Böhm, M.; Schulze, W. (Hrsg.): Workflow-Management, Entwicklung von Anwendungen und Systemen, dpunkt.verlag, Heidelberg 1997.

[KaLo73]   Kamlah, W.; Lorenzen P.: Logische Propädeutik, Vorschule des vernünftigen Redens, B. I.-Wissenschaftsverlag, Mannheim/Wien/Zürich 1973.

[KaLO98]   Kalkmann, J.; Lang, K.-P.; Ortner, E.: Ein Szenarium für die Anwendungssystementwicklung mit Komponenten, Bericht 98/03, Fachgebiet Wirtschaftsinformatik I, TU Damstadt, September 1998.

[Kamb76]   Kambartel, F.: Theorie und Begründung, Studien zum Philosophie- und Wissenschaftsverständnis, Suhrkamp Verlag, Frankfurt a. M. 1976.

[Kamb76]   Kambartel, F.: Theorie und Begründung, Studien zum Philosophie- und Wissenschaftsverständnis, Suhrkamp Verlag, Frankfurt a. M. 1976.

[Lehm98]   Lehmann, F. R.: Das aktuelle Schlagwort „Normsprache", in: Informatik Spektrum, 21 (1998) 6, 366 – 367.

[Lehm99]   Lehmann, F. R.: Fachlicher Entwurf von Workflow-Management-Anwendungen, B. G. Teubner Verlagsgesellschaft, Stuttgart/Leipzig 1999.

[LehP99]   Lehmann, P.: Definierte Fachbegriffe als kritischer Erfolgsfaktor, in: focus, Ausgabe Nr. 1, 23. April 1999 der COMPUTERWOCHE 26 (1999) 16, S. 24 – 25.

[Lore62]   Lorenzen, P.: Gleichheit und Abstraktion, in: Ratio, Heft 4, 1962, S. 77 – 81.

[Lor87a]   Lorenzen, P.: Lehrbuch der konstruktiven Wissenschaftstheorie, B. I.-Wissenschaftsverlag, Mannheim/Wien/Zürich 1987.

[Lor87b]   Lorenzen, P.: Constructive Philosophy, Translated by Karl Richard Pavlovic, The University of Massachusetts Press, Amherst 1987.

[Mitt89]   Mittelstraß, J.: Der Flug der Eule, von der Vernunft der Wissenschaft und der Aufgabe der Philosophie, Suhrkamp Taschenbuch Wissenschaft 796, Suhrkamp Verlag, Frankfurt a. M. 1989.

[MMcC88]   Martin, J.; McClur, C.: Structured Techniques: The Basis for CASE, Prentice Hall, Englewood Cliffs, New Jersey, 1998.

[Mant98]   Mantelos, D.: Werkzeugunterstützte Modellierung von Hypermedia-Anwendungen, Diplomarbeit, Technische Universität Darmstadt. Fachgebiet Wirtschaftsinformatik I, Oktober 1998.

[Ortn83]   Ortner, E.: Aspekte einer Konstruktionssprache für den Datenbankentwurf, S. Toeche-Mittler Verlag, Darmstadt 1983.

[Ort97a]   Ortner, E.: Methodenneutraler Fachentwurf, Zu den Grundlagen einer anwendungsorientierten Informatik, B. G. Teubner Verlagsgesellschaft, Stuttgart/Leipzig 1997.

[Ort97b]   Ortner, E.: Brauchen wir für den flexiblen Einsatz von Workflow-Management-Systemen eine neue Gestaltungslehre der Arbeit? in: Proceedings, EMISA-Fachgruppentreffen 1997, Bericht 97/03, Technische Universität Darmstadt, Fachgebiet Wirtschaftsinformatik I, Oktober 1997, S. 81 – 88.

[Ortn98]   Ortner, E.: Ein Multipfad-Vorgehensmodell für die Entwicklung von Informationssystemen – dargestellt am Beispiel von Workflow-Management-Anwendungen, in: WIRTSCHAFTSINFORMATIK, 40 (1998) 4, S. 329 – 337.

[Ortn99]   Ortner, E.: Repository Systems: Aufbau und Betrieb eines Entwicklungsrepositoriums, Bericht 99/02, Fachgebiet Wirtschaftsinformatik I, TU Darmstadt, März 1999.

[Peir91]   Peirce, Ch. S.: Schriften zum Pragmatismus und Pragmatizismus, herausgegeben von Karl-Otto Apel, Suhrkamp Verlag, Frankfurt a. M. 1991.

[Quin79]   Quine, W. van O.: Von einem logischen Standpunkt, Neun logisch-philosophische Essays, Ullstein Verlag, Frankfurt a. M./Berlin/Wien 1979.

[Sche95]   Scheer, A.-W.: Wirtschaftsinformatik, Referenzmodelle für industrielle Geschäftsprozesse, Springer-Verlag, Berlin/Heidelberg/New York 1995.

[Schi97]   Schienmann, B.: Objektorientierter Fachentwurf, Ein terminologiebasierter Ansatz für die Konstruktion von Anwendungssystemen, B. G. Teubner Verlagsgesellschaft, Stuttgart/Leipzig 1997.

[Schü60]   Schütte, K.: Beweistheorie, Springer-Verlag, Berlin/Heidelberg/New York 1960.

[Skir89]   Skirbekk, G.: Wahrheitstheorie, Eine Auswahl aus den Diskussionen über Wahrheit im 20. Jahrhundert, 5. Auflage, Suhrkamp Verlag, Frankfurt a. M. 1989.

[Stac73]   Stachowiak, H.: Allgemeine Modelltheorie, Springer Verlag, Wien 1973.

[Stei83]   Steinbauer, D.: Transaktionen als Grundlage zur Strukturierung und Integritätssicherung in Datenbank-Anwendungssystemen, Dissertation, Universität Erlangen-Nürnberg, IMMO VI, Band 16, Nr. 13, Dezember 1983.

[Thie79]   Thiel, Ch.: Gottlob Frege: Die Abstraktion, in: Speck, J. (Hrsg.): Grundprobleme der großen Philosophen, Philosophie der Gegenwart I; 2., durchgesehene Auflage, Vandenhoeck und Ruprecht, Göttingen, 1979, S. 9 – 44.

[WAGL99]   Wedekind, H.; Albrecht, J.; Günzel, H.; Lehner, W.: Repositories for Data Warehouse Systems in a Middleware Environment, Arbeitsbericht, Institut für Mathematische Maschinen und Datenverarbeitung der Universität Erlangen-Nürnberg und IBM Almaden Research Center, Januar 1999.

[Wede79]   Wedekind, H.: Eine Methodologie zur Konstruktion des konzeptionellen Schemas, in: Niedereichholz, J. (Hrsg.); Datenbanktechnologie, Einsatz großer, verteilter und intelligenter Datenbanken, B. G. Teuber Verlag, Stuttgart 1979, S. 65 – 79.

[Wede81]   Wedekind, H.: Datenbanksysteme I, Eine konstruktive Einführung in die Datenverarbeitung in Wirtschaft und Verwaltung, 2., völlig neu bearbeitete Auflage, B. I.-Wissenschaftsverlag, Mannheim/Wien/Zürich 1981.

[Wede92]   Wedekind, H.: Objektorientierte Schemaentwicklung, Ein kategorialer Ansatz für Datenbanken und Programmierung, B.I.-Wissenschaftsverlag, Mannheim/Leipzig/Wien/Zürich 1992.

[WGKI98]   Wedekind, H; Görz, G.; Kötter, R.; Inhetveen, R.: Modellierung, Simulation, Visualisierung: Zu aktuellen Aufgaben der Informatik, in: Informatik Spektrum, 21 (1998) 5, S. 265 – 272.

[WeOr77]   Wedekind, H.; Ortner, E.: Der Aufbau einer Datenbank für die Kostenrechnung, in: Die Betriebswirtschaft, 37 (1977) 4, S. 533 – 542.

[WeOr80]   Wedekind, H.; Ortner, E.: Systematisches Konstruieren von Datenbankanwendungen, Zur Methodologie der Angewandten Informatik, Carl Hanser Verlag, München/Wien 1980.

[Wüst91]   Wüster, E.: Einführung in die Allgemeine Terminologielehre und Terminologische Lexikographie, 3. Auflage, Romanistischer Verlag, Bonn 1991.

Entwurf von Datenbankföderationen

Gunter Saake*
Institut für Technische und Betriebliche Informationssysteme
Otto-von-Guericke-Universität Magdeburg
Postfach 4120, D-39016 Magdeburg, Germany

Zusammenfassung

Der Umfang der elektronisch gespeicherten Information wächst weltweit in immer weiter steigender Geschwindigkeit. In diesem Zusammenhang kann durchaus von einer *Informationsflut* gesprochen werden, deren Auswirkungen zum Teil unvorhersehbar sind — die Beherrschung dieser Informationsflut wird zukünftig ein wesentlicher Wettbewerbsvorteil sein.

Neue Gebiete der Datenbankentwicklung, wie Objektdatenbanken, aktive Datenbanken, Datenbanken für semistrukturierte Daten etc. versuchen, verschiedenen Aspekten dieser Entwicklung gerecht zu werden. Ein aktueller Teilaspekt, die Entwicklung von *Datenbankföderationen*, kann in einigen Bereichen Abhilfe schaffen und wird in diesem Beitrag detaillierter vorgestellt. Der Fokus liegt dabei auf den Problemen, die sich beim Entwurf derartiger Föderationen ergeben.

1 Einleitung

Die Datenbanktechnik und ihre Anwendungen befinden sich zur Zeit in einer Umbruchphase. Die klassische Datenbank-Welt bezieht sich auf einen stark *zentralistischen Ansatz*: Betrachtet wird *ein* integrierter Datenbestand, der den gesamten Informationsbedarf eines Unternehmens beschreibt. Dieser Datenbestand wird in *einem* Datenmodell entworfen und führt zu einer umfassenden Beschreibung, die dann folgend dieser globalen Sichtweise zum Teil

---

*saake@iti.cs.uni-magdeburg.de

38

sogar *unternehmensweites Datenmodell* genannt wird. Als Technologie wird ebenfalls eine einheitliche Plattform angestrebt, etwa eine Realisierung mittels relationaler Datenbanksysteme (RDBS).

Im Extremfall wäre die Idealsituation für jedes Unternehmen genau ein konzeptionelles Datenbankschema, das die *eine* verwaltete Datenbank beschreibt. Folgend diesem Ansatz sollte selbst eine verteilte Realisierung dieser Datenbank dem Anwender verborgen bleiben: Verteilungsaspekte sind in dieser Sichtweise *transparent*, also nicht sichtbar.

Die Grenzen dieses idealisierten Ansatzes sind allerdings seit längerer Zeit sichtbar geworden:

- Lokale Organisationseinheiten arbeiten oft unter einem hohen Grad an *Autonomie* bezüglich der zu verwaltenden Informationen.

- Sowohl in Bezug auf die Datenverwaltungs-Software als auch auf die Strukturierung der Datenbestände besteht eine *Vielfalt* an sich zum Teil widersprechenden Anforderungen.

- Im Zeitalter des Internets kann keine isolierte und abgeschlossene Informationsmodellierung mehr ausreichen — die *Außenwelt* mit ihren nicht oder nur wenig beeinflußbaren Informationsquellen fordert offene Systeme auch in der Datenhaltung.

- Mehr denn je befinden sich Organisationsstrukturen, Geschäftsregeln und auch Informationsdienste in einem Zustand des *ständigen Wandels*, auf den die Datenhaltungs-Infrastruktur flexibel reagieren muß.

Neue Architekturmodelle und Entwurfsprozesse sind hier gefordert, um diesen Anforderungen gerecht zu werden. Ein potentiell erfolgversprechender Ansatz ist die Entwicklung von *dynamisch adaptierbaren Datenbankföderationen*. Wir werden die Grundkonzepte eines derartigen Ansatzes sowie auftretende Entwurfsprobleme in diesem Beitrag kurz diskutieren können — für endgültig festzementierte Lehrmeinungen ist die Forschung und Entwicklung noch nicht weit genug vorangeschritten.

2 Informationsflut - aktuelle Situation und Herausforderungen

In der aktuellen Situation ist die Datenhaltung auf elektronischen Medien geprägt durch die Informations- bzw. Datenflut sowie durch einen Wechsel der Computing-Infrastruktur im Vergleich zu klassischen Anwendungsszenarien. Diese Veränderungen haben Einfluß auf zukünftige Infromationssystemarchitekturen und Datenhaltungsssyteme und sollen daher hier kurz rekapituliert werden.

Die genannten Entwicklungen haben für die Datenbanktechnologie Konsequenzen verschiedenster Art:

- Eine *quantitative* Veränderung betrifft das Aufkommen an zu verwaltenden Daten, die Größe einzelner Datenobjekte sowie verbunden hiermit Effizienzforderungen für den Zugriff auf gespeicherte Daten.

- *Qualitativ* ist ein Trend zu mehr Semantik als Teil der zu speichernden Daten zu erkennen. Stichworte hierfür sind der Übergang von Datenbanken zu Wissensbanken, intelligente Suchverfahren und differenzierte Zugriffsprofile als Teil 'lernender', adaptiver Systeme.

- *Pragmatische* Konsequenzen ergeben sich aus der sich ändernden Datenverarbeitungs-Infrastruktur in Unternehmen, neuen Standards und dem Einfluß der Telekommunikationstechnik auf die Datenhaltung.

Diese drei Aspekte werden in den folgenden Abschnitten detaillierter betrachtet.

2.1 Quantitative Veränderungen

Die quantitativen Veränderungen betreffen insbesondere die Anzahl und Größe zu speichernder Informationseinheiten und die Effizienzanforderungen beim Zugriff auf die Daten.

- Das bekannteste Beispiel für einen unüberschaubar wachsenden Datenbestand ist zur Zeit das *World Wide Web* (WWW) im Internet. Es handelt sich aus Datenverwaltungssicht um "unstrukturierte" riesige Dokumentenbestände, die durch Verweise miteinander verknüpft sind — ein unüberschaubarer gerichteter Graph mit unzähligen Einstiegspunkten.

- In der eher klassischen Datenverarbeitung etwa in Unternehmen ist ein Trend erkennbar, eine auch langfristige Archivierung möglichst *aller* elektronisch gesteuerten Vorgänge (elektronische Kassen, Lagerverwaltung, ...) vorzunehmen. Derartige Datenbestände können in einem *Data Warehouse* zusammengefaßt werden und bilden eine Quelle für mit statistischen Methoden und regelbasierten Ansätzen identifizierbare geschäftskritische Zusammenhänge (*Knowledge Discovery in Databases*) [CSS99, SS99].

- Die Verbreitung von PCs hat die Methoden der Dokumentverarbeitung stark verändert. Neben der Aufbewahrung der eigentlichen Dokumente werden verschiedene Versionen archiviert und eine redundante Speicherung von Dokumenten ist weit verbreitet. Auch werden deutlich mehr Dokumente elektronisch archiviert — die schöne Idee des papierarmen Büros zeigt ihre Schattenseiten (ohne den Papierberg abzutragen).

  Von der Datenhaltung her gesehen sind Dokumente oft mehr oder weniger stark strukturierte große Datenobjekte mit heterogenen Bestandteilen, etwa eingebetteten Bildern und Graphiken.

- Auch der Speicherbedarf für wissenschaftliche Daten steigt ständig. Zu nennen sind hier Satellitendaten, Bildarchive, Simulationsergebnisse, chemische Datenbanken oder das Genom-Projekt. Neben dem enormen Umfang des Speicherbedarfs zeichnet sich die Suche in wissenschaftlichen Daten oft durch spezielle Suchbedingungen aus, die eher auf Mustererkennung und Ähnlichkeitssuche als auf dem von Datenbanksprachen primär unterstützten Identitätsvergleich basieren.

- Bereits im Zusammenhang mit Dokumenten ist die Speicherung von Bildern und Animationen angesprochen worden, die sich neben einem großen Speicherbedarf auch durch Probleme der Inhaltssuche auf derartigen Objekten auszeichnen.

- Als letzte und besonders anspruchsvolle Aufgabe ist die Speicherung von digitalen Videosequenzen, etwa im Zusammenhang mit dem *Video on Demand*, zu nennen. Neben dem Speicherbedarf ist hier insbesondere der Echtzeitaspekt relevant — der Transfer vom Hintergrundspeicher zum Endgerät sollte ein direktes Abspielen der Videosequenz inklusive schnellem Vorlauf und ähnlichen Funktionen ermöglichen.

Zusammengefaßt droht das Bedarfswachstum sogar die aktuellen Kapazitäts-steigerungen der Datenträgerentwicklung zu übersteigen — die Daten- und Informationsflut droht uns zu erschlagen.

2.2 Qualitative Veränderungen

Neben den quantitativen Veränderungen sind auch eher qualitative Veränderungen in der Art und Struktur der gespeicherten Daten zu erkennen. Grob gesagt, wird mehr "Semantik" in die Datenbank gepackt — neben den reinen Daten werden zunehmend auch zugehörige Regeln, Funktionen und Anwendungswissen erfaßt.

- Neuere Datenbankmodelle nehmen mehr Anwendungssemantik in die Datenbankbeschreibung auf, die vom Datenbank-Management-System etwa für Optimierungszwecke genutzt werden kann. Aktuelle kommerzielle relationale Datenbanken verwalten bereits einfache Regeln und Bedingungen, und Forschungsprototypen streben eine volle Integration von Regeln in das DBMS an.

  Im Büro-Bereich werden komplette Dokumente statt einfacher "Datensätze" verwaltet. Allgemein werden in Zukunft komplexe Strukturen und anwendungsspezifische Datentypen von DBMS unterstützt.

- Gerade im Bereich der Bilddatenbanken und in der Dokumentverwaltung besteht ein Bedarf für eine Inhaltssuche anstelle eines einfachen Attribut-"Matchings".

- Die Entwicklungen im Bereich der *deduktiven* und *aktiven Datenbanken* zielen ebenfalls auf die Integration von mehr Anwendungswissen in die Datenbankbeschreibung und der vom DBMS angebotenen Funktionalität. In diesen Ansätzen überwachen Regelsysteme die Qualität der Datenbestände und dieses Regel *'wissen'* wird als Teil der Datenbank behandelt.

Einer der auf diese neuen Anforderungen reagierenden Ansätze ist die Entwicklung von *Objektdatenbanken* [SST97].

42

2.3 Pragmatische Veränderungen

Neben den quantitativen und qualitativen Anforderungen an Datenbestände
hat sich auch das Umfeld geändert, in dem Datenbanken verwaltet werden.
Wir bezeichnen diese veränderten Bedingungen als pragmatisch motivierte Anforderungen.

- Die Entwicklungen der Rechnerarchitektur und der Kommunikations-
  technologie haben zu neuen Architekturkonzepten auch für die Datenverwaltung geführt. Der Preisverfall für Speicher hat zur Entwicklung
  von sogenannten Hauptspeicherdatenbanken geführt, bei denen der Da-
  tentransfer vom Hintergrundspeicher nicht mehr der primäre Leistungs-
  parameter ist. Verteilte Datenhaltung und Client-Server-Architekturen
  sind durch den steigenden Einsatz von Workstations und PCs verbreitete
  Ansätze geworden [Dad96].

  Andere aktuelle Entwicklungen betreffen Parallelrechner-DBMS [Rah94],
  Datenbanken in Workstation-Clustern und Datenhaltungsprobleme beim
  Mobile Computing (siehe auch die Diskussion neuer DBMS-Szenarien in
  [SH99a].

- Neben den informationstechnischen Rahmenbedingungen haben sich
  auch die organisatorischen Konzepte weiterentwickelt. An Stelle einer
  zentralen DV-Abteilung tritt eine dezentralisierte Datenverarbeitung in
  den Unternehmen.

  Als Resultat dieser organisatorischen Änderungen werden lokale, autonom bearbeitete Datenbestände als Teile einer zentral verwalteten Datenbank aufgefaßt. Dieser Ansatz führt zum Konzept der *föderierten
  Datenbanken*, das in dieser Ausarbeitung ausführlicher behandelt wird.

- Ein weiterer Trend betrifft das Verschmelzen der Datenhaltung mit anderen, vormals getrennten Bereichen: Betriebssysteme, Benutzerschnitt-
  stellen und Kommunikations-Software.

- Die Verbreitung des Zugangs zu Datenbanken über PCs und das Internet
  hat zu neuen Benutzerklassen geführt. Stichwort ist hier der Datenbank-
  Zugang für "Laien", der ohne eine aufwendig zu erlernende Kunstsprache
  wie SQL erfolgen muß.

- Als letzter Punkt seien hier aktuelle Standardisierungsbestrebungen wie
  SQL3, ODMG-93, OLE, CORBA oder XML genannt, die die Entwicklungen im Datenbankbereich beeinflußen.

Die genannten neuen Randbedingungen haben einen starken Einfluß auf die Entwicklung der Datenbanktechnologie genommen. Die folgenden Ausführungen sollen die resultierenden Entwicklungen am Beispiel des Konzepts der Datenbankföderation beispielhaft verdeutlichen.

3 Datenbankföderationen

Der Ansatz der *föderierten Datenbanksysteme* realisiert einen bereichsübergreifenden Zugriff auf lokal gehaltene Datenbestände. Im Gegensatz zur klassischen Idee der verteilten Datenbanksysteme behalten die Komponentensysteme (teilweise) ihre Autonomie, und deren Entwurf startet mit bereits existierenden Datenbanken.

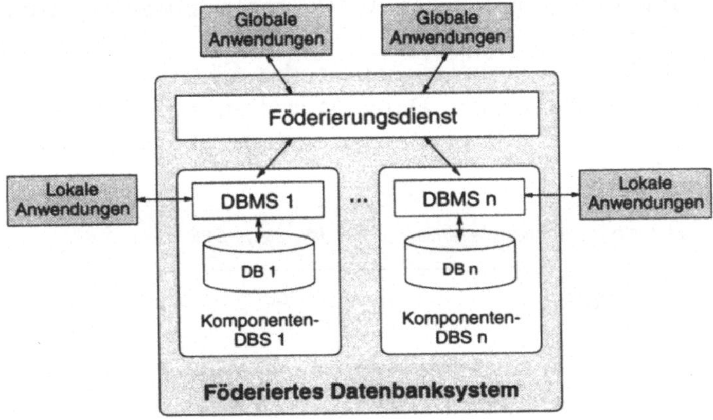

Abbildung 1: Aufbau eines föderierten Datenbanksystems

Die Abbildung 1 zeigt den prinzipiellen Aufbau eines föderierten Datenbanksystems. Der Föderierungsdienst kapselt die lokalen Datenbanken weitgehend unverändert ein und ermöglicht dadurch globale Anwendungen auf einer virtuellen Schnittstelle, die eine integrierte Sicht auf die lokalen Datenbestände bietet.

Lokale Anwendungen arbeiten weiterhin auf den lokalen Datenbeständen. Dies vermeidet den Aufwand der Re-Implementierung dieser Anwendungen auf der globalen Ebene und kann auch Effizienzvorteile bringen, da die Fähigkeiten der lokalen Systeme direkt ausgenutzt werden können.

3.1 Aufbau föderierter Datenbanksysteme

Ein föderiertes Datenbanksystem (FDBS) kann als ein Datenbanksystem mit speziellen Eigenschaften charakterisiert werden. Ein FDBS erfüllt die allgemeinen Anforderungen an ein Datenbanksystem, stellt dabei eine virtuelle, homogene Schnittstelle für Zugriff auf unterschiedliche Datenquellen zur Verfügung, kapselt zu diesem Zweck die Heterogenität der Datenquellen ein und bewahrt dabei partiell die *Autonomie* der Komponenten-Systeme [SL90, Con97]. Die lokalen Anwendungen laufen aufgrund dieser Autonomie möglichst unverändert weiter.

FDBS ermöglichen prinzipiell eine globale Redundanzkontrolle bzw. Integritätssicherung über den Föderierungsdienst. Die lokale Autonomie muß allerdings teilweise eingeschränkt werden, um die Integritätserzwingung zu ermöglichen [Tür99]. Wir werden auf diesen Aspekt später noch eingehen.

Ein weiterer, praktisch relevanter Aspekt des Föderierungsdienstes ist die Möglichkeit einer schrittweisen Daten-Migration zwischen Komponenten-DBMS, ohne daß laufende Anwendungen auf der globalen Ebene davon betroffen werden [RS94].

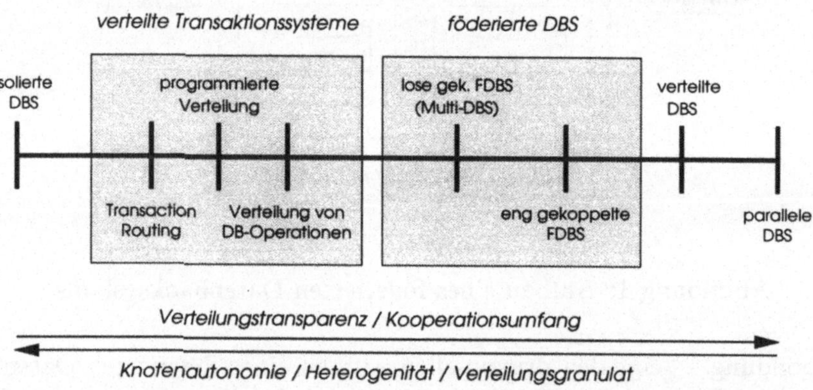

Abbildung 2: Spektrum bei verteilten Datenbanksystemen [Rah94]

Die Abbildung 2 aus [Rah94] zeigt das Spektrum der möglichen Realisierungen verteilter Datenverwaltung. Diesem Schema nach sind Knotenautonomie und Heterogenität gegenläufig zu den Eigenschaften Verteilungstransparenz bzw. Kooperation. Föderierte Datenbanken stellen in diesem Spektrum folglich einen Kompromiß dar: Ziel ist eine integrierte Zugriffsschicht ($\rightarrow$ Verteilungstransparenz) unter weitgehender Beibehaltung der lokalen Autonomie inklusive der Heterogenität lokaler Datenbeschreibungen.

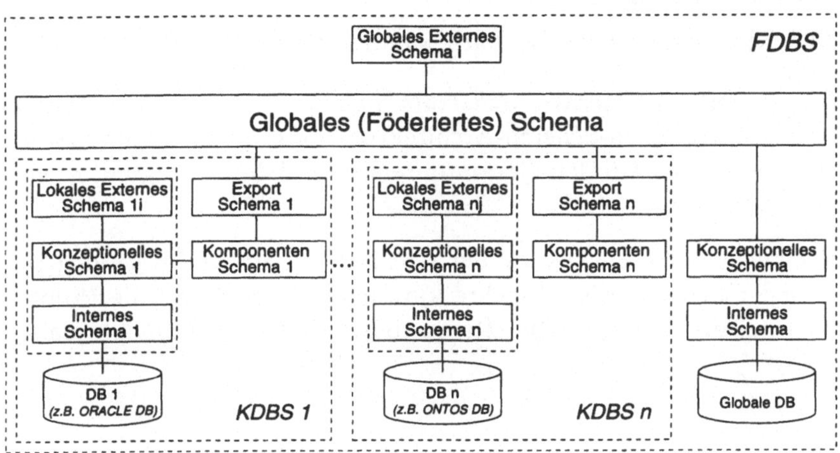

Abbildung 3: Schemaarchitektur eines föderierten Datenbanksystems

Die Datenbeschreibungen eines FDBS sind in einer Erweiterung der klassischen Drei-Ebenen-Schema-Architektur organisiert. Abbildung 3 zeigt die sogenannte *Fünf-Ebenen-Architektur* nach Sheth und Larson [SL90], die sich als Referenzmodell für FDBS-Entwicklungen etabliert hat.

Die *fünf* für den Aufbau eines FDBS relevanten Schema-Ebenen haben die folgenden Aufgaben:

1. Die Komponentendatenbanksysteme KDBS stellen als Ausgangs-Schemata ihr jeweiliges *lokales konzeptionelles Schema* zur Verfügung. Die anderen beiden Schema-Ebenen der Drei-Ebenen-Schema-Architektur der KDBSe — internes Schema und diverse (lokale) externe Schemata — sind weiterhin vorhanden, werden aber in die Fünf-Ebenen-Architektur nicht einbezogen.

2. Für jedes KDBS wird ein *Komponenten-Schema* aus dem konzeptionellen Schema abgeleitet. Das Komponentenschema überführt die lokalen Datenbankbeschreibungen in das global verwendete Datenbankmodell.

3. Das jeweilige *Export-Schema* blendet diejenigen Daten aus, die nicht föderiert werden sollen.

4. Das *globale Schema* oder auch *Föderierungs-Schema* integriert die einzelnen Export-Schemata zu einer homogenen Datenbeschreibung des Gesamtdatenbestands.

   Auf die Integrationsproblematik werden wir noch gesondert eingehen.

5. Die (globalen) *externen Schemata* haben — wie auch in der klassischen Drei-Ebenen-Schema-Architektur — die Aufgabe, anwendungsspezifische Sichten auf den Gesamtdatenbestand zur Verfügung zu stellen.

Nach der allgemeinen Diskussion der Architektur von FDBS werden im Rest des Beitrags einige wichtige Aspekte kurz betrachten, wobei die Problematik der Sicherung der Integrität bereits an dieser Stelle ausführlicher dargestellt wird.

3.2   Integritätssicherung

Die Integritätssicherung in föderierten Datenbanken stellt im Vergleich zu konventionellen Datenbanken einige neue Anforderungen, die Inhalt aktueller Forschungaufgaben sind.

Die Berücksichtigung von Integritätsbedingungen während der Transformationsschritte und der Integration ist ein bisher wenig untersuchter Aspekt beim Entwurf von FDBS [CST97, BT99, Tür99]. In einer Prädikatenlogik formulierte Bedingungen müssen während der Schematransformation ebenfalls umgeformt und in der Integrationsphase verschmolzen bzw. aufgeteilt werden.

Ein weiterer relevanter Aspekt ist die Formulierung und Erzwingung *globaler Integritätsbedingungen*. Globale Bedingungen werden auf jeden Fall benötigt, wenn die Datenbestände der KDBS überlappend sind, also etwa Personendaten in mehreren lokalen Datenbanken gespeichert sind. Hier müssen globale Bedingungen für die Erhaltung der Konsistenz bei Änderungen sorgen.

Eine Möglichkeit der Überwachung von deklarativen Integritätsbedingungen ist ihre Umformung in *aktive Regeln*. Übertragen auf FDBS, können *globale Regeln* auf der Föderierungsebene globale Integritätsbedingungen überwachen. Derartige globale Regeln sind nach folgendem Muster aufgebaut:

```
define rule GlobaleRegel
```

on potentiell integritätsverletzendes Ereignis
if globale Bedingung (deskriptiv)
do globale Aktions(folge) zur Integritätserzwingung

Natürlich ist eine Optimierung derartiger Regeln notwendig, um eine Ausnutzung lokaler Integritätsmechanismen zu ermöglichen. Kritischer Punkt bei diesem Ansatz ist die lokale Erkennung relevanter Ereignisse, die eine globale Bedingung verletzen könnten.

Abbildung 4 zeigt einen Vorschlag für eine Architektur der aktiven Integritätssicherung, der die Varianten der Erkennung potentiell integritätsverletzender

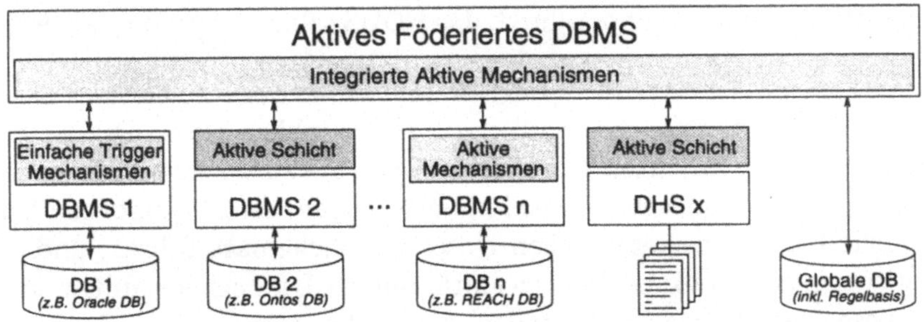

Abbildung 4: Architektur der aktiven Integritätssicherung

Ereignisse aufzeigt [TC97]. Datenbanksysteme, die selber aktive Mechanismen wie Trigger oder ECA-Regeln unterstützen, können diese Mechanismen zur Alarmierung der Föderierungsebene ausnutzen.

Besitzt ein DBMS keine aktiven Mechanismen, oder handelt es sich um ein einfaches Datenhaltungssystem DHS ohne volle Datenbank-Funktionalität, muß dieses Komponentensystem durch eine aktive Schicht eingekapselt werden, die relevante Ereignisse erkennt.

Diese Architektur verdeutlicht, daß eine globale Integritätssicherung ohne Eingriffe in die Autonomie der Komponenten-Datenbanksysteme nicht möglich ist. Eine umfassende Behandlung der Problematik kann in der Dissertation von Türker [Tür99] gefunden werden.

4 Entwurf von Datenbankföderationen

Das Hauptproblem beim Entwurf von Datenbankföderationen auf der konzeptionellen Ebene ist die *korrekte Integration heterogener Datenbestände*. Die wichtige Rolle der Integrationsmethoden beim Entwurf von Informationssystemen wird z. B. in [SCS99] ausführlicher beschrieben.

4.1 Integration heterogener Datenbestände

Das Problem der Integration heterogener Datenbestände stellt sich bei FDBS in besonderem Maße, da die lokalen Datenbanksysteme ihre Autonomie (und damit ihre Heterogenität) bewahren [Sch98]. Die zur Integration notwendigen Transformationen müssen daher durch das FDBS selbst vorgenommen werden.

Ziel der Integration ist ein widerspruchsfreies und homogenes *globales Schema*, das die Basis für anwendungsspezifische Sichten bilden kann. Die Heterogenität der lokalen Datenbanken manifestiert sich auf verschiedenen Ebenen: Die KDBS können heterogene Datenbankmodelle haben, selbst homogene Datenbankmodelle können zu heterogenen Datenbank-Schemata führen, und selbst bei identischem Schema kann Heterogenität auf der Datenebene auftreten. Wir werden diese drei Ebenen im folgenden kurz diskutieren.

Ein weiteres Problem ist die Wahl des Datenmodells für das globale Schema. Wird für dieses Modell eine große Ausdrucksfähigkeit erreicht, so spricht man von einem *semantisch reichen* Datenbankmodell. Typische semantisch reiche Datenbankmodelle sind Objektmodelle und erweiterte ER-Modelle. Für die Handhabbarkeit hingegen ist eine minimale Anzahl orthogonaler Konzepte vorzuziehen, die zu *semantisch armen* Datenbankmodellen führen. Das in [Sch98] verwendete Datenbankmodell GIM ist ein semantisch armes Datenbankmodell, das nur wenige Konzepte unterstützt, aber dadurch leichter algorithmisch unterstützte Integrationsschritte ermöglicht.

4.2 Heterogenität der Datenmodelle

Die Heterogenität der Datenmodelle wird bei der Transformation in die Komponenten-Schemata beseitigt. Abbildung 5 zeigt zwei Datenbankschemata in heterogenen Datenmodellen, die denselben Weltausschnitt beschreiben. Die

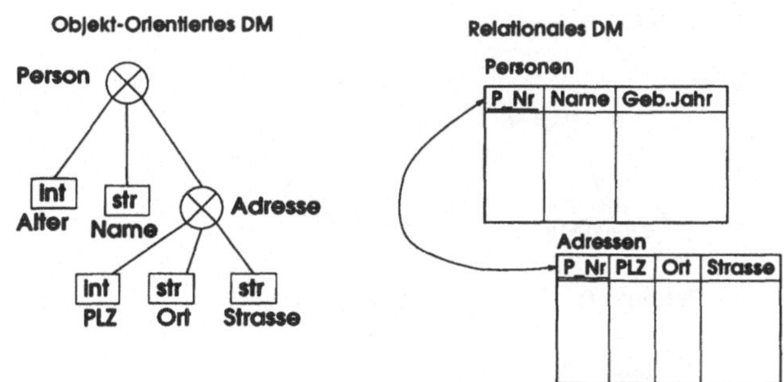

Abbildung 5: Heterogenität von Datenbankmodellen

erste Datenbankbeschreibung zeigt ein Schema einer objektorientierten Datenbank in der in [Heu92] eingeführten graphischen Notation. Die rechte Abbildung zeigt zwei Relationen im relationalen Datenmodell, die dieselbe Information speichern können. Die Aggregierung der objektorientierten Darstellung wird hier durch Fremdschlüsselbedingungen modelliert.

Die Auflösung der Heterogenität auf der Datenmodellebene erfolgt durch eine Transformation in ein gemeinsames "Föderierungsdatenmodell". Verbreitet sind zur Zeit Objektmodelle (folgend dem ODMG-Standard [Cat94]) oder semantisch arme Datenbankmodelle, die formale Integrationsschritte ermöglichen [CHS+97].

4.3 Heterogene Datenbank-Schemata

Auch wenn die Datenmodelle zweier Komponenten-DBMS übereinstimmen, kann die Modellierung unterschiedlich sein. Abbildung 6 zeigt zwei Schemaausschnitte im erweiterten ER-Modell [EGH+92, HS95]. In einem Schema wird das Geschlecht von Personen durch ein Attribut **Geschlecht** modelliert. Im Schema **B** wird dieselbe Information dadurch modelliert, daß die Klasse **Person** in die beiden Klassen **Frau** und **Mann** partitioniert wird.

Der Prozeß der Auflösung der Heterogenität auf Schema-Ebene wird als *Schema-Integration* bezeichnet. Schema-Integration in erweiterten ER-Modellen wird z.B. von Spaccapietra und Koautoren in [SPD92, SP94] ausführlich diskutiert. In der Magdeburger Gruppe werden speziell die Möglichkeiten der Integration im Föderierungsdatenmodell GIM untersucht [SS96a, SS96b, SS98, Sch98].

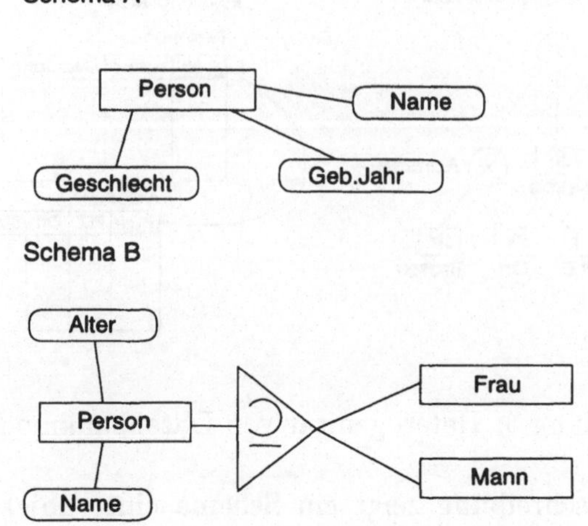

Abbildung 6: Heterogenität von Datenbankschemata

4.4 Heterogenität auf der Datenebene

Auch auf der Datenebene selber tritt Heterogenität auf, wie Abbildung 7 verdeutlicht. In diesem Beispiel weisen zwei relationale Komponenten-DBMS dasselbe relationale Schema auf, verwenden aber zum Beispiel unterschiedliche Konventionen für die tatsächliche Speicherung von Namen und Geburtsjahren. Während dieses auf Probleme des Datenbankentwurfs zurückgeführt werden kann (allerdings sind Komponenten-DBMS auch diesbezüglich autonom), zeigt das Beipiel weitere Problem auf: Für einige Informationen, etwa für Berufsbezeichnungen, gelten keine allgemeingültigen Konventionen, und Tippfehler (hier im Vornamen) können ebenfalls auftreten.

Die Auflösung der Heterogenität auf der Datenebene muß auf vielfältige Methoden der Datenanalyse und Ähnlichkeitssuche zugreifen. *Explizit gespeichertes semantisches Föderierungswissen* kann unterschiedliche Konventionen bei Einträgen explizit darstellen, so daß eine Datenintegration weitgehend automatisch erfolgen kann.

Personen

Name	Geb.Jahr	Beruf
Peter Meier	1962	Dipl.-Inform.
Johannes Conrad	1928	Dichter
...	...	...

Personen

Name	Geb.Jahr	Beruf
Meier, Peter	62	Informatiker
Johanes Conrad	28	Dichter
...	...	...

Abbildung 7: Heterogenität von Datenbankinstanzen

4.5 Schema-Konflikte bei der Integration

Abbildung 8 klassifiziert die bei der Integration heterogener Datenquellen auftretenden Konflikte. *Namenskonflikte* können mittels linguistischem Wissen und Begriffswörterbüchern erkannt und aufgelöst werden.

Semantische Konflikte betreffen die Extensionen von Klassen — etwa können die Personen einer Klasse **Person** eines DBMS eine Obermenge der Klasse **Mitarbeiter** eines anderen DBMS sein. Derartige Beziehungen müssen erkannt und explizit gemacht werden, um eine korrekte Integration zu erreichen.

Der Bereich der *Beschreibungskonflikte* faßt eine Reihe von Varianten der Beschreibung von Eigenschaftscharakterisierungen und deren Modellierung zusammen, die bei der Integration aufeinander abgestimmt werden müssen. So können in verschiedenen Datenbanksystemen unterschiedliche Kardinalitäten für Beziehungen oder Schlüsselbedingungen gewählt worden sein.

Als *Strukturkonflikte* bezeichnet man schließlich unterschiedliche Modellierungen desselben Sachverhalts, wie sie z.B. in Abbildung 6 aufgetreten war.

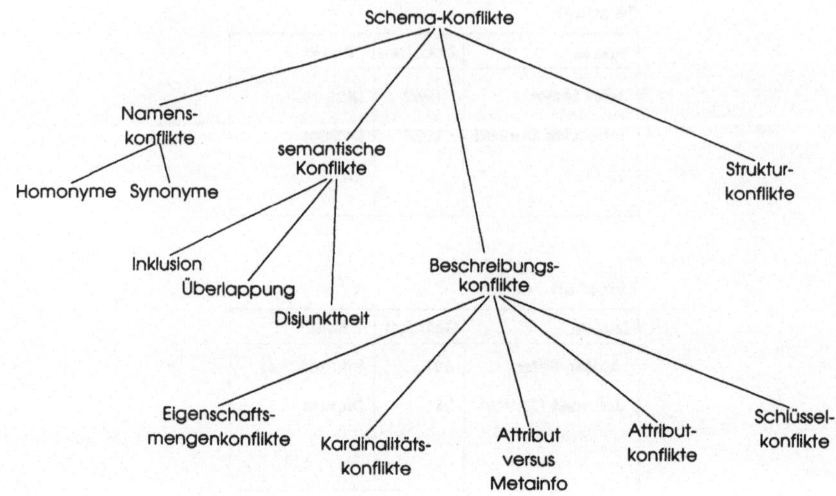

Abbildung 8: Klassifikation von Konflikten

5 Integrationsmethoden und ihre Eignung

Die bisherigen Ausführungen haben die Relevanz der Integration von Datenbeständen in Föderationen verdeutlicht. In diesem Abschnitt soll nun diskutiert werden, welche besonderen methodischen Vorgehensweisen hier gefragt
sind und wo Forschungs- und Entwicklungsbedarf besteht.

Aufgrund des Übersichtscharakters dieses Abschnitts und der Platzrestriktio-
nen kann dieser Abschnitt nur kurze Charakterisierungen der Problemfelder
enthalten, so daß für ausführlichere Betrachtungen auf die angegebene Literatur verwiesen werden muß.

5.1 Integrationsmethoden

Für die Integration von Datenbeständen werden seit längerem eine große Zahl
von Methoden vorgeschlagen. Für einen Überblick verweisen wir auf [BLN86,
Con97, Sch98, SCS99]. Auf Grund der Vielzahl kann hier nur kurz auf einige
grundlegende Eigenschaften eingegangen werden.

Die Behandlungen der meisten angesprochenen Konfliktarten (beispielsweise

Namenskonflikte) entspricht dem klassischen Datenbankentwurf (Sichtintegration), so daß hier nicht darauf eingegangen werden soll.

Eine besondere Rolle bei der Integration spielen *extensionale Konflikte*, die Mengenbeziehungen zwischen den Instanzen zweier Klassen unabhängig von konkreten Datenbankzuständen beschreiben. So müssen beispielsweise die Studenten in der Bibliotheksdatenbank immer eine Untermenge der Datensätze des Immatrikulationsamts sein. Diese extensionalen Konflikte spielen bei Datenbankföderationen deshalb eine besondere Rolle, weil sie die Redundanz in der Datenhaltung beschreiben und aufgrund der lokalen Anwendungen weiter erhalten werden müssen.

Die *extensionale Analyse* zur Erkennung derartiger Abhängigkeiten ist damit ein wichtiger Aspekt des Entwurfsprozesses für föderierte Datenbanken. Diese Analyse läßt sich nur partiell automatisieren, da die extensionalen Abhängigkeiten in allen potentiellen Szenarien, und nicht nur in der aktuellen Datenbankausprägung, erfüllt sein müssen [Tür99].

Konkrete Methoden unterscheiden sich in der Art der untersuchten extensionalen Beziehungen. Insbesondere ältere Methoden verwenden nur binäre extensionale Beziehungen, obwohl damit einige relevante Abhängigkeiten nicht erfaßt werden können [Sch98]. Die Behandlung n-ärer extensionaler Beziehung wird in [ST98] behandelt. Der Zusammenhang zwischen extensionalen Beziehungen und zu integrierenden Integritätsbedingungen ist Inhalt der Betrachtungen in [TS98, TS99a].

5.2 Automatisierbarkeit der Integration

In dem beschriebenen Umfeld der 'Informationsflut' ist die weitgehende *Automatisierbarkeit* der Integrationsschritte kritisch für den erfolgreichen Einsatz. Aktuelle Extrapolationen sagen sogar Szenarien voraus, in denen Tausende oder gar Millionen von Datenquellen föderiert werden [BBC+98].

Verschiedene Ansätze für Integrationsmethoden unterscheiden sich in dem Grad, in denen Entwurfsschritte automatisierbar sind:

- Methoden mit *semantisch reichen Integrationsmodellen* vollziehen die Integration in einem Datenmodell mit reichhaltigen Abstraktions- und Modellierungskonzepten, etwa einem objektorientierten Modell oder einem erweiterten ER-Modell [LNE89, SPD92]. Reichhaltige Modellierungskonzepte beschränken allerdings den Einsatz automatischer Integrationsalgorithmen aufgrund der Vielfalt der Beschreibungsmittel und der Möglichkeiten, denselben Sachbestand unterschiedlich zu modellieren.

- *Semantisch arme Integrationsmodelle* wie GIM versuchen hingegen, mit wenigen, orthogonalen Modellierungskonzepten auszukommen [Sch98].

  Aufgrund der fehlenden semantischen Reichhaltigkeit müssen verstärkt Abhängigkeiten als Integritätsbedingungen explizit gemacht werden [Tür99]. Außerdem ist es notwendig, aus der semantischen armen Darstellung des integrierten Datenbestandes semantisch reichhaltige Sichten, etwa in einem Objektmodell, zu generieren. Dafür lassen sich z. B. Algorithmen der formalen Begriffsanalyse [GW96] für den Integrationsprozeß nutzen.

Die in der Magdeburger Datenabnkgruppe entwickelte prototypische Entwurfsumgebung **SIGMA**$_{Bench}$ unterstützt ein Reihe von automatische Integrationsschritten basierend auf der GIM-Methode sowie die Generierung von ODMG-Sichten [HSC$^+$99, SST$^+$99].

5.3 Top-Down versus Bottom-Up

Neben den eingesetzten Integrationsmodellen ist auch die Vorgehensweise beim Entwurf von Föderationen relevant. Klassische Entwurfsmethoden schlagen einen *Bottom-Up-Entwurf* vor, in dem existierende Datenbankschemata als Ausgangspunkt genommen werden, um daraus eine integrierte Datenbankbeschreibung zu konstruieren, die möglichst den vollständigen Informationsgehalt aller beteiligten Datenbestände erhält.

Allerdings gibt es in vielen Szenarien Probleme mit einem derartigen Vorgehen:

- Bei sehr vielen Datenbanken erhöht sich die Komplexität der Integrationsaufgabe ungemein.

- Hinzunahme von neuen Datenbanken in eine existierende Föderation beeinflußt das integrierte Gesamtschema.

- Auf der Integrationsebene ist oft eine Darstellung folgend einem Standard (etwa dem Dublin Core für Bibliotheksdaten, oder der STEP-Modelllierung im Automobilbau) gefordert, die bei der Integration als Zieldarstellung dient.

Hasselbring [Has99] diskutiert daher den Einsatz von Top-Down-Entwurfsmethoden, die mit einem vorgegebenen Zielschema starten, im Gegensatz zum klassischen Bottom-Up-Entwurf. Als Resultat der Betrachtungen in [Has99] ergibt sich, daß eine gemischte Vorgehensweise (dort 'YoYo-Ansatz' genannt) in vielen Anwendungen adäquat zu sein scheint — Erfahrungen mit konkreten Föderationen müssen erst zeigen, inwieweit die angesprochenen Probleme durch veränderte Entwurfsvorgehensweisen tatsächlich behoben werden.

5.4 Evolution von Föderationen

Die Evolution von Föderationen und deren automatisierte Unterstützung ist ein noch weitgehend unbearbeitetes Forschungsgebiet. In einem Szenario von hunderten Datenquellen im Internet, die föderiert werden, ist das Hinzunehmen einer Datenquelle ein regelmäßig eintretendes Ereignis und kein vernachlässigbarer Sonderfall.

Eine derartige Evolutionsunterstützung erfordert eine Reihe von Maßnahmen auf der FDBS-Ebenen:

- Um Datenquellen werkzeugunterstützt weitgehend automatisch integrieren zu können, muß eine explizite Datenquellenbeschreibungssprache entwickelt werden, die auch die Integration semistrukturierte Datenbestände zuläßt [HE99, EHH99].

- Das 'Einklinken' von neuen Datenquellen muß werkzeugunterstützt mit geringem Aufwand erfolgen können:

  - Datenquellen müssen automatisch untersucht werden können, ob existierende Adapter an die neuen Datenquelle angepaßt werden können. Diese Anpassung sollte weitgehend deklarativ (durch eine Adaptergenerierungssprache) erfolgen.

56

- Die Integration eines neuen lokalen Datenbankschemas sollte in Form eines Top-Down-Vorgehens automatisch erfolgen können. Eine Anpassung des globalen Schemas als Sonderfall sollte interaktiv mit Werkzeugunterstützung erfolgen.

- Die Verwaltungsinformationen des FDBS für Datenzugriff und Anfrageoptimierung müssen automatisch generiert werden. Dabei sind auch die Fähigkeiten der Datenquelle bzgl. Anfrageunterstützung zu berücksichtigen [SH99b].

- Eine extensionale Voranalyse, etwa mit Vergleich von Schlüsselmengen, muß automatisch unterstützt werden.

- Die Datenbankföderation muß Schemaevolution auf der globalen Ebenen erlauben.

6   Ausblick

Der vorliegende Beitrag kann das Spektrum der Ansätze, Methoden und offener Forschungsfragen beim Entwurf von Datenbankföderationen nur anreißen. Ganze Bereiche, so die Probleme der Verhaltensintegration, konnten nicht behandelt werden. Auch der Bezug der verwendeten Implementierungstechnologien zu Entwurfsprinzipien — so korrespondieren Mediatoransätze [Wie92] auf dem ersten Blick eher zu Top-Down-Integrationmethoden — konnte nicht behandelt werden. In vielen dieser Gebiete besteht noch Bedarf an Grundlagenforschung und prototypischen Entwicklungen.

Abschließend sind sicher einige Worte zu den eigenen Arbeiten der Magdeburger Gruppe erlaubt. Föderierte Datenbanksysteme sind ein Forschungsschwerpunkt der Magdeburger Datenbankgruppe. Neben den bisher erläuterten Aspekten gibt es eine Reihe weiterer Forschungsgebiete im Zusammenhang mit FDBS, die zum Teil auch in Magdeburg bearbeitet werden:

- Aufgrund der Autonomie der Komponentensysteme müssen spezielle Transaktionsmodelle entwickelt werden [ST97, STS99, TS99b, Sch99]. Ein besonderes Problem dabei ist die Koordination der Commit-Protokolle mit den extensionalen Beziehungen [TSS99].

- Durch die Mischung von lokalen und globalen Zugriffen wird ein spezielles Datensicherheitsmodell notwendig [Hil97, HS98].

- Anfragen und Änderungen auf der globalen Ebene müssen in lokale Anfragen umgesetzt und optimiert werden. Eine besondere Herausforderungen sind dabei Datenquellen im Internet [SH99b].

Eines der Magdeburger Projekte betrifft den Einsatz von Föderierungsdiensten im Anwendungsbereich der Fabrikplanung [SCC+97, HSC97]. Hier hat sich gezeigt, daß in vielen Anwendungsbereichen der Integration von Dateisystemen eine besondere Rolle zukommt [Höd96]. Weitere in Magdeburg in Projekten bearbeitete Föderationsszenarien werden in [HHSS98, CSS99, SS99] beschrieben.

Dieser Beitrag basiert auf vielen Diskussionen in der Magdeburger Datenbankgruppe und auf diversen Workshops. Allen an diesen Diskussionen beteiligten Personen sei hiermit gedankt!

Literatur

[BBC+98]   Philip A. Bernstein, Michael L. Brodie, Stefano Ceri, David J. DeWitt, Michael J. Franklin, Hector Garcia-Molina, Jim Gray, Gerald Held, Joseph M. Hellerstein, H. V. Jagadish, Michael Lesk, David Maier, Jeffrey F. Naughton, Hamid Pirahesh, Michael Stonebraker und Jeffrey D. Ullman. The Asilomar report on database research. *ACM SIGMOD Record*, 27(4):74–80, 1998.

[BLN86]   C. Batini, M. Lenzerini und S. B. Navathe. A Comparative Analysis of Methodologies for Database Schema Integration. *ACM Computing Surveys*, 18(4):323–364, Dezember 1986.

[BT99]   S. Balko und C. Türker. Integration of Aggregation Constraints. In S. Conrad, W. Hasselbring und G. Saake, Herausgeber, *Proc. 2nd Int. Workshop on Engineering Federated Information Systems, EFIS'99, Kühlungsborn, Germany, May 5–7, 1999*, S. 5–24. infix-Verlag, Sankt Augustin, 1999.

[Cat94]   R. G. G. Cattell, Herausgeber. *The Object Database Standard: ODMG-93*. Morgan Kaufmann Publishers, San Mateo, CA, 1994.

[CHS+97]   S. Conrad, M. Höding, G. Saake, I. Schmitt und C. Türker. Schema Integration with Integrity Constraints. In C. Small, P. Douglas, R. Johnson, P. King und N. Martin, Herausgeber, *Advances in Databases, 15th British National Conf. on Databases, BNCOD 15, London, UK, July 1997,*

58

Lecture Notes in Computer Science, Band 1271, S. 200–214, Berlin, 1997. Springer-Verlag.

[Con97]   S. Conrad. *Föderierte Datenbanksysteme: Konzepte der Datenintegration.* Springer-Verlag, Berlin/Heidelberg, 1997.

[CSS99]   S. Conrad, G. Saake und K. Sattler. Informationsfusion - Herausforderungen an die Datenbanktechnologie. In A. P. Buchmann, Herausgeber, *Datenbanksysteme in Büro, Technik und Wissenschaft, BTW'99, GI-Fachtagung, Freiburg, März 1999*, Informatik aktuell, S. 307–316, Berlin, 1999. Springer-Verlag.

[CST97]   S. Conrad, I. Schmitt und C. Türker. Behandlung von Integritätsbedingungen bei Schemarestrukturierung und Schemaintegration. In K. R. Dittrich und A. Geppert, Herausgeber, *Datenbanksysteme in Büro, Technik und Wissenschaft, BTW'97, GI-Fachtagung, Ulm, März 1997*, Informatik aktuell, S. 352–369, Berlin, 1997. Springer-Verlag.

[Dad96]   P. Dadam. *Verteilte Datenbanken und Client/Server-Systeme — Grundlagen, Konzepte, Realisierungsstrukturen.* Springer-Verlag, Berlin, 1996.

[EGH+92]   G. Engels, M. Gogolla, U. Hohenstein, K. Hülsmann, P. Löhr-Richter, G. Saake und H.-D. Ehrich. Conceptual Modelling of Database Applications Using an Extended ER Model. *Data & Knowledge Engineering*, 9(2):157–204, 1992.

[EHH99]   A. Ebert, U. Hohenstein und M. Höding. An Approach for Generating Comfortable File Interfaces. In C. L. Liu, A. Chen und Lochowsky F. H.., Herausgeber, *Database Systems for Advanced Applications '99, Proc. of the 6th Int. Conf., DASFAA'97, Taiwan, ROC, April 19–22, 1999*. World Scientific Publishing, Singapore, 1999. *To appear.*

[GW96]   B. Ganter und R. Wille. *Formale Begriffsanalyse.* Springer-Verlag, Berlin, Heidelberg, 1996.

[Has99]   W. Hasselbring. Top-Down vs. Bottom-Up Engineering of Federated Information Systems. In S. Conrad, W. Hasselbring und G. Saake, Herausgeber, *Proc. 2nd Int. Workshop on Engineering Federated Information Systems, EFIS'99, Kühlungsborn, Germany, May 5–7, 1999*, S. 131–138. infix-Verlag, Sankt Augustin, 1999.

[HE99]   U. Hohenstein und A. Ebert. An Integrated Toolkit for Building Database Federations. In S. Conrad, W. Hasselbring und G. Saake, Herausgeber, *Proc. 2nd Int. Workshop on Engineering Federated Information Systems, EFIS'99, Kühlungsborn, Germany, May 5–7, 1999*, S. 43–60. infix-Verlag, Sankt Augustin, 1999.

[Heu92]   A. Heuer. *Objektorientierte Datenbanken: Konzepte, Modelle, Systeme.* Addison-Wesley, Bonn, 1992.

[HHSS98]   M. Höding, R. Hofestädt, G. Saake und U. Scholz. Schema Derivation for WWW Information Sources and their Integration with Databases in Bioinformatics. In W. Litwin, T. Morzy und G. Vossen, Herausgeber, *Advances in Databases and Information Systems, Proc. Second East-European Symposium, ADBIS'98, Poznań, Poland, September 1998, Lecture Notes in Computer Science,* Band 1475, S. 296–304, Berlin, 1998. Springer-Verlag.

[Hil97]   E. Hildebrandt. Sicherheitsaspekte beim Schemaebenenaufbau in Föderierten Datenbanksystemen. In C. Eckert, T. Polle und T. Stülten, Herausgeber, *Kurzfassungen — 9. Workshop "Grundlagen von Datenbanken", Königslutter (20.5.-23.5.1997),* Nummer 643, S. 36–40. Fachbereich Informatik, Universität Dortmund, 1997.

[Höd96]   M. Höding. An Approach to Integration of File Based Systems into Database Federations. In *Heterogeneous Information Management, Prague, Czech Republic, 4–5 November 1996, Proc. of the 10th ERCIM Database Research Group Workshop,* S. 61–71. ERCIM-96-W003, European Research Consortium for Informatics and Mathematics, 1996.

[HS95]   A. Heuer und G. Saake. *Datenbanken — Konzepte und Sprachen.* International Thomson Publishing, Bonn, 1995.

[HS98]   E. Hildebrandt und G. Saake. User Authentication in Multidatabase Systems. In R. R. Wagner, Herausgeber, *Proc. Ninth Int. Workshop on Database and Expert Systems Applications, August 26–28, 1998, Vienna, Austria,* S. 281–286. IEEE Computer Society Press, 1998.

[HSC97]   M. Höding, G. Saake und S. Conrad. Integration heterogener Informationssysteme durch föderierte Datenbanksysteme. *Wissenschaftsjournal der Otto-von-Guericke Universität Magdeburg,* 3(1):29–39, 1997.

[HSC+99]   M. Höding, K. Schwarz, S. Conrad, G. Saake, S. Balko, A. Diekmann, E. Hildebrandt, K.-U. Sattler, I. Schmitt und C. Türker. SIGMA$_{FDB}$: Overview of the Magdeburg-Approach to Database Federations. In S. Conrad, W. Hasselbring und G. Saake, Herausgeber, *Proc. 2nd Int. Workshop on Engineering Federated Information Systems, EFIS'99, Kühlungsborn, Germany, May 5–7, 1999,* S. 139–146. infix-Verlag, Sankt Augustin, 1999.

[LNE89]   J. A. Larson, S. B. Navathe und R. Elmasri. A Theory of Attribute Equivalence in Databases with Application to Schema Integration. *IEEE Transactions on Software Engineering,* 15(4):449–463, April 1989.

[Rah94]   E. Rahm. *Mehrrechner-Datenbanksysteme*. Addison-Wesley, Bonn, 1994.

[RS94]   E. Radeke und M. H. Scholl. Federation and Stepwise Reduction of Database Systems. In W. Litwin und T. Risch, Herausgeber, *Applications of Databases, Proc. of the 1st Int. Conf., ADB-94, Vadstena, Sweden, June 1994, Lecture Notes in Computer Science*, Band 819, S. 381–399, Berlin, 1994. Springer-Verlag.

[SCC$^+$97] G. Saake, A. Christiansen, S. Conrad, M. Höding, I. Schmitt und C. Türker. Föderierung heterogener Datenbanksysteme und lokaler Datenhaltungskomponenten zur systemübergreifenden Integritätssicherung — Kurzvorstellung des Projekts SIGMA$_{FDB}$. In K. R. Dittrich und A. Geppert, Herausgeber, *Datenbanksysteme in Büro, Technik und Wissenschaft, BTW'97, GI-Fachtagung, Ulm, März 1997*, Informatik aktuell, S. 322–331, Berlin, 1997. Springer-Verlag.

[Sch98]   I. Schmitt. *Schemaintegration für den Entwurf Föderierter Datenbanken, Dissertationen zu Datenbanken und Informationssystemen*, Band 43. infix-Verlag, Sankt Augustin, 1998.

[Sch99]   K. Schwarz. *Das Konzept der Transaktionshülle zur konsistenten Spezifikation von Abhängigkeiten in komplexen Anwendungen*. Dissertation, Otto-von-Guericke-Universität Magdeburg, 1999. Eingereicht.

[SCS99]   G. Saake, S. Conrad und I. Schmitt. Database Design. In J. G. Webster, Herausgeber, *Wiley Encyclopedia of Electrical and Electronics Engineering*, Band 4, S. 540–567. John Wiley & Sons, 1999.

[SH99a]   G. Saake und A. Heuer. *Datenbanken — Implementierungstechniken*. MITP-Verlag, Bonn, 1999.

[SH99b]   K.-U. Sattler und M. Höding. Adapter Generation for Extraction and Querying Data from Web Sources. In *Proc. of 2nd ACM SIGMOD Workshop WebDB'99*, 1999.

[SL90]   A. P. Sheth und J. A. Larson. Federated Database Systems for Managing Distributed, Heterogeneous, and Autonomous Databases. *ACM Computing Surveys*, 22(3):183–236, September 1990.

[SP94]   S. Spaccapietra und C. Parent. View Integration: A Step Forward in Solving Structural Conflicts. *IEEE Transactions on Knowledge and Data Engineering*, 6(2):258–274, April 1994.

[SPD92]   S. Spaccapietra, C. Parent und Y. Dupont. Model Independent Assertions for Integration of Heterogeneous Schemas. *The VLDB Journal*, 1(1):81–126, Juli 1992.

[SS96a]   I. Schmitt und G. Saake. Integration of Inheritance Trees as Part of View Generation for Database Federations. In B. Thalheim, Herausgeber, *Conceptual Modelling — ER'96, Proc. of the 15th Int. Conf., Cottbus, Germany, October 1996, Lecture Notes in Computer Science*, Band 1157, S. 195–210, Berlin, 1996. Springer-Verlag.

[SS96b]   I. Schmitt und G. Saake. Schema Integration and View Generation by Resolving Intensional and Extensional Overlappings. In K. Yetongnon und S. Hariri, Herausgeber, *Proc. of the 9th ISCA Int. Conf. on Parallel and Distributed Computing Systems (PDCS'96), Dijon, France, September 1996*, S. 751–758, Six Forks Road, Releigh, NC, 1996. International Society for Computers and Their Application.

[SS98]   I. Schmitt und G. Saake. Merging Inheritance Hierarchies for Database Integration. In M. Halper, Herausgeber, *Proc. of the 3rd IFCIS Int. Conf. on Cooperative Information Systems, CoopIS'98, August 20–22, 1998, New York, USA*, S. 322–331, Los Alamitos, CA, 1998. IEEE Computer Society Press.

[SS99]   K.-U. Sattler und G. Saake. Supporting Information Fusion with Federated Database Technologies. In S. Conrad, W. Hasselbring und G. Saake, Herausgeber, *Proc. 2nd Int. Workshop on Engineering Federated Information Systems, EFIS'99, Kühlungsborn, Germany, May 5–7, 1999*, S. 179–184. infix-Verlag, Sankt Augustin, 1999.

[SST97]   G. Saake, I. Schmitt und C. Türker. *Objektdatenbanken — Konzepte, Sprachen, Architekturen*. International Thomson Publishing, Bonn, 1997.

[SST$^+$99]   K. Schwarz, I. Schmitt, C. Türker, M. Höding, E. Hildebrandt, S. Balko, S. Conrad und G. Saake. Tool Support for the Design of Database Federations in SIGMA$_{FDB}$. Preprint, Fakultät für Informatik, Universität Magdeburg, 1999. *To appear.*

[ST97]   K. Schwarz und C. Türker. Investigating Advanced Transaction Models for Federated Database Systems. Preprint 7, Fakultät für Informatik, Universität Magdeburg, 1997.

[ST98]   I. Schmitt und C. Türker. Refining Extensional Relationships and Existence Requirements for Incremental Schema Integration. In G. Gardarin, J. French, N. Pissinou, K. Makki und L. Bougamin, Herausgeber, *Proc. of the 7th ACM CIKM Int. Conf. on Information and Knowledge Management, November 3–7, 1998, Bethesda, Maryland, USA*, S. 322–330, New York, 1998. ACM Press.

[STS99]   K. Schwarz, C. Türker und G. Saake. Integrating Execution Dependencies into the Transaction Closure Framework. *International Journal of Cooperative Information Systems (IJCIS)*, 1999. *To appear.*

[TC97]   C. Türker und S. Conrad. Towards Maintaining Integrity of Federated Databases. In *Data Management Systems, Proc. of the 3rd Int. Workshop on Information Technology, BIWIT'97, July 2–4, 1997, Biarritz, France*, S. 93–100, Los Alamitos, CA, 1997. IEEE Computer Society Press.

[TS98]   C. Türker und G. Saake. Deriving Relationships between Integrity Constraints for Schema Comparison. In W. Litwin, T. Morzy und G. Vossen, Herausgeber, *Advances in Databases and Information Systems, Proc. Second East-European Symposium, ADBIS'98, Poznań, Poland, September 1998, Lecture Notes in Computer Science*, Band 1475, S. 188–199, Berlin, 1998. Springer-Verlag.

[TS99a]   C. Türker und G. Saake. Consistent Handling of Integrity Constraints and Extensional Assertions for Schema Integration. In *Advances in Databases and Information Systems, Proc. Third East-European Symposium, ADBIS'99, Maribor, Slovenia, September 1999*, Lecture Notes in Computer Science, Berlin, 1999. Springer-Verlag. *To appear.*

[TS99b]   C. Türker und K. Schwarz. Abhängigkeiten zwischen Transaktionen in föderierten Datenbanksystemen. In A. P. Buchmann, Herausgeber, *Datenbanksysteme in Büro, Technik und Wissenschaft, BTW'99, GI-Fachtagung, Freiburg, März 1999*, Informatik aktuell, S. 271–290, Berlin, 1999. Springer-Verlag.

[TSS99]   C. Türker, K. Schwarz und G. Saake. Commit Protocols for Global Transactions in Federated Database Systems. Preprint 2, Fakultät für Informatik, Universität Magdeburg, 1999.

[Tür99]   C. Türker. *Semantic Integrity Constraints in Federated Database Schemata.* Dissertation, University of Magdeburg, Germany, 1999. *Submitted.*

[Wie92]   G. Wiederhold. Mediators in the Architecture of Future Information Systems. *IEEE Computer*, 25(3):38–49, März 1992.

Conceptual Modeling in a World of Models

Arne Sølvberg
Information Systems Group
Dept. Computer and Information Science
Faculty of Physics, Informatics and Mathematics
The Norwegian University of Science and Technology (NTNU)
Trondheim, Norway

1. Introduction

Not so long ago only the very few concerned themselves with abstraction and modeling and with making sense of abstract models of the world around us. At the previous turn of century there were only 1000 living physicist. This indicates how low was the number of people who made a living from abstract work. Most people were occupied with manual work. At the turn of the millennium all this has changed. Dramatically larger numbers of people are concerned with abstract work, and the manual workers are becoming in minority.

Today's world is a world of abstract models. We refer to models of the world when we communicate. We live and play and work in "cyberspace". An increasing number of us are busy with making models of the world: formal models and informal models, good models and lousy models. We all have to relate to a shared set of modeling concepts and rules for using those concepts in order to make ourselves understood, and to understand.

The wide spread of computers and computer supported cooperative work has led to a requirement of 'democratization' of model building. Because of the close interaction between man and machine it is necessary that the two develop a mutual 'understanding'. It has become a requirement that people can understand an abstract model of an information system without the long, tedious education that has been seen as a prerequisite for understanding in the various sciences and in technologies. So we are faced with a dual requirement of both making abstract models understood to those who have little technical and scientific background to prepare them for abstract modeling, and we have to be able to integrate those models with the other models of technology and science. Such integration is impossible unless we base our proposal on an accepted body of mathematically based modeling concepts that is widely used also in fields other than our own.

An open question is what constitutes a preferred set of shared modeling concepts for information systems. For concepts to be widely shared they must relate to accepted theory. The theories of information systems are still unsettled. Recent developments, e.g., UML [BRJ99], indicate that the pressure for a theory of information systems is mounting beyond the previous efforts of the academic community, as seen in IFIP and other professional societies.

This presentation is an extension of previous work [SOL99] and comprises a framework for parts of an information system theory. A framework of modeling concepts is offered, and (to some extent) discussed. The discussion is limited to information modeling, and does not comprise information processing issues.

2. The role of concept modeling in information systems

People of the post-industrial information society increasingly concern themselves with acquiring new skills and with making sense of what they did not know before and what they have not yet understood. Many use most of their working hours to make new products and processes, and to make sense of the world around them, e.g., in order to develop business policy. Much of the activity takes place in a space of relative ignorance; that is, people work in situations where they do not understand fully what they are doing. The effort to acquire more knowledge constitutes a large part of the normal workday for many.

A common situation at work is that much more knowledge is needed than what is possible for any person to figure out by oneself, based on individual experience alone. It becomes necessary to acquire knowledge from others, and to develop abilities to select what is relevant to the situation at hand. The knowledge to be found is often of a general kind or it relates to particular situations, which may or may not be relevant. The appropriate knowledge is almost always detached from those who first provided it, and it is usually represented by symbols of one kind or another, e.g., text.

Human communication implies mutual understanding. The statements of the languages used for communication must be interpreted similarly by all of the participants of an information exchange. The participants must consequently share a common model of the domain of discourse, as well as share a common interpretation of the terms that designate the concepts of the model: the meaning of the terms must be the same for all participants.

In a general sense it is impossible to achieve shared understanding of symbols, in every detail. People have different experiences and often subscribe to different views of the world. So they associate a symbol differently, depending on the previous situations when they have seen that symbol. The discrepancies can only be removed through education, whereby new, mental models are enforced and old beliefs are weakened. This is neither possible nor to be desired but for very limited parts of human knowledge and human experiences. Only when a sufficient body of scientific knowledge exists is it acceptable that the corresponding concept models are used to enforce a common worldview.

When there is a lack of scientific knowledge, concept models may be used to explain what the conceptual and terminological differences are of the different positions, in order to achieve common understanding and harmonization of views. So concept-modeling languages should provide constructs to explicitly state similarities and differences in the models and theories that accompany the different positions, and in the associated terminology.

In a limited sense it is possible to achieve a shared understanding of symbols. Provided that the field of knowledge is not too large and the indoctrination effort is strong enough, it is possible to achieve a shared concept model, and common interpretations of selected symbols, be they numbers, words, icons or other signs. Numerous examples are found in mathematics and in the natural sciences, e.g., mathematicians everywhere interpret the language of algebra in the same way, and Newton's laws of motion constitute a shared view of the physical world.

3. Ideas and facts

Models are ideas. Facts are what is known -or assumed - to belong to reality. One usually distinguishes the following kinds of facts: state, event, process, phenomenon, and concrete system [BUN98]. Ideas are formally expressed as concepts, formulas (e.g., statements) and theories, which are systems of formulas.

The state of a thing at a given instance is the properties of the thing at that time. An event is any change of state over a time interval. A process is a time-course of events. A phenomenon is an event or a process such as it appears to some human subject. A concrete system is a physical thing or some other physical entity; e.g., a magnetic field may be considered an entity but not a thing. So an electrical field is a concrete system, but a theory of electrical fields is an idea, it is a conceptual system.

Events are often considered to have no extension in time, to be instantaneous. If analyzed deeply enough most events are seen to be processes. Events may be regarded either as the elements, which make up processes or as processes in their own right. Events play both roles in, e.g., science: taken as units on a given level, they become the objects of analysis on a deeper level [BUN98].

Not every sequence of events is a process. Unrelated events, e.g., the arrival of emails are unrelated events and are not constituents of a process as seen from the addressee's point of view. A process is a sequence of events, ordered in time, such that every member of the sequence takes part in the determination of the succeeding member. It is thus no easy task to trace processes in the tangle of events.

The word 'state' is also somewhat vague. If the state of a thing is the properties of the thing the meaning of the word 'state' is determined by the meaning of the word 'property'. A property of a concrete thing has no autonomous existence; e.g., the weight of a body is not a material object and can not exist on its own independent of the thing that has the weight. This is in contrast to ideas, which have existence in their own right, independently of the brain processes that produced the ideas originally.

Because a phenomenon is an event or a process such as it appears to some human subject there can be no phenomena without observation. One and the same event may appear differently to different observers, even if they use the same observation devices. Phenomena are always in the intersection of the external world with a cognitive subject [BUN98].

To regard physical things as concrete systems indicates that we commit ourselves to the idea that there are no simple, structure-less entities in the world around us. The word 'system' is also more neutral than 'thing' which in most cases denotes a system with mass and position. So the word 'concrete system' carries associations that we find desirable in the discourse of the physical world.

4. Modeling for information systems

Our concerns are information systems and information models. An information system is a body of signs, and the associated processes for storing and transforming the signs, and for exchanging signs with the exterior of the information system. Each sign reflects some property of the Universe of Discourse (UoD), which is the domain of individuals referred to by the information system, or a sign may represent some property of the information system itself.

We investigate in two realms. First we are concerned with concepts for reflecting those features of the UoD that we want to represent in an information system. Next we are concerned with concepts for reflecting the features that are relevant to the formal processing of signs, as they are represented by data and programs in a computer. The two realms often become intertwined and difficult to distinguish. To avoid confusion we use the term 'concept modeling' when we refer to the UoD, which is the world external to the information system. We use the term 'information system modeling' for the modeling of the information systems itself, its processes and signs and their relations to the external world. We thus regard "concept modeling" to be part of "information systems modeling".

Symbolic representations of knowledge must be encoded in data when the knowledge is to be processed by computers. The contextual descriptions which are necessary to interpret the data, usually only appear informally, e.g., as mnemonic names of the data concepts. So decoding of data depends on recreating the contextual descriptions and combining them with the contextual knowledge of the receiver of the data. This combination is not easily mastered, so the sender of data can usually not be confident that the intended knowledge is passed on without being distorted.

We resort to modeling when we want to express knowledge intended to be communicated to others and to be subjected to examination independently of the knowledge originator. The conversion of personal knowledge into public knowledge is accompanied by the representation of knowledge by signs of some language. The statements of the language must be such that a receiver understands them as intended by the sender.

In order to achieve this we use concepts and terms. The concept is the unit of thought. The term is the unit of language. In human discourse we distinguish among the physical aspect, the conceptual aspect and the linguistic aspect. Consider the sentence: John is a person. Each word in this sentence is a term (enclosed in simple quotes), namely 'John', 'is a' (a syntactic composite of two terms), and 'person'. The concepts (enclosed in double quotes) are "John", "class membership" (designated by the term 'is a'), and "person". The term 'John' designates the concept "John" which in turn represents the living individual John. The term 'person' designates the concept "person", which represents all known (and unknown) persons.

Theories, e.g., Newton's theory of motion, are structures of thoughts, and concepts like force, mass and acceleration is the units of these thoughts. Conceptual knowledge comes wrapped in signs, e.g., mathematical notation, words or diagrams, which are the linguistic expressions of knowledge. In order to get access to the ideas of other people we thus have to understand the conceptual structures that are employed, and understand the relationship between the signs and the ideas that they stand for.

5. The triangle of meaning

What a concept (and the corresponding term) refers to is called a referent. So the living individual John is the referent of "John" as well as of 'John'. We thus distinguish among the referent, the thoughts about the referent, and the representation of the thoughts (by the terms that designate the concepts). The typographical conventions of quote ('John'), double quote ("John") or no quote (John) are used when it is necessary to distinguish among the three aspects of term, concept and referent. The well-known meaning triangle, or Ogden's triangle [OGD23], relates language symbols (terms), referents and concepts to each other (Figure 1). In the sequel we will use the words 'term', 'symbol' and 'sign' as synonymous designations of "linguistic unit". The three aspects of John are depicted in Figure 2.

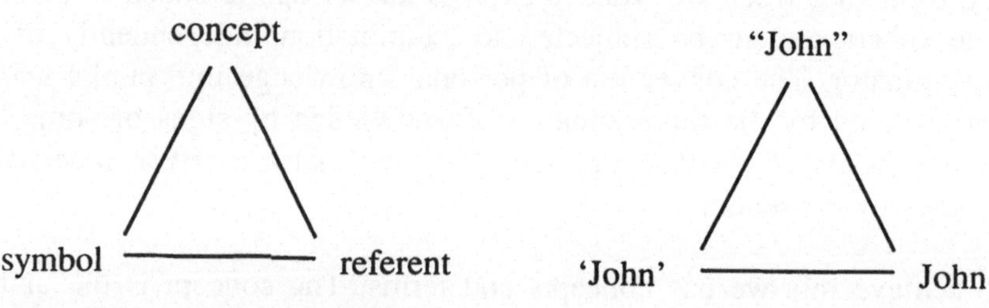

Figure 1 Ogden's triangle   Figure 2 Term, concept and referent

The concept of "word" may be introduced as an extension to Ogden's triangle [LYON75]. A word has a form and a meaning. The form of a word is a symbol, and the meaning of a word is interpreted from its connection to a concept. Language is structures of words. The linguistic triangle provides a distinction between form and meaning in human discourse (Figure 3).

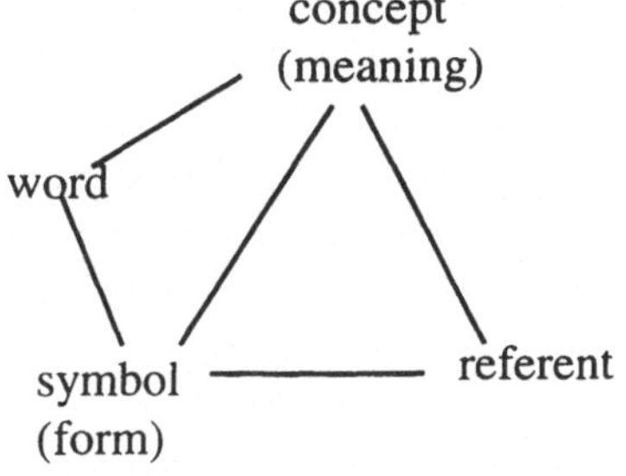

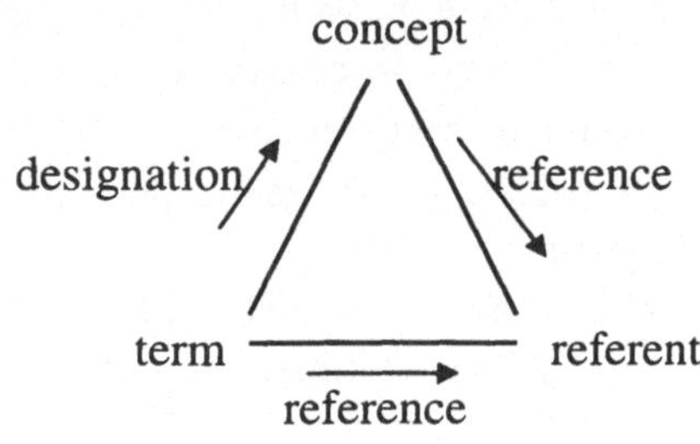

Figure 3 The linguistic triangle (Lyons)   Figure 4 Designation and reference

Two kinds of relation among the three realms of terms, concepts and referents are of interest to us: designation and reference (Figure 4). The relation of designation holds between terms and their correlates in the conceptual realm. We say that 'John' designates "John". The relation of reference holds between terms and their referents and between concepts and their referents. So John is the referent of both 'John' and "John", and 'John' and «John» represent John in their respective realms. The union of the two relations, that of designation and that of reference, may be called denotation [BUN98].

6. Framework for concept modeling in information systems

The knowledge, which is represented in an information system, is entirely conceptual. The data, which are stored and processed by an information system, are linguistic units, which denote concepts and referents in the Universe of Discourse. The core problem is how to relate linguistic units to the UoD concepts so as to represent information.

Distinctions are usually made among different kinds of concepts. They are grouped differently depending on users' needs. One example is found in the American National Standard's guidelines for thesauri construction [THES93], where it is recommended to distinguish among the following kinds of concepts (non-exhaustive list):

- things and their physical parts, e.g. bird, car, mountain

- materials, e.g., water, steel, oxygen
- activities or processes, e.g., painting, golf
- events or occurrences, e.g., birthday, war, revolution
- properties or states of persons, things, materials or actions, e.g., elasticity, speed
- disciplines or subject fields, e.g., theology, informatics
- units of measurement, e.g., hertz, volt, meter

The classification is accompanied by recommendations for how to construct the associated terminology, e.g., rules for when to use plural and singular forms, and rules for relating terms to each other, which may depend on the kind of concepts designated by the terms.

Another concept classification is found in science, which distinguishes among individual concepts, class concepts, relation concepts, and quantitative concepts. Distinctions are also made between specific (definite) concepts and generic (indefinite) concepts, e.g., "Einstein" is a specific concept, but "x" is a generic concept and denotes an arbitrary referent [BUN98].

For information systems we also have to distinguish between linguistic concepts and non-linguistic concepts, e.g., 'Einstein' is a linguistic concept (a term), whereas "Einstein" is not.
This distinction is usually not found outside of information technology. The terminology of a science is usually outside of the scope of that science, and there is no need (within that science) for constructing conceptual models of its terms. The language of a scientific discipline is not an object of investigation of that scientific discipline.

In information systems this is different because the terms themselves (the data) are the objects of manipulation. Terms are consequently regarded as the primary referents. Each term is seen to be associated with one and only one referent in the UoD. In the operational information system the terms (the data) are usually structured so as to support the information processing needs of the users of the system. E.g., the need for computational efficiency may lead to a structuring of data, which is not reflective of the structure of the UoD, which the data refer to

Experience shows that incompatibilities resulting from the effort to reach compromises among conflicting design objectives makes it difficult to modify information systems when changes in the UoD make such modifications desirable. One possibility for improvement may be to provide separate, but interrelated, conceptual models for data and for the UoD, which the data refer to. In information systems we have three groups of concepts: for concept modeling in general, for linguistic concepts, and for behavior concepts.

Every construct must be grounded in mathematical theory, so the language of mathematics is available and may be used. In order to satisfy the dual requirements of providing modeling facilities for non-specialists as well as for specialists we have to provide a language for concept modeling in information systems which is accessible and comprehensible for people without advanced mathematical training. To this end it is common to provide visual languages which are less expressive and less general than the corresponding mathematical formalism, but which (hopefully) comprise enough of the needed modeling constructs to make them useful. A serious difficulty is that few, if any, of the more widespread visual languages are formally defined. These languages are therefore less useful than they may otherwise have been.

We distinguish between concepts in general and linguistic concepts, between individual concepts and class concepts, between relation concepts and those that are not, and we distinguish attributes - the relations between non-linguistic and linguistic concepts - as a separate concept class akin to quantitative concepts.

Finally, we have modeling constructs for expressing behavior of systems and things. These are separate concept classes and represent the evolution over time of properties of concrete systems. They are intended for modeling of concrete facts, and express ideas of systems that belong to physical reality. The six major classes of concepts for information system modeling are:

1 Individual Concepts   ("Newton", "x")

2 Class Concepts   ("copper", "living", "person»)

```
                     /   Non-comparative ("spouse", "between")
3 Relation Concepts  ----Comparative ("≤", "better adapted than")
                     \   Operations ("∧", "+")


                     /   Terms ('John', 'is a')
4 Linguistic concepts ----Datatypes ("name", "integer")
                     \   Datatype-extensions ("personnel records", "project file")


                     /   Identifiers ("social-security-number")
```

5 Attribute concepts   ----Descriptive concepts ("first name")
                       \   Quantitative Concepts ("temperature", "length")

                       /   State ('waiting for input')
6 Behavior concepts   ----Event ('input arrived')
                       \   Process ('transform input to output')

7. Sketch of a visual concept model language

In visual specification languages for information systems there are different icons for distinguishing among the different constructs. The icons are linguistic concepts at the level of terms and designate the different modeling constructs of the language. Much energy has in the past been used to debate the form of the icons when the discussion should have been devoted to the conceptual framework of the modeling language. In the sequel is presented an example of some features of a visual language, which reflects on the proposed conceptual framework.

The basic icon for concepts in general may is a rectangle for the class concept and a rounded rectangle for the corresponding individual concepts. Linguistic concept icons are ellipsoids, individual terms being indicated by enclosing the term in single quotes, e.g., 'John', '567'.

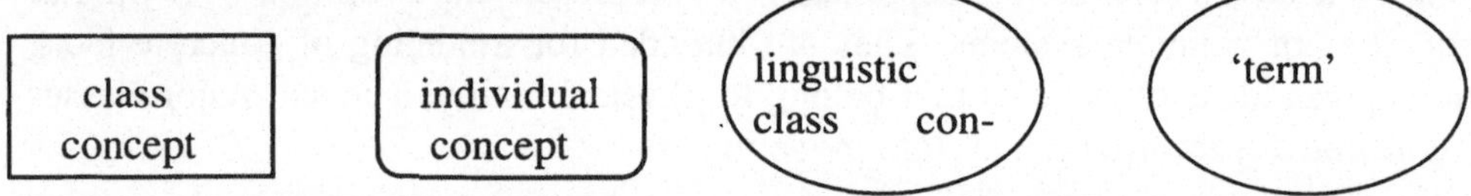

The symbol for attribute concepts is a rectangle with a small black triangle in its lower right corner. In practice it is inconvenient to use explicit icons for linguistic class concepts, so one usually rely on some naming conventions for the attributes.

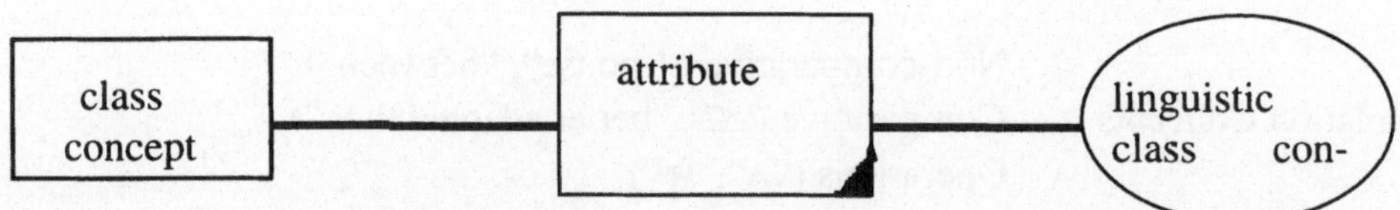

Relation concepts are depicted by several means. We distinguish between binary relation concepts and those of higher 'arity. We also distinguish between a binary mapping and the relation seen as a set. Mappings are represented by edges (arrows) in a graph, in the usual mathematical fashion. The basic icon for relation concepts seen as sets is an octagon. The icon for an individual relation ("connection") is a thick line. Operations are depicted by triangles.

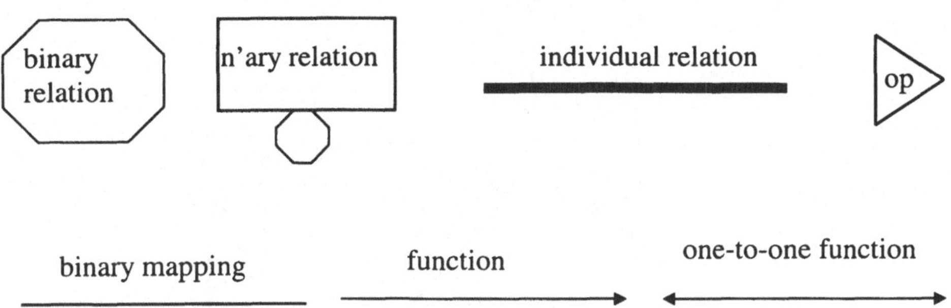

Icons for representing optional/mandatory participation of the referents of a concept in one or the other relationships to other referents are small circles, open circles for optional participation, filled circles for mandatory participation.

By using these simple modeling constructs we may model on the individual level and the class level. Two models of a "bicycle" are shown below, one at the individual level (Figure 5) and a corresponding model at the class level (Figure 6).

We consider the bare essentials of a bicycle to consist of a frame, a back wheel and a front wheel. The two wheels must be connected to the frame. We furthermore consider that a bike-saddle may optionally be part of the structure, and if it is present then it must be connected to the frame. Because the saddle is optional the connection between the saddle and the frame is optional as seen from the frame-side. As an afterthought, we have to provide for the steering of the bicycle, and introduce a steering device which we consider mandatory, and which we connect to the frame and to the front wheel, because that is the way we conceive of bicycles.

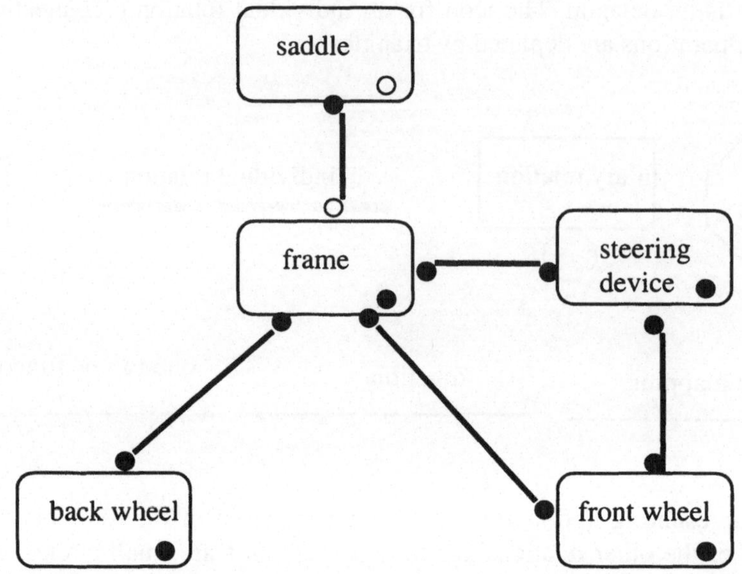

Figure 5 Crude model of a bicycle, as a structure of individual parts

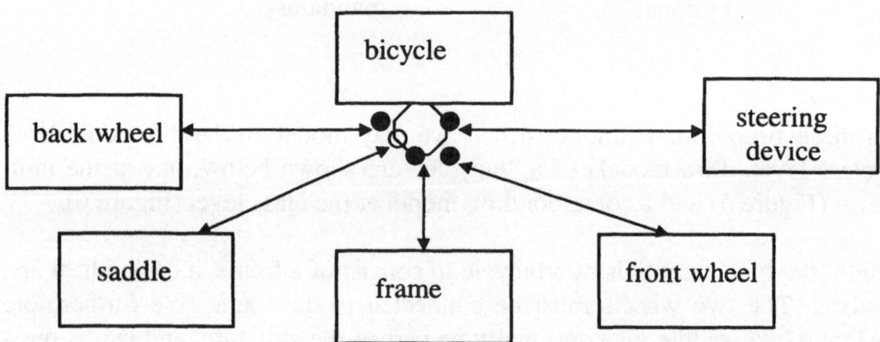

Figure 6 Class-level model of the concept of "bicycle"

It is effective to analyze concepts in the extensional dimension. This goes both for class concepts and for relation concepts. To this end we need operation concepts. The icon for operations is a triangle. An example is shown below. We define person to be either male or female (indicated by the '+' sign inside the operation-triangle of Figure 7), and we define "gender" to be the corresponding partition of "person" (Figure 8).

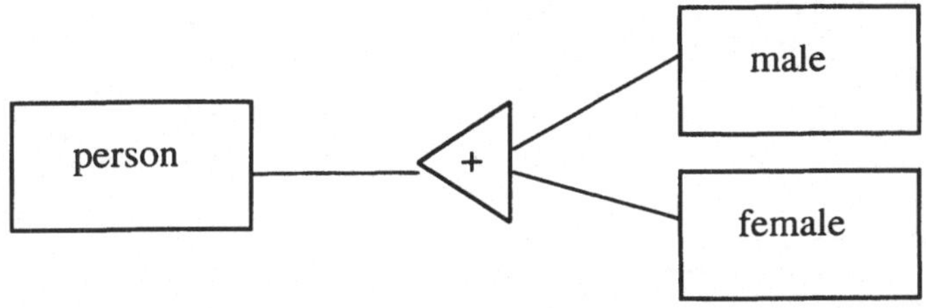

Figure 7 Mutually exclusive concepts: male and female

By combination of the exclusivity operation and the set construction operation we may define partitions of sets without enumerating the corresponding set (of sets). For example, "gender" is a partition of "person», and we may specify that without listing the members of the class, in this case "male" and "female" (Figure 7).

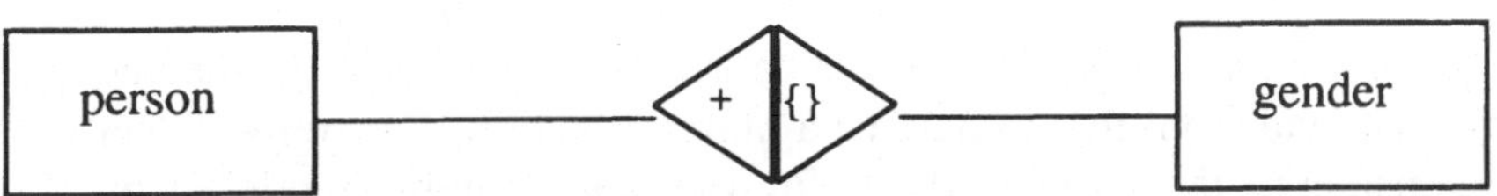

Figure 8 The gender partition of the person concept

Given a sufficient rich set of operations a visual language built according to this may become as strong as set theory itself in modeling power. The crucial point is however whether the apparent complexity of the visual expression becomes so large that they overshadow the attractive features of a visual language, which is simplicity. In the example of Figure 9 is a definition of the relation concepts of "uncle" and "aunt". An uncle is considered to be brother (of the relation concept) of parent, and aunt to be sister of parent. The corresponding operation is relational composition.

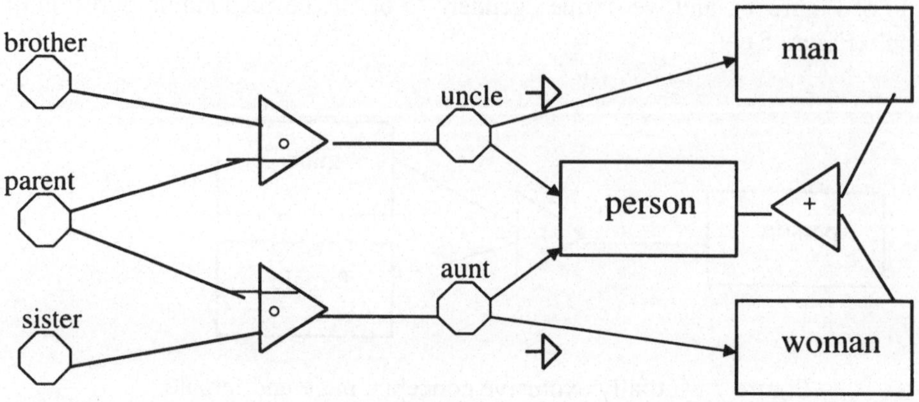

Figure 9 Definition of relation concepts "uncle" and "aunt"

The composition operation concept is a powerful means for definition of new relation concepts, e.g., the definition of grandfather being the father of one of the parents in Figure 10. The composition operation is noncommutative. In the visual language we choose the basis operand to be the first relation in the sequence of relations that lead from the domain of a binary function to its range. That is, "parent" is considered the basis of the definition, and "parent" modified by "father" will yield "grandfather".

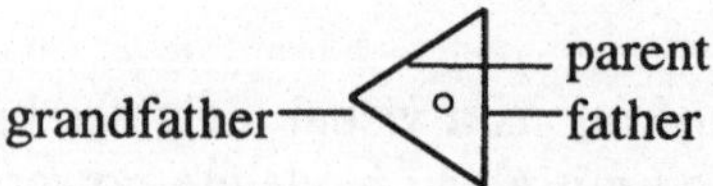

Figure 10 Concept definition by the composition operation concept

We will not treat this in further detail here, but underscore that it is a fairly straightforward matter to extend this kind of language with more expressive modeling constructs as needed. The cost comes in increasing complexity, as usual.

8. Conclusion

Unless we manage to develop a mathematically based theory of information systems this field of information technology will continue to exist as a pseudo-science. We are faced with the formidable challenge of providing 'democratic' modeling facilities, in the meaning that the essence of a system proposal must be understandable to people without proper training in information systems construction, akin to how the architect's sketches are presented to the future inhabitant of a house. The emerging universality of the World Wide Web has made this issue much more pressing than it was BW ('Before Web'). Almost everybody will be in personal interaction with the world's body of data, and everybody need to make sense out of the data with as little expenditure of intellectual energy as possible. Conceptual modeling is at the core of this challenge.

References

[BRJ99]   Booch, G.,Rumbaugh, J.,Jacobson, I.: The Unified Modeling Language User Guide, Addison-Wesley, 1999, ISBN 0-201-57168-4

[BUN98]   Bunge, M: The Philosophy of Science, Transaction Publishers, 1998, ISBN 0-7658-0415-8

[LYON75]   Lyons, J.: Introduction to Linguistics, Cambridge University Press,1975

[OGD23]   Ogden, C.K.,Richards, I.A.(eds.): The meaning of meaning, Kegan, Paul, Trench, Trubner, London 1923

[SOL99]   Sølvberg, A.: Data and what they refer to, in Chen, P.P.et.al.(eds.) Conceptual Modeling, Springer LNCS 1565, 1999

[THES93]   ANSI/NISO Z39.19-1993: Guidelines for the Construction, Format, and Management of Monolingual Thesauri, ISBN 1-880124-04-1

[WALL72]   Wall, R: Introduction to Mathematical Linguistics, Prentice-Hall, 972, ISBN 0-13-487496-X

Schemazusammenführungen mit Vorgaben
- Eine Studie über die STEP-Norm AP214 und Oracle's Flexfelder -

Hartmut Wedekind

Universität Erlangen-Nürnberg
Institut für Mathematische Maschinen und Datenverarbeitung VI
Lehrstuhl für Datenbanksysteme
Martensstrasse 3, D-91058Erlangen, Germany
email: wedekind@informatik.uni-erlangen.de

1   Einleitung

Die Informatik der Vernetzung verlangt, daß individuelle Datenschemata zu gemeinsamen Datenschemata der Partner zusammengeführt werden (Schemaintegration), um die Voraussetzung für ein gegenseitiges Verständnis auf Ausprägungsebene überhaupt zu ermöglichen. Eine Zusammenführung kann z.B. durch eine neue Klassifikationsstufe als Wurzelknoten bewerkstelligt werden. Schema A und Schema B geben ihre Gemeinsamkeiten an ein nächst höheres Schema A-B (genus proximum) ab und behalten nur ihre Besonderheiten (differentia specifica) für sich. Die Individualitäten der Partner nehmen nicht an der Zusammenführung teil, was auch dem Wesen der Individualität, der „Unteilbarkeit" (individuus) entspricht. Eine Schemazusammenführung geschieht der Schemateilhabe (schema sharing) wegen. Eine freie Schemazusammenführung ist zu unterscheiden von einer gebundenen Integration, bei der Vorgaben von außen, z.B. Standards zu beachten sind.

Da ein Schema aus objektsprachlicher (1. Sprachstufe) und metasprachlicher (2. Sprachstufe) Perspektive gesehen werden kann, sind objektsprachliche von metasprachlichen Vorgaben zu unterscheiden. Wir wollen uns in dieser Studie mit beiden Vorgaben befassen, die im Falle der STEP-Norm AP214 sogar de lege-Charakter haben (ISO 10303). Im Falle von Oracle's Flexfelder, die die Anwendungsgebiete „Rechnungswesen" (financials), „Personalwesen" (Human Resources) und „Fertigung" (Manufacturing) abdecken, muß man sich mit einer de facto-Vorgabe befassen, falls man sich für ein Oracle-System entscheidet. „Oracle's Applications", wie man die Anwendungsgebiete auch nennt, ist metasprachlicher Natur. Ein SAP-System, das sicherlich den gleichen Funktionsumfang hat, ist demgegenüber objektsprachlich orientiert [WED 99]. Hier handelt es sich aber um veritable

Modelle, d.h. von Beschreibungen von Unternehmensteilen, und nicht bloß um Schemata. Eine Behandlung steht deshalb außerhalb unseres Skopus. Wir behandeln ausschließlich Schemazusammenführungen aus der Anwendersicht.

Technische Schemaintegrationen und Normen, wie sie unter dem Thema „API-FAP" (Application Programming Interface - Format and Protocol) behandelt werden, scheiden aus [WED 98]. Das API umfaßt auch das Thema der „Datenmodelle" im Jargon der Datenbanken bzw. der elementaren Aussageschemata in der Terminologie der Wissenschaftstheorie. Jargon ist bloße Konvention, Terminologie hingegen ist (rational) begründbar.

2 Repositorien

Bevor wir uns den metasprachlichen Schemavorgaben der Oracle Flexfelder und der STEP-Norm zuwenden, soll der Begriff „Repositorium" bzw. „Metadatenbank" geklärt werden, wobei wir von einem Relationalem Schema (Abb.1) ausgehen. Ein Relationales Schema ist sprachlich als ein komplexes Aussagenschema aufzufassen, das mittels konjunktiver Verknüpfung aus dem elementaren Aussagenschema N ε P gebildet wird. N und P sind dabei schematische Buchstaben für einen Nominator (Eigenname), der einen Gegenstand benennt, und für einen Prädikator, der dem Gegenstand zugewiesene Eigenschaften wiedergibt. „ε" ist das Zeichen für Kopula in der deutschen Bedeutung „ist". Eine Ausprägung des obigen Schemas ist z.B.

>(1)   4711 ε Pnr (Personalnummer)

Wenn 4711 ein Nominator einer Objektsprache (1. Sprachstufe) kein Eigenname der 1. Sprachebene ist, sondern wenn ein (Wort)-Schema oder Typ gemeint ist, dem ein Prädikator zugewiesen werden soll, so wird dies in der Regel durch Anführungszeichen kenntlich gemacht.

>(2)   „4711" ε ganze Zahl
>(3)   „Pnr" ε Prädikator
>(4)   „Pnr" ε Primärschlüssel

Die Aussagen (2), (3) und (4) gehören einer Metasprache an, da *über* Sprachkonstrukte, nämlich Schemata, gesprochen wird. Die Bedeutung der Anführungszeichen erkennt man an den folgenden Sätzen

>(5)   Peter ε kurz (Objektsprache)
>(6) „Peter" ε kurz (Metasprache)

Während in (5) über eine Person namens Peter gesagt ist, dass sie von kleiner Gestalt ist, wird in (6) behauptet, dass das Wort „Peter" als Schema kurz sei.

Anzuführen sind auch noch Autologien (7), (8):

(7)   „kurz"   ε kurz

(8)   „dreisilbig" ε dreisilbig

Die Aussagen sind sinnvolle, selbstbeschreibende (autologische) Sätze.

In Abb. 1 werden zwei Relationen

            Personal (Pnr, Name, Anr)

und   Abteilung (Anr, Bez, Aort)

mit ihren Metaprädikatoren in englischer Orthographie

    • Attributes
    • Relations
    • Domains

auf einer 1. Sprachstufe (Objektebene) dargestellt.

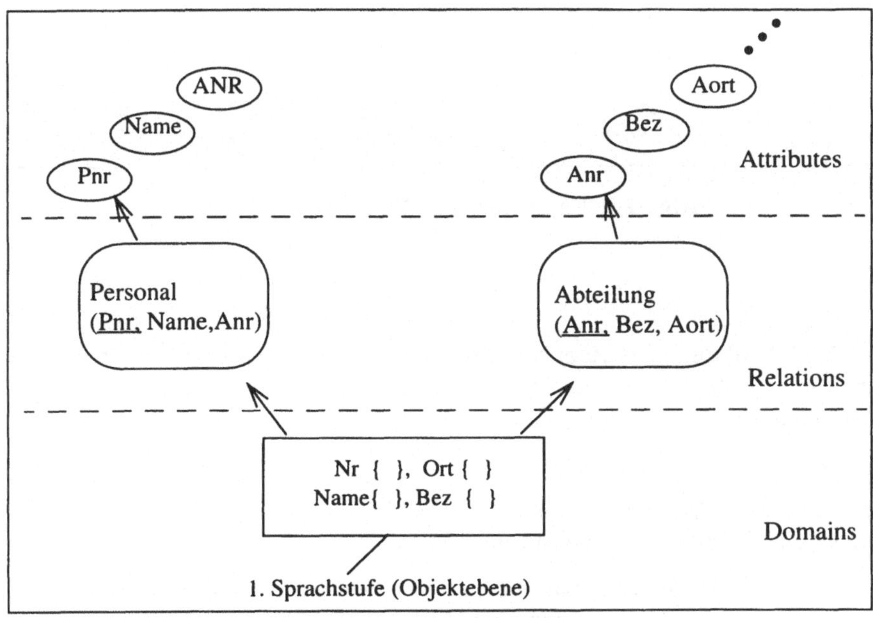

Abb. 2.1: Zwei Relationen

Das zu Abb. 2.1 gehörige Repositorium sieht wie folgt aus:

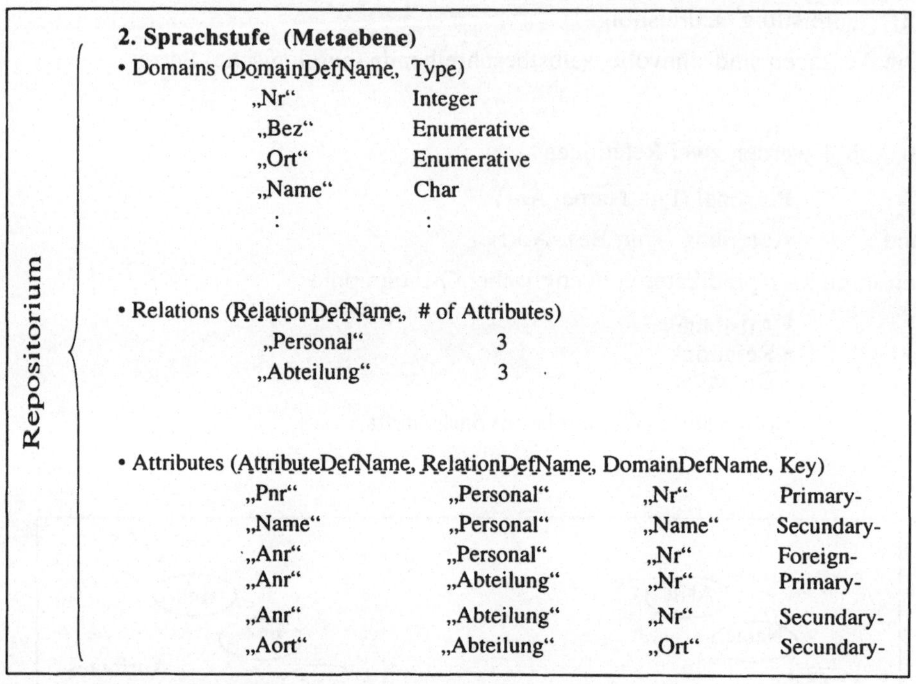

Abb. 2.2: Repositorium über zwei Relationen

Das Charaktistikum eines Repositoriums, das wiederum relational aufgebaut sein kann (wie in Abb. 2.2), ist, dass alle Wörter (Schema-Namen) der Objektebene in Anführungszeichen gestellt werden müssen. In Abb. 2.2 ist z.B.

(9)   „Pnr" ε AttributeDefName

eine elementare Aussage. Bernstein [BER 97] formulierte „Like all repository objects, type definitions are instances of classes".

Wer z.B. relationale Schemata umsetzen will, in andere Datenschemata oder umgekehrt, um Heterogenität zu überwinden (API-FAP/Probleme), muß zuerst eine Zerlegung in Elementaraussagen vornehmen, um dann das Zielschema zusammenzusetzen.

3 Schemavorgaben durch Oracle's Flexfelder

Ein Flexfeld ist eine Metarelation R_0, d.h. eine Relation der 2. Sprachebene, der repositorialen Ebene. Im Gegensatz zu den Metarelationen der Abb. 2.2 werden neben den schemabeschreibenden Ausprägungen, die der Benutzer spezifizieren muß (und somit in Anführungszeichen zu setzen sind) auch neue Objektdaten eingeführt, die auf der 1. Sprachstufe gar nicht vorkommen. Wir nenen die Daten R_0-spezifische Spalten. Darunter fallen z.B. die *„Standard Who Columns"*, also Felder, die über die letzten Veränderungen der Relation durch eine Person Auskunft geben. Dies sind keine Metadaten sondern Objektdaten der Datenverwaltung (Betriebsdaten). Die Unterscheidung „Objektsprache - Metasprache" ist ein schwer Geschäft. Das liegt daran, dass unsere Umgangssprache von dieser Art von Sprachanalyse keine Notiz nimmt und lieber in schweren Widersprüchen verharrt.

Allgemein läßt sich eine Flexfeld-Relation wie folgt beschreiben:

```
R₀(R₀ID, R₀-spezSp, SCID, S₁, ... Sₙ, CC, A₁, ..., Aₘ)
```

- R_0ID ist ein vom System vergebener Primärschlüssel

- R_0-spezifische Spalten. Hierunter fallen insbesondere Zeitangaben des Änderungsdienstes ("Standard Who Columns") wie z.B. 'Last-Update', 'Last-Update-By', etc.

- SCID als "Structured Column ID", d.h. ein benutzervergebener Primärschlüssel

- S_1, ..., S_n sind Spalten (auch Segmente genannt), die zur potentiellen Kennzeichnung herangezogen werden können.

- CC (Context Column): Da Relationennamen der Anwendung Kontextnamen sind, enthält CC die Namen von Relationen der ersten Sprachebene. Beispiel: Für den Relationennamen Personal (CC = Personal) könnten als potentielle Kennzeichnung die Segmente S_1 = Name, S_2 = Geschlecht, S_3 = Alter herangezogen werden. Für den Relationennamen Employee (CC = Employee) im gleichen Flexfeld können z.B. S_4 = Nationalität und S_3 = Alter ausreichend sein.

- A_1, ..., A_m als Spalten (auch Attribute genannt) zur weiteren Beschreibung, die nicht zur Kennzeichnung herangezogen werden und nur „Beiwerk" sind. Beispiel (für CC = Personal): A_1 = Dienstzeit, A_2 = Stand.

Die Segmente $S_1, ..., S_n$ sind Bestandteil dessen, was „key Flexfield" (KF) genannt wird. Die Attribute $A_1, ..., A_m$ gehören zum „Descriptive Flexfield" (DF). Eine semantische 'Ähnlichkeit' mit SAP's Muß- und Kannfeldern liegt auf der Hand. Eine weitere Diskussion soll hier aber unterbleiben. Hier liegt auch das schwierige semantische Problem ein SAP-System in ein Oracle-System zu übersetzen.

Zur Verdeutlichung ein konkretes Beispiel:

```
Gs:  Grundstücke (Gs#, Ort, Gsqm, Kaufj., Makler)

Geb: Gebäude      (Geb#,Ort, Gebqm, Bauj.,  Baufa.)
```

und dann noch (durch Fremdschlüssel zusammengesetzt):

```
          BGs: Bebaute_Grundstücke (Gs#, Geb#)
```

Die beiden Relationen Gs und Geb können in einer Flexfeld-Relation wie folgt zusammengefaßt werden:

```
R₀(R₀ID, R₀-spez.Sp.,SCID, S₁,    S₂,    S₃,   S₄,    S₅,
   R₀Id₁,      ...,    „Gs#"„Ort"„Gsqm"       „Kaufj."-       ⎰ KF
   R₀Id₂,      ...,    „Geb#"„Ort" -    „Gebqm" -    „Bauj."  ⎱

   CC, A₁        A₂)
   Gs  „Makler" -           DF
   Geb -       „Baufa."
```

Das Typensystem ist denkbar einfach, wobei die Typen der Key Flexfelder (S_i) und der Deskriptiven Flexfelder (A_j) Metatypen zu nennen sind. Die S_i und A_j sind sämtlich vom Typ NULL VARCHAR ( ), d.h. eine Belegung durch ein Anwenderschema ist nicht erforderlich: Man kennt sonst nur NOT NULL NUMBER, NULL NUMBER, NOT NULL DATE, NULL DATE, NOT NULL VARCHAR ( ) und NULL VARCHAR ( ).

Im Gegensatz zur klassischen Informatik der Programmierung sind kaufmännische Systeme ausgesprochen typenarm, aber reich an Begriffen. Eine intensionale Orientierung und keine extensionale Denkweise wie in der Programmierung steht zur Debatte. Wie soll man z.B. den Begriff 'Konsignationsware' typenmäßig fassen? - Konsignationsware ist Ware, die ein Lieferant zur Verfügung stellt, aber die Eigentumsrechte bis zum Ge- oder Verbrauch behält. - Die Antwort lautet: Durch Klassenbildung. Aber dann sind 10.000 und mehr Klassen zu formulieren.

Im Bereich der KF (Key Flexfield mit Segmentbelegung) unterscheidet man drei Formen:

- Combination Form (Maintenance Form)

- Form with Foreign Key Reference

- Form with Range Flexfield

Die obige Form R_0 gehört zur 'Combination Form'. Diese werden auch manchmal 'Maintenance Form' genannt, weil der Änderungsdienst hier seinen Ausgangspunkt hat.

R_1 (im folgenden für Bebaute_Grundstücke (BGs)) ist eine 'Form with Foreign Key Reference'. Als Fremdschlüssel dienen die Primärschlüssel der 'Combination Form'. Das '?' als Belegung für SCID kann durch ein Surrogat ersetzt werden.

```
R₁(R₁ID, ..., SCID, S₁,  S₂,   Description  ⟩
   R₁ID₁, ..., ?     R₀Id₁ R₀Id₂  „BGs„        ⟩ (KF)

⟩  A₁, A₂, A₃)   (DF)
```

Die 'Form with Range Flexfield' dient der Festlegung von Bereichen, z.B. Nummernkreisen, die in kaufmännischen Systemen (so auch bei SAP) eine zentrale Rolle spielen.

In Oracle's Applications sind die Flexfelder wie Knoten in einem Netz einer Fluggesellschaft angeordnet. Zentrale Knoten ("hubs"), wie $R_0 = $ GL_CODE_COMBINATION bestimmen auf Metaebene das ganze Kontensystem des Hauptbuchs (General Ledger) und $R_0 = $ MTL_SYSTEM_ITEMS ist fundamental für das Materialwesen. Sie sind von einfachen Flexfeldern zu unterscheiden, die nur im deskriptiven Teil zu bestimmen sind. Auf das Flexfeld MTL_SYSTEM_ITEMS greifen allein - um eine Vorstellung von der Größenordnung zu bekommen - 180 Programmodule zu.

4   Schemavorgabe durch die STEP-Norm

Wir beziehen uns hier auf den anwendungsnahen Teil „Application Protocols 214" (AP214, „Core Data for Automative Mechanical Design Processes"), der als „krönender" Abschluß vieler stützender Normen aus den Bereichen

„Generic Resources" (40-er Serie),
„Application Resources" (100-er Serie),
„Application Interpreted Constructs" (500-er Serie)

angesehen werden kann. Wie ist nun AP214 einzuordnen? Mit dem Problem hat sich der Autor sehr lange befaßt. Zu einer Lösung kam er, der ein langjähriger Jogger ist, im Wartezimmer seines Orthopäden. In Räumen dieser Art hängen bildliche Darstellungen mit dem Aufbau der Knochen- und Bänderanatomie des Menschen nebst terminologischer Normierung. Mich hat das Kniegelenk (eine Unit of Functionality (UoF) heißt das im AP214-Jargon) damals interessiert. Kniegelenk als Scharniergelenk ist zu unterscheiden von den Kugelgelenken. In lateinischer Sprache wurde mir die „patella", der „miniscus lateralis" und „miniscus medialis" am Kniegelenk vorgeführt. Das Studium verlangte damals ähnliche Anstrengungen von mir wie die Lektüre des AP214 mit seiner Darstellung der Anatomie des Produktmodells aus der Sicht der Automobilindustrie. Teil-Ganze-Beziehungen, klassifikatorische Abstraktion und eine terminologische Normierung in englischer Sprache mußte der Autor verstehen lernen.

AP214 verwendet in seiner Schemabeschreibung ganz ausgeprägt Datentypen, die „constructed data types" genannt werden und in der Darstellungssprache EXPRESS (11-er Serie) spezifiziert sind. Konstruierte Typen zerfallen in die seit PASCAL bekannten Aufzähltypen (enumeration data types) und die in EXPESS neu hinzugekommenen Auswahltypen (select data types). An die Spitze unserer Behandlung des Themas „Schemavorgaben in der STEP-Norm" stellen wir die kritische Bemerkung, dass der Aufzähltyp kein neuer Typ ist, es kommt keine neue Qualität hinzu, sondern es werden lediglich neue Prädikatoren eingeführt.

4.1 Aufzähl- und Auswahltyp

Wir machen es uns beim Zertrümmern der Vorstellung, dass der Aufzähltyp ein neuer Typ sei, bequem und schicken einen bekannten Mann vor. Es handelt sich um Bertrand Meyer, der durch die objektorientierte Sprache EIFFEL und durch sein Buch „Objektorientierte Software-Konstruktion" [MEY 88] hervorgetreten ist. Meyer geht sogar so weit, den Aufzähltyp zumindest im Typensystem der Sprache EIFFEL ein konzeptionelles Desaster zu nennen (S. 319), weil EIFFEL nur einfache Typen und Klassentypen (Entitytpyen) und keine Typen kennt, die sich ohne Qualitätsverlust zerlegen lassen, also überflüssig sind.

In PASCAL - so auch in EXPRESS - kann man z.B. eine Variable deklarieren

```
code: ERROR
```

und eine enumerative Typendefinition

type ERROR = (Normal, Open_error, Read_error)

folgen lassen.

Der Aufzähltyp läßt sich zerlegen, indem man den symbolischen Code als Integer-Konstante darstellt. In EIFFEL-Notation

Normal: INTEGER is 0;
Open_error: INTEGER is 1;
Read_error: INTEGER is 2;
code: INTEGER

Mit den Integritätsbedingungen

Normal <= code;   code <= Read_error.

Soweit das Zitieren und Interpretieren eines berühmten Lehrbuches. In EXPRESS-Notation schreibt man explizit

TYPE error = ENUMERATION OF (normal, open_error, read_error);
END_TYPE;

In einer logischen Rekonstruktion läßt sich angeben:

ENUM:

$x \; \varepsilon \; error =_{Def} x = Normal \; \lor \; x = Open\_error \; \lor \; x = Read\_error;$

In Worten: Wenn Graphem- oder Phonomsequenzen (Strings) auftreten , die sich als Normal, Open_error oder Read_error identifizieren lassen, so darf man diese als Nominator auffassen und dem Prädikator error zuweisen. Fazit: Der Aufzähltyp entpuppt sich als eine schlichte Prädikation in unserem Fall $x \; \varepsilon \; error$. Da es sich bei der Prädikation um einen synthetisierenden Vorgang handelt, trägt der Aufzähltyp zu recht den Namen „constructed data type". Sein Partner, der Auswahltyp, ist logisch gesehen von ganz anderer Qualität. Mit ihm wird in AP214 das vorgenommen, was man in der Anatomie und in allen anderen Wissenschaften Begriffshierarchiebildung nennt.

TYPE lösbare_verbind = SELECT (nagel, schraube);
END_TYPE;

„Nagel" und „Schraube" sind jetzt Schemata.

ENTITY nagel   ENTITY schraube;
schaft : REAL;   schaft: REAL;
kopf : REAL;   gewinde_steigung : REAL;
END_ENTITY;   END_ENTITY;

Rekonstruiert gilt:

SELECT:

x ε lösbare_verbindung $=_{Def}$ x ε nagel ∨ x ε schraube;

Der alles entscheidende Unterschied ist die Kopula anstelle des Gleichheitszeichens in der Definition des Aufzähltyps.

Man nennt den Vorgang wissenschaftstheoretisch eine Subordination. Mit => als Regelpfeil schreibt man:

x ε nagel   =>   x ε lösbare_verbindung

x ε schraube =>   x ε lösbare_verbindung

Die Subordination bildet den Grundpfeiler zum Aufbau von Begriffsworthierarchien, z.B.

TYPE unlösbare_verbindung = SELECT (Leim, Schweiße);
END-TYPE;

ENTITY leim   ENTITY schweiße

:   :

END_ENTITY;   END_ENTITY;

um aufsteigend in die Hierarchie zu gelangen:

TYPE verbindung = SELECT (unlösbare_verbindung, lösbare_verbindung);
END_TYPE;

Es ist ein Tatbestand, der bemerkenswert ist: AP214 steckt voller Auswahltypen, d.h. voller Begriffshierarchien. Der Benutzer kann auf diese vordefinierten Hierarchien seine eigene Hierarchie setzen, was dann der Unterscheidung zwischen Norm- bzw. Standardteilen auf der einen und konstruierten Teilen auf der anderen Seite im Maschinenbau entspricht.

4.2 Supertype/Subtype

Die Sprache EXPRESS der STEP-Norm ist objektorientiert, wobei als wesentlicher Nachteil anzuführen ist, der darin besteht, dass keine Syntax zur Formulierung von Methoden angegeben wird. Die Absicht war, mit EXPRESS eine Spezifikations- und keine Programmiersprache zu schaffen.

Im Zentrum der objektorientierten Sprache EXPRESS steht deshalb das Supertype-/Subtype-Konstrukt, das in der AP214-Norm im Gegensatz zum Selecttype (Auwahltyp) erstaunlicherweise keine Rolle spielt. Eine Konzeption muss vermutet werden, die dem Entity-Type „Supertype/Subtype" eine ausgezeichnete Rolle in der Anwendung zuschreibt.

Wir wollen in diesem Abschnitt eine Pointe vortragen: Der Entity-Type Supertype/ Subtype läßt sich mit Hilfe von Auswahltypen rekonstruieren, d.h. auch ein Supertype/Subtype kann „zertrümmert" werden. Mit dieser Rekonstruktion soll die zentrale Bedeutung des Auswahltypen untermauert werden. Die Vererbungslehre wird so entmystifiziert. Wir gehen von einem bekannten Beispiel aus, das von Smith/ Smith [S/SM 77] vorgetragen wurde. Das Beispiel wird für unsere Zwecke reduziert.

Drei Relationen stehen zur Debatte: „vehicle" als Gattungsrelation sowie „air_vehicle" und „land_vehicle" als Artrelationen.

Smith/Smith geben die folgende relationalen Formen an:

vehicle

iden#	manufacturer	price	weight	medium_category
V1	Mazda	65.4	10.5	land_vehicle
V2	Schwin	3.5	0.1	land_vehicle
V3	Boeing	7900.0	840.0	air_vehicle
V4	Gyro Inc	650.0	150.0	air_vehicle

air vehicle

iden#	manufacturer	price	weight	max. altitude	take_off_distance
V3	Boeing	7900.0	840.0	30.0	1000
V4	Gyro Inc	650.0	150.0	5.6	0

land-vehicle

iden#	manufacturer	price	weight	min_road_quality
V1	Mazda	65.4	10.5	8
V2	Schwin	3.5	0.1	2

Abb. 4.1: Art-Gattungs-Relationen

„manufacturer", „price" und „weight" sind die Attribute des „genus proximum". Es soll nicht stören, dass sie in den Artrelationen - obwohl vererbbar - wiederholt werden. „max_altitude", „take_off_distance" auf der einen und „min_road_quality" auf der anderen Seite sind die Attribute der „differentia specifica", derentwegen schließlich Klassifikationen vorgenommen werden. Der Weg von den Arten zur Gattung kann als eine Schemazusammenführung angesehen werden.

Herausgestellt wird in der Gattung das Attribut „medium_category". Es ist der Klassifikator, nach dem zwischen „air_vehicle" und „land_vehicle" zu unterscheiden ist. Es fällt sofort auf, dass Klassifikatoren Auswahltypen sind. Also in unserem Falle:

```
TYPE medium_classificator SELECT (air_vehicle, land_vehicle);
END_TYPE;
```

Die Frage muß erlaubt sein, weshalb die anderen Attribute des „genus proximum" („manufacturer", „price", „weight") nicht auch Klassifikatoren und damit Auswahltypen sind. In scholastischer Manier (des Mittelalters) antwortete man: Diese Attribute sind im Gegensatz zum herausgestellten Klassifikator nicht **wesentlich**. Bloß: Die Moderne hat mit dieser Art von Wesensschau aufgeräumt. Der Begriff „wesentlich" ist an Vagheit kaum zu überbieten. Wieso soll z.B. die Klassifikation des Menschen nach dem Geschlecht wesentlicher (man sagt auch natürlicher) sein als nach dem Gewicht (das dann als künstlich erkannt wird)? Modern gesprochen sind in unserem Fall die anderen Attribute der Gattung auch mögliche Klassifikatoren. Es hängt immer vom Zweck, von der Anwendung ab, welches Attribut zur Klassifikation tatsächlich herangezogen wird.

Unter der Maßgabe, dass alle Ausprägungen eines Subtyps auch eine Ausprägung des Supertyps sind, lassen sich die Relationen der Abb. 4.1 in EXPRESS wie folgt formulieren:

```
ENTITY vehicle
      SUPERTYPE OF ONEOF (air_vehicle, land_vehicle));
      iden#: INTEGER;
      manufacturer: STRING;
      price: NUMBER;
      weight: NUMBER;
END_ENTITY;


ENTITY air_vehicle
      SUBTYPE OF (vehicle);
      iden#: INTEGER;
      max_altitude: NUMBER;
      take_off_distance: NUMBER;
END_ENTITY
```

```
ENTITY land_vehicle
     SUBTYPE OF (vehicle);
     iden#: INTEGER;
     min_road_quality: NUMBER;
END_ENTITY;
```

Die Rede von Supertype/Subtype kann man nun auflösen, wenn die Attribute des Supertys als Oberbegriffe der gemeinsamen Attribute der Subtypen eingeführt werden. Eine Darstellung der Relationen in Abb. 4.1 sieht dann wie folgt aus:

```
ENTITY vehicle
     iden#:id;
     manufacturer: mf;
     price: pr;
     weight: we;
     medium_category: medium_classificator;
END_ENTITY;

ENTITY air_vehicle
     iden#: INTEGER;
     manufacturer: STRING;
     price: NUMBER;
     weight: NUMBER;
     max_altitude: NUMBER;
     take_off_distance: NUMBER;
END_ENTITY;

ENTITY land_vehicle
     iden#: INTEGER;
     manufacturer: STRING;
     price: NUMBER;
     weight: NUMBER;
     min_road_quality: NUMBER;
END_ENTITY;
```

Für alle Attribute von „ENTITY vehicle" ist eine Definition als Auswahltyp anzugeben. Wir beschränken uns auf „iden#":

```
TYPE                              TYPE
air_vehicle.iden# = INTEGER       land_vehicle.iden# = INTEGER
END_TYPE;                         END_TYPE;
```

Die Attribute der Arten werden als definierte Typen eingeführt, die dann in der Definition der Auswahltypen benutzt werden können. Auswahltypen akzeptieren nur definierte Type, z.B.:

```
TYPE vehicle.id = SELECT (air_vehicle.iden#, land_vehicle.iden#);
END_TYPE;
```

Ob diese Rekonstruktion tatsächlich technisch von EXPRESS unterstützt wird, ist für den Autor eine offene Frage, die aber nicht von Belang ist. Sein Ziel war es zu zeigen, dass Objekthiearchien auf Begriffshierarchien zurückgeführt werden können, um das zentrale Instrument der AP214, nämlich die Begriffshierarchie, richtig einschätzen zu können. Denn Begriffshierarchien spielen bei der freien wie auch gebundenen Schemazusammenführung, eine zentrale Rolle. Nebenbei bemerkt: Das Zurückführen von Supertype/Subtype-Konstrukten auf Entitäten mit Auswahltypen entspricht der klassischen Relationen-Normalisierung eines Ted Codd. Relationen sind auch unabhängige Entitäten, ohne OWNER/MEMBER Abhängigkeiten. Solche Abhängigkeiten verstellen den Blick.
Danksagung

Ich schulde meinen Kollegen Prof. Erich Ortner (TU Darmstadt) und Dr. Rüdiger Inhetveen (Univ. Erlangen-Nürnberg) großen Dank. In einem gemeinsamen Seminar im SS 1999 „Philosophie und Informatik" in Erlangen haben wir uns u.a. die logische Rekonstuktion wichtiger EXPRESS-Datentypen zum Thema gemacht.

5 Literatur

[AP214]   ISO 10303-214 Updated CDII Document (30.09.1997)- Core Data for Automotive Mechanical Design Processes.
http://www.dik.maschinenbau.tu-darmstadt.de/english/research/prj_ap214/common/21

[BER 97]   Bernstein, P., e.a.: The Microsoft Repository, in: Proc. 23rd VLDB Conference, Athens/Greece, 1977

[MEY 88]   Meyer, B.: Object-oriented software construction, Prentice Hall, New York - London, 1988

[SM/SM77]   Smith, J.M. und Smith, D.C:P.: Database Abstraction: Aggregation and Generalization, in: ACM TODS, Vol. 2 (1977), No. 2, S. 105-133

[WED 98]   Wedekind, H.: HEDAS: Heterogene, durchgängige Anwendungssysteme, in: H. Wedekind, J. Kleinöder (Hrs.): Von der der Informatik zur Computational Science und Computational Engineering. Abschlußkolloquium des DFB 182 „Multiprozessor- und Netzwerkkonfigurationen", 14.-16.10.1998, Universität Erlangen-Nürnberg, 1998, S. 30-59

[WED 98a]   Wedekind, H., Görz, G., Kötter, R., Inhetveen, R.: Modellierung, Simulation, Visualisierung - Zu aktuellen Aufgaben der Informatik -, in : Informatik-Spektrum, Band 21, Heft 5, Okt. 1998, S. 265-272

[WED 99]   Wedekind, H., Günzel, H.: „Top-Down" - versus „Bottom-up" - Adaption von betriebswirtschaftlicher Standardsoftware, in: A.P. Buchmann (Hrsg.): Datenbanksysteme in Büro, Technik und Wissenschaft (BTW'99), 8. GI Fachtagung, Freiburg 1.-3. März 99, S. 449-455

Objektorientierung für Informationssysteme: Eine kritische Bestandsaufnahme

Stefan Conrad[*]   Gunter Saake[†]
Institut für Technische und Betriebliche Informationssysteme
Otto-von-Guericke-Universität Magdeburg
Postfach 4120, D–39016 Magdeburg, Germany

Zusammenfassung

In vielen Bereichen, in denen Modellierung oder Spezifikation von Informationssystemen erforderlich sind, wird gegenwärtig von den meisten Forschern aber auch von vielen Anwendern in der Praxis Objektorientierung als *die* Lösung betrachtet. Wir halten diese Fixierung auf einen Ansatz für eine einseitige, gegebenenfalls auch gefährliche Position und warnen vor den absehbaren Folgen, die ein unkritischer Einsatz objektorientierter Methoden nachsichziehen kann. Anhand einiger ausgewählter Bereiche wollen wir in diesem Beitrag auf Beschränkungen und Risiken objektorientierter Methoden hinweisen.

1   Einleitung

Objektorientierung wurde in der Informatik zuerst im Bereich der Simulation eingesetzt [DMN70] und hielt von dort aus zunächst Einzug in den Bereich der Programmiersprachenkonzepte. Später wurde dieses Paradigma insbesondere in die Entwurfsphasen übernommen, so in Form der objektorientierten Analyse und des

---

[*] conrad@iti.cs.uni-magdeburg.de
[†] saake@iti.cs.uni-magdeburg.de

Designs. Auch Implementierungsplattformen wie CORBA basieren auf kommunizierenden Objekten.

In den Bereich der Informationssysteme drangen konkrete Konzepte der Objektorientierung insbesondere aus zwei Richtungen ein:

- Von der Programmiersprachenseite wurde die mangelhafte Kopplung von Datenbankmodellen wie dem relationalen mit objektorientierten Programmiersprachen bemängelt. Der sogenannte „Impedance Mismatch" zwischen den verbreiteten Typmodellen von Programmiersprachen und dem relationalen Modell wurde zum geflügelten Wort, das neue Datenmodellkonzepte und Programmiersprachenkopplungen forderte [ABD+90]. Dies führte zu programmiersprachennahen objektorientierten Datenmodellen wie dem ODMG-Standard [CB97].

- Von der Entwurfsseite her wurden die Modellierungskonzepte objektorientierter Ansätze (Aggregierung, Kapselung, ADTs, Spezialisierung) auch für Datenbankanwendungen als sinnvoll erkannt [BP98].

  Diese Konzepte waren allerdings auch schon Bestandteile von semantischen Datenmodellen wie etwa SDM [HM81], in denen die Notwendigkeit solcher Konzepte für den konzeptionellen Datenbankentwurf bereits frühzeitig erkannt wurde.

Im folgenden wollen wir versuchen, eine kritische Bestandsaufnahme nach über einem Jahrzehnt der Durchdringung des IS-Bereichs mit OO-Konzepten zu präsentieren. Dazu betrachten wir drei Kernbereiche, und zwar

- Datenbankentwurf,

- Modellierung von Informationssystemen und

- Integration heterogener Datenbanken.

Basierend auf den Beobachtungen in diesen Bereichen fassen wir anschließend die aus unserer Sicht wesentlichsten Kritikpunkte und Problemursachen zusammen.

Dieser Beitrag kann natürlich keinen vollständigen und erschöpfenden Überblick zu dieser Problematik darstellen. Dies wird auch bewußt nicht angestrebt. Statt dessen sollen durch eine exemplarische Betrachtung ausgewählter und aus unserer Sicht zentraler Bereiche die wichtigsten Probleme und ihre Ursachen diskutiert werden.

2 Datenbankentwurf

Die Entwicklung der letzten Jahre zeigt, daß offenbar verbreitet angenommen wird, daß ein objektorientierter Datenbankentwurf automatisch besser ist als ein klassischer Datenbank-Entwurf, der z.B. auf dem Entity-Relationship-Modell [Che76] (oder geeigneten Erweiterungen davon, wie etwa [EGH$^+$92]) basiert. Allerdings wird diese Annahme nur selten hinterfragt.

Die am weitesten verbreitete Begründung für den Einsatz der Objektorientierung im Datenbankentwurf ist, daß mit Hilfe eines objektorientierten Datenmodells die Zusammenhänge der realen Welt am natürlichsten repräsentiert werden können, da Objektorientierung die adäquaten Modellierungskonzepte bietet. Diese Argumentation wurde bereits früher für erweiterte ER-Modelle sowie für semantische Datenmodelle im allgemeinen verwendet.

Wenn man objektorientierte Datenmodelle als spezielle erweiterte Entity-Relationship-Modelle ansieht, muß man allerdings schnell feststellen, daß objektorientierte Datenmodelle eigentlich keinen Fortschritt bedeuten, da die „neuen" Modellierungskonzepte bereits bekannt waren und eingesetzt wurden. So war zum Beispiel *Spezialisierung* bereits als Konzept in [SS77] enthalten. Der Fortschritt besteht vielleicht eher in der Einführung einer neuen Bezeichnung (*objektorientiert*), womit dies für viele wohl auch eine andere Qualität bekommen hat.

Zur Beurteilung der Eignung objektorientierter Datenbankentwürfe für den praktischen Einsatz muß unter anderem betrachtet werden, wie sich objektorientierte Entwürfe auf reale Systeme umsetzen, also implementieren lassen:

- Selbst bei der naheliegenden Umsetzung eines objektorientierten Datenbankentwurfs auf ein objektorientiertes Datenbanksystem entstehen schon wesentliche Probleme. In der Regel unterscheiden sich die Objektmodelle, die für den Entwurf angenommen werden (etwa OMT [BP98]) und die in Systemen implementiert sind (z.B. in Systemen wie Ontos und Poet [Ont94, POE95] bzw. auch der sogenannte ODMG-Standard [CB97]), bereits erheblich (dies wird z.B. in [Heu97, SST97] ausführlich diskutiert).

  Insbesondere die bei der vorherrschenden Art von objektorientierten Datenbanksystemen (siehe auch insbesondere die Standardisierungsbemühungen der ODMG [CB97]) anzutreffende Ausrichtung auf C++ als „Grundlage" des implementierten Datenmodells bringt einen entsprechenden Anpassungs- bzw. Transformationsaufwand mit sich. Der häufig hervorgehobene Vorteil der Durchgängigkeit objektorientierter Konzepte geht dabei meistens verloren.

Der klassische „impedence mismatch", der relationalen Datenbanksystemen inhärent anhaftet, wird vordergründig aufgehoben. Die Diskrepanz zwischen dem konzeptionellen (Entwurfs-) Modell und dem Implementierungsmodell mag aber ähnliche Auswirkungen haben, zumal sie bei objektorientierten DBMS oft überhaupt nicht erwähnt wird und damit den potentiellen Anwendern und Entwicklern nicht oder nicht in vollem Umfang bewußt ist.

Die Durchgängigkeit könnte natürlich wiederhergestellt werden, indem man das implementierte Datenmodell auch als Entwurfsmodell nutzt. Damit würde man sich allerdings von den Anforderungen an einen konzeptionellen Entwurf (hier insbesondere die Implementierungsunabhängigkeit und die semantische Nähe zum betrachteten Weltausschnitt) weiter entfernen.

- Betrachtet man eine Umsetzung eines objektorientierten konzeptionellen Datenbankentwurfs auf eher traditionelle Datenbanksysteme, die sich bereits im praktischen Einsatz bewährt haben (wie z.B. relationale Datenbanksysteme), so besteht durch die notwendige Datenmodelltransformation immer die Gefahr, semantische Verluste zu erleiden, weil sich nicht alles in dem Zieldatenmodell ausdrücken läßt.

Die Abbildung 1 zeigt zwei verschiedene, objektorientiert modellierte Situationen. Die erste Situation stellt zwei Klassen A und B dar, wobei B eine Spezialisierung, also eine Unterklasse von A ist. Die zweite Situation zeigt ebenfalls zwei Klassen, wobei hier die Klasse B Objekte repräsentiert, die als Komponente eines Objektes der Klasse A auftreten. Jedes Objekt der Klasse B ist Komponente von genau einem Objekt der Klasse A (Objekte der Klasse B dürfen somit hier nie alleine existieren), wobei Objekte der Klasse A auch ohne eine Komponente aus B vorkommen können. Beide Situationen können bei einer Transformation ins relationale Modell in zwei Relationen übersetzt werden, wobei die Relation B den Schlüssel von A als Fremd- und Primärschlüssel besitzt – wie in der Abbildung dargestellt.

Darüber hinaus führt die Transformation eines „schönen" objektorientierten konzeptionellen Datenbankschemas z.B. in die relationale Welt häufig zu „häßlichen" Datenbankstrukturen. Diese werden in der Praxis dann gerne von Hand „nachbearbeitet", um gewisse prinzipielle Probleme wie etwa hinsichtlich der Performance oder Verständlichkeit für den Anwender (die gerade bei der Formulierung von *Ad-Hoc*-Anfragen wichtig ist) zu vermeiden oder zu reduzieren.

Den verherrenden Effekt „von Hand nachgearbeiteter Entwürfe" auf eine

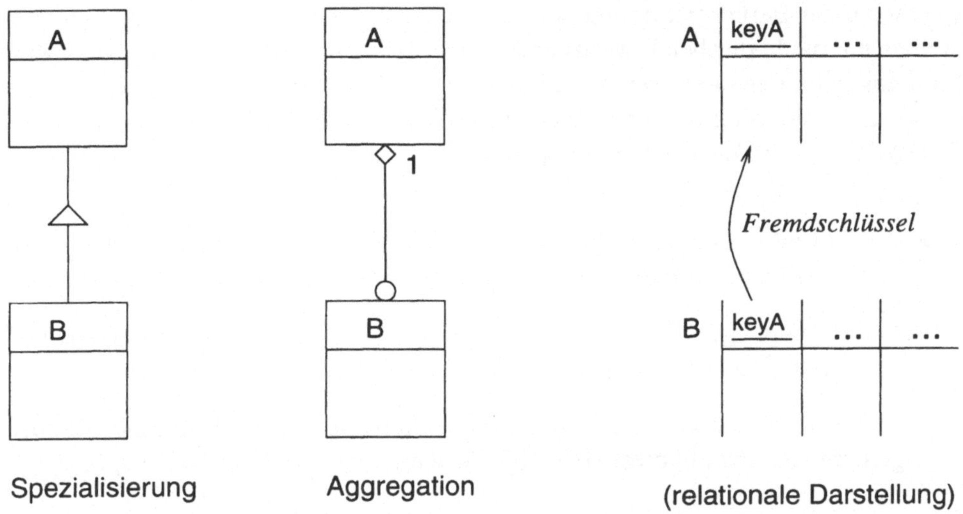

Abbildung 1: Zwei verschiedene objektorientiert modellierte Situationen (hier in OMT/UML-Notation), die auf das gleiche relationale Schema abgebildet werden können.

durchgängige Dokumentation des Entwurfsprozesses und deren späteren Einsatz in der Systemwartung muß man sicherlich nicht erläutern.

Nur selten werden die Konzepte des objektorientierten DB-Entwurfs kritisch den etablierten Konzepten der relationalen Welt gegenübergestellt [SCST95]. Nur eine derartige Gegenüberstellung kann eine objektive Einschätzung des Nutzens objektorientierter Ansätze im Vergleich zum klassischen Datenbankentwurf erreichen. Für Entwurf und Entwicklung von Informationssystemen fehlen bislang klare, detaillierte und allgemein anerkannte Kriterien, anhand derer man frühzeitig abschätzen kann, ob Objektorientierung in dem konkreten Projekt das am besten geeignete Paradigma ist oder ob andere Entwicklungsmethoden vorzuziehen sind.

3   Modellierung von Informationssystemen

Die *objektorientierte Modellierung* ist vielleicht der populärste Bereich des Einsatzes objektorientierter Techniken in (der Enwicklung von) Informationssystemen. Methoden wie OMT [RBP+91] bieten einen konzeptionellen Entwurf von Objekt-systemen unter Berücksichtigung von Struktur- und Verhaltensbeschreibungen zusammen mit methodischen Entwurfsrichtlinien. Derartige Ansätze haben breite Zustimmung gefunden, auch wenn bei ihnen bereits früh Kritikpunkte geäußert wurden, deren Diskussion bis heute andauert (vgl. auch die Diskussionsergebnisse in [EEOW98] und die Einschätzung in [Wie98]):

- Die Aufteilung in unterschiedliche Diagramme erfordert einen Abgleich der Teilmodelle, der von den Ansätzen oft nicht oder nur wenig unterstützt wird.

- Eine durchgängige formale Semantik, die Basis für Implementierung und automatische Transformationswerkzeuge sein könnte, fehlt.

- Aus historischen Gründen wurden Datenflußdiagramme als Teilmodell aufgenommen, obwohl diese dem objektorientierten Paradigma widersprechen.

Trotz dieser Kritikpunkte wurden diese Ansätze erfolgreich eingesetzt, und Vorschläge für die Beseitigung dieser Schwächen erarbeitet. So gibt es bereits ganze Workshops bzw. Workshop-Reihen mit Vorschlägen für formale Semantiken spezieller objektorientierter Modellierungssprachen (z.B. [KR98, KRS98, AMDK98, EEOW98]), ohne daß sich bis jetzt eine einheitliche formale Semantik herausgestellt hat. Für objektorientierte Spezifikationssprachen, wie sie seit über zehn Jahren in der akademischen Welt entwickelt wurden (etwa TROLL [Saa93, JSHS96, HDK$^+$97]), gibt es schon länger in sich geschlossene formale Semantiken. Allerdings haben sich diese Ansätze in der Praxis aus anderen Gründen nicht durchsetzen können.

Leider führte der bereits erwähnte Erfolg objektorientierter Modellierungsansätze schnell zu Standardisierungsbemühungen, die nicht auf die Beseitigung der Schwachpunkte abzielen, sondern möglichst schnell einen Kompromiß zwischen den existierenden (kommerziellen) Methoden versuchen. Dadurch werden bereits erkannte Defizite und Mängel nicht etwa beseitigt, sondern leider auf lange Sicht zementiert. Es ist daher auch nicht verwunderlich, daß die resultierende UML (Unified Modeling Language, [BJR97, FS97, Oes98]) zu den aufgeführten Schwachpunkten weitere hinzufügt:

- Die überschaubaren Teilmodelle der ursprünglichen Ansätze werden in der Anzahl deutlich vergrößert, ohne daß der Bezug zwischen diesen Modellen exakt festgelegt wird. Besonders auffällig ist dies in der Vielzahl unterschiedlicher Diagrammtypen zur Beschreibung zeitlicher Abläufe. So werden Aspekte von zeitlichen Abläufen in Aktivitätsdiagrammen, Kollaborationsdiagrammen, Sequenzdiagrammen und Zustandsdiagrammen beschrieben [Oes98], deren Details aufeinander abgestimmt werden müssen.

Die Modellierung von bestimmten Sachverhalten kann daher in verschiedenen Teilmodellen erfolgen. Dadurch wird eine (bislang nicht zufriedenstellend gelöste) Konsistenzhaltung zwischen den Teilmodellen immer wichtiger.

In dem aktuellen Überblicksartikel von Wieringa [Wie98] werden die einzelnen Diagrammtypen von objektorientierten Modellierungsmethoden allgemein und UML im besonderen ausführlich erläutert, so daß wir hier auf eine ausführlichere Behandlung verzichten. [Wie98] beinhaltet auch eine auf der Vielzahl von Diagrammtypen basierende kritische Bewertung von UML.

- Normiert wird nicht etwa die Bedeutung der Teilmodelle, sondern im wesentlichen die Syntax der Konstrukte. Dies geht so weit, daß sogar neue graphische Notationen dazu definiert werden können, ohne daß deren Bedeutung exakt festgelegt werden muß — herstellerunspezifische Transformationswerkzeuge werden damit praktisch unmöglich.

- Der methodische Aspekt fällt komplett weg. UML normiert letztendlich allein die Syntax und versucht sogar gerade „methodenneutral" zu sein — als Ergebnis werden die Vorteile des objektorientierten Entwurfs, die sich aus dem methodischen Vorgehen der Strukturierung eines Systems als Objektgesellschaft ergeben, nicht in allen UML-Modellierungen auch genutzt.

Es stellt sich die Frage, ob eine Normierung im Sinne von UML eher ein Vorteil oder ein Nachteil ist — als Resultat werden überall gleiche Notationen verwendet, aber mit in Feinheiten abweichenden Bedeutungen. Die Kritikpunkte an den ursprünglichen Methoden wurden sogar eher verschärft.

4 Integration heterogener Datenbanken

Ein weiteres Anwendungsgebiet, in dem fast immer objektorientierte Modellierungsansätze empfohlen werden, ist die Integration heterogener Datenbanken — je nach Sprachgebrauch wird dann auch von *föderierten Datenbanken* oder *Multidatenbanken* gesprochen (siehe auch [SL90, Con97]). Bei der Integration sollen bestehende Datenbankschemata zu einem systemübergreifenden Schema zusammengeführt werden. Hierzu sehen die meisten Ansätze zunächst eine Transformation der bestehenden Datenbankschemata in ein gemeinsames, globales Datenmodell vor, um die Datenmodellheterogenität zu überwinden. Nach dieser Datenmodell-transformation liegen alle Schemata in demselben Datenmodell vor und können dann integriert werden. Bei der Integration sind die semantischen Beziehungen zwischen den Bestandteilen der verschiedenen Schemata zu finden.

Wenn z.B. Informationen zu einem Objekt der realen Welt in mehreren Datenbanken vorliegen, sollen diese Informationen auf der globalen Schemaebene zusammengeführt werden und, falls in den lokalen Datenbanken mehrfach vorhanden, im globalen Schema nur einmal repräsentiert werden. Hierbei sind verschiedene Integrationskonflikte zu lösen, die durch semantische Überlappungen der Schemata, unterschiedliche strukturelle Repräsentationen, verschiedene Bezeichnungsweisen und Beschreibungsformen verursacht werden. Eine ausführlichere Beschreibung von Integrationskonflikten und Integrationsverfahren findet sich z.B. in [Con97].

Auf den ersten Blick ist es verlockend, ein objektorientiertes Datenmodell als globales Datenmodell zu verwenden — und eine Reihe von Projekten wie etwa IRO-DB [FGL+98] und OASIS [RHCM96, SR99] basieren genau auf dieser Wahl (einen umfangreichen Überblick über Objektorientierung im Bereich föderierter oder Multidatenbanksysteme gibt [PBE95]). Die übliche Begründung dafür ist, daß objektorientierte Datenmodelle in der Lage sind, die Semantik aller in den lokalen Datenbanken vorkommenden Schemata adäquat zu repräsentieren und daß dadurch bei der Transformation der lokalen Datenbankschemata in das globale objektorientierte Modell keine semantischen Verluste entstehen [SCG91]. Auch wenn man diese Argumentation akzeptiert, bleiben aber noch andere wesentliche Probleme.

Zum einen müssen die lokalen Datenbankschemata in das ausgewählte objektorientierte Datenmodell transformiert werden. Da objektorientierte Datenmodelle in der Regel mehr Modellierungskonzepte anbieten als die in bestehenden Datenbanksystemen verwendeten Datenmodelle, ist bei der Transformation üblicherweise eine semantische Anreicherung notwendig (wie z.B. in [HK95] beschrieben).

Abbildung 1 zeigt das prinzipielle Problem, wobei wir die Abbildung hier nun in umgekehrter Richtung lesen, als wir dies in Abschnitt 2 getan haben. Wenn wir ein relationales Datenbankschema in einem Komponentensystem vorfinden, in dem zwei Relationen über eine Fremdschlüsselbeziehung in Verbindung stehen, wissen wir alleine aufgrund des gegebenen relationalen Schemas nicht, ob dies als Spezialisierung oder als Aggregation (oder gegebenenfalls sogar noch als etwas ganz anderes) interpretiert werden sollte.

Für eine solche semantische Anreicherung müssen zusätzliche Informationen über die gespeicherten Daten gefunden werden, die bei der Entscheidung helfen können, welche Modellierungskonstrukte im objektorientierten Schema verwendet werden sollen, um die Semantik der entsprechenden Anwendungswelt adäquat abzubilden. Nicht immer sind diese Informationen vollständig oder in hinreichenden Maße zu bekommen, so daß die semantische Adäquatheit des resultierenden objektorientierten Schemas in Frage steht. Während dieses Problem prinzipiell auch beim (Neu-) Entwurf von Datenbanken auftreten kann, kommt bei der Integration von Altsystemen in der Regel noch erschwerend hinzu, daß viele der an der Entwicklung des Altsystems Beteiligten nicht mehr verfügbar sind.

Besondere Probleme durch die Wahl eines objektorientierten Datenmodells treten bei der eigentlichen Integration auf. Dadurch daß objektorientierte Datenmodelle eine größere Anzahl an Modellierungskonstrukten anbieten, die es auch ermöglichen, denselben Sachverhalt ind entsprechend vielen unterschiedlichen Weisen zu modellieren, treten auch zwangsläufig mehr Integrationskonflikte auf. Daraus resultiert ein deutlich höherer Aufwand bei der Lösung dieser Integrationskonflikte. Dabei läßt sich noch ein Problem erkennen. Die jeweilige Anzahl der potentiellen Konfliktlösungen wird ebenfalls größer. Dies hat zur Folge, daß weniger Entscheidungen automatisch getroffen werden können.

Die Wahl eines einfacheren Datenmodells (z.B. das Relationenmodell) auf der globalen Ebene würde die Anzahl unterschiedlicher Konfliktarten deutlich beschränken (vgl. auch [Sch98]). Damit wäre die eigentliche Integration einfacher und effizienter durchführbar. Natürlich führt die Wahl eines einfacheren Datenmodells zu anderen Einschränkungen.

Bei der Auswahl des globalen Datenmodells für die Integration sollte immer auf der Basis der konkreten Anforderungen abgewogen werden:

- *welche Art von globalen Anwendungen sollen unterstützt werden und welches Datenmodell für das integrierte Schema ist daher am geeignetesten?*

  Die Art der Anwendungen, die auf der globalen Ebene auf dem integrierten Datenbestand arbeiten sollen, bestimmen, welche Schnittstelle für sie am günstigsten ist. So gibt es Anwendungsbereiche, in denen die Verarbeitung relational repräsentierter Daten vorzuziehen ist, weil von der Anwendungsseite her z.B. viele gleichartig und sehr einfach strukturierter Daten bearbeitet werden müssen. Für komplexer strukturierte Daten bietet sich für die Anwendung eher ein objektorientierter Zugang an.

- *Welche Datenmodelltransformationen sind aufgrund der Wahl des globalen Datenmodells erforderlich und wo müssen sie durchgeführt werden?*

  Diese Frage steht in engem Zusammenhang mit der vorherigen, aber betrachtet die Auswahl des globalen Datenmodells mehr von Seiten der effizienten

Systemunterstützung durch das föderierte Datenbanksystem. Eine genaue Analyse, wo welche Datenmodelltransformationen in Abhängigkeit von der Wahl des globalen Datenmodells notwendig werden, kann aufzeigen, ob des integrierte System überhaupt noch in der Lage ist, die bereits bestehenden lokalen und die neu hinzukommenden globalen Anforderungen überhaupt effizient zu unterstützen.

Eine unüberlegte Wahl des globalen Datenmodells kann einerseits zu einem unverhältnismäßig großen Entwicklungsaufwand (zeitlich und finanziell) führen sowie ein integriertes System mit sich bringen, daß globale Anwendungen nur sehr ineffizient unterstützen kann.

5 Ursachen der Probleme

Nach dieser ernüchternden exemplarischen Bestandsaufnahme stellt sich die Frage, wieso es offensichtlich gravierende Probleme gibt, die erstaunlicherweise selten thematisiert werden. Wir sehen da insbesondere folgende Gründe:

- Das Objektparadigma basiert primär auf der Einkapselung von Funktionen und Daten. Dies steht im Gegensatz zur datenorientierten Sicht, die beim Informationssystementwurf benötigt wird, um Informationsstrukturen anwendungsunabhängig (also von mehreren Anwendungen adäquat nutzbar) zu entwerfen. Einkapselung in der Form, daß auf die Daten nur über spezielle an der Schnittstelle bereitgestellte Funktionen zugegriffen werden kann, ist insbesondere dann problematisch, wenn Ad-Hoc-Anfragemöglichkeiten bereitgestellt werden sollen.

- Gerade bei kommerziellen objektorientierten Datenbanken hat die einfache Gleichung **OO = C++** die Datenbanktechnologie um Jahre zurückgeworfen, da Aspekte der Datenunabhängigkeit ignoriert wurden. Adäquate Benutzersichten auf Datenbestände als Beispiel sind nur durch Abstraktion möglich.

- Gerade im Bereich der Objektorientierung werden Standards wie ODMG und UML primär durch Firmeninteressen vorangetrieben. Konzeptionelle Klarheit, Einfachheit und systemunabhängiger Einsatz liegt nicht immer im Kerninteresse von Firmen.

- Die wissenschaftliche Forschung hinkt (nicht nur in Bezug auf objektorientierte Systeme) allzu oft den kommerziellen Entwicklungen hinterher. Konzeptionell noch unzulängliche Produktentwicklungen werden dann häufig als unverrückbare Standards angesehen, die zur Grundlage der Forschungsaktivitäten werden.

- Last but not least: Objektorientierung ist (war?) ein Mode- und Marketing-Wort. Wenn plötzlich alle Produkte und Methoden objektorientiert heißen, wird eine Präzisierung der Begriffe (wie sie im Entwurf notwendig ist) schwierig bis unmöglich.

Ein neues Beispiel derartiger Entwicklung ist der Begriff „objektrelational" [SM96].

6 Resümee

Anhand einiger Anwendungsbereiche haben wir versucht, exemplarisch aufzuzeigen, daß Objektorientierung *per se* oft keine Lösung darstellt oder anderen Herangehensweisen nicht prinzipiell überlegen ist. Natürlich hat Objektorientierung viele Vorteile, die allerdings nur dann zur Geltung kommen, wenn sich die Anwender und Entwickler beim Einsatz objektorientierter Methoden auch über die eklatanten Nachteile der Objektorientierung bewußt sind und abwägen können, ob nicht-objektorientierte Herangehensweisen für das jeweils zu betrachtende Modellierungsproblem eventuell adäquater sein könnten.

Dieser Beitrag sollte auf keinen Fall als Kampfansage gegen objektorientierte Ansätze verstanden werden — die Autoren haben in vielen Bereichen positive Erfahrungen mit dem Einsatz objektorientierter Ansätze gesammelt. Vielmehr ist dieser Beitrag als Plädoyer gegen die unkritische, absolute Folgschaft von neuen Moderichtungen gedacht — wie auch in anderen vergleichbaren Fällen der letzten Jahre, wird sich hoffentlich auch beim Einsatz der Objektorientierung ein gesunde Mischung aus mehreren Methoden zusammen mit dem vorzugsweisen Einsatz in denjenigen Richtungen, bei denen die spezifischen Vorteile eingesetzt werden können, letztendlich durchsetzen.

Literatur

[ABD+90]   M. Atkinson, F. Bancilhon, D. DeWitt, K. Dittrich, D. Maier und S. Zdonik. The Object-Oriented Database System Manifesto. In W. Kim, J.-M. Nicolas und S. Nishio, Herausgeber, *Deductive and Object-Oriented Databases, Proc. of the 1st Int. Conf., DOOD'89, Kyoto, Japan, December, 1989*, S. 223–240, Amsterdam, 1990. North-Holland.

[AMDK98]   L. Andrade, A. Moreira, A. Deshpande und S. Kent, Herausgeber. *Proceedings of the OOPSLA'98 Workshop on Formalizing UML. Why? How?*, 1998.

[BJR97]   G. Booch, I. Jacobson und J. Rumbaugh. *Unified Modeling Language (Version 1.0)*. Rational Software Corporation, Santa Clara, 1997.

[BP98]   M. Blaha und W. Premerlani. *Object-Oriented Modelling and Design for Database Applications*. Prentice Hall, Englewood Cliffs, 1998.

[CB97]   R. G. G. Cattell und D. K. Barry, Herausgeber. *The Object Database Standard: ODMG-93, Release 2.0*. Morgan Kaufmann Publishers, San Francisco, CA, 1997.

[Che76]   P. P. Chen. The Entity-Relationship Model – Towards a Unified View of Data. *ACM Transactions on Database Systems*, 1(1):9–36, März 1976.

[Con97]   S. Conrad. *Föderierte Datenbanksysteme: Konzepte der Datenintegration*. Springer-Verlag, Berlin/Heidelberg, 1997.

[DMN70]   O. J. Dahl, B. Myrhaug und K. Nygaard. Simula 67: Common Base Language. Publication NS 22, Norsk Regnesentral (Norwegian Computing Center), Oslo, Norway, 1970.

[EEOW98]   H. Ehrig, G. Engels, F. Orejas und M. Wirsing, Herausgeber. *Semi-Formal and Formal Specification Techniques for Software Systems*, Dagstuhl Seminar Report No. 218. IFBI GmbH, Dagstuhl, 1998.

[EGH+92]   G. Engels, M. Gogolla, U. Hohenstein, K. Hülsmann, P. Löhr-Richter, G. Saake und H.-D. Ehrich. Conceptual Modelling of Database Applications Using an Extended ER Model. *Data & Knowledge Engineering*, 9(2):157–204, 1992.

[FGL+98]   P. Fankhauser, G. Gardarin, M. Lopez, J. Munoz und A. Tomasic. Experiences in Federated Databases: From IRO-DB to MIRO-Web. In Ashish Gupta, Oded Shmueli und Jennifer Widom, Herausgeber, *Proc.*

24th Int. Conf. Very Large Data Bases, VLDB, S. 655–658. Morgan Kaufmann Publishers, 1998.

[FS97]   M. Fowler und K. Scott. *UML distilled: Applying the Standard Object Modeling Language*. Addison-Wesley-Longman, Reading, 1997.

[HDK+97]   P. Hartel, G. Denker, M. Kowsari, M. Krone und H.-D. Ehrich. Information Systems Modelling with TROLL: Formal Methods at Work. *Information Systems*, 22(2/3):79–99, 1997.

[Heu97]   A. Heuer. *Objektorientierte Datenbanken: Konzepte, Modelle, Standards und Systeme*. Addison-Wesley, Bonn, 2 Auflage, 1997.

[HK95]   U. Hohenstein und C. Körner. Semantische Anreicherung relationaler Datenbanken. In G. Lausen, Herausgeber, *Proc. GI-Fachtagung "Datenbanksysteme in Büro, Technik und Wissenschaft" (BTW'95), Dresden, März 1995*, Informatik aktuell, S. 130–149, Berlin, 1995. Springer-Verlag.

[HM81]   M. M. Hammer und D. J. McLeod. Database description with SDM: A semantic database model. *ACM Transactions on Database Systems*, 6(3):351–386, 1981.

[JSHS96]   R. Jungclaus, G. Saake, T. Hartmann und C. Sernadas. TROLL – A Language for Object-Oriented Specification of Information Systems. *ACM Transactions on Information Systems*, 14(2):175–211, April 1996.

[KR98]   H. Kilov und B. Rumpe. Second ECOOP Workshop on Precise Behavioral Semantics (with an Emphasis on OO Business Specifications). In *Object-Oriented Technology, ECOOP'98 Workshop Reader (ECOOP'98 Workshops, Demos, and Posters; Brussels, Belgium, July 20–24, 1998, Proceedings)*, Lecture Notes in Computer Science No. 1543, S. 167–188. Springer-Verlag, 1998.

[KRS98]   H. Kilov, B. Rumpe und I. Simmonds. Seventh OOPSLA Workshop on Behavioral Semantics of OO Business and System Specifications. Technischer Bericht TUM-I9820, Technische Univerität München, 1998.

[Oes98]   B. Oestereich. *Objektorientierte Softwareentwicklung. Analyse und Design mit der Unified Modeling Language*. R. Oldenbourg Verlag, München, Wien, 4 Auflage, 1998.

[Ont94]   Ontos, Inc., Burlington, MA, USA. *Introduction to ONTOS DB 3.0*, 1994.

[PBE95]   E. Pitoura, O. Bukhres und A. K. Elmagarmid. Object Orientation in Multidatabase Systems. *ACM Computing Surveys*, 27(2):141–195, Juni 1995.

[POE95]   POET Software GmbH, Hamburg. *POET Software: POET 3.0 Technical Overview*, 1995.

[RBP⁺91]   J. Rumbaugh, M. Blaha, W. Premerlani, F. Eddy und W. Lorensen. *Object-Oriented Modeling and Design*. Prentice Hall, Englewood Cliffs, NJ, 1991.

[RHCM96]   M. Roantree, P. Hickey, A. Crilly und J. Murphy. Metadata Modelling for Healthcare Applications in a Federated Database System. In *Trends in Distributed Systems: CORBA and Beyond, International Workshop TreDS '96, Aachen, Germany*, Lecture Notes in Computer Science No. 1161, S. 71–83. Springer-Verlag, 1996.

[Saa93]   G. Saake. *Objektorientierte Spezifikation von Informationssystemen*, Teubner-Texte zur Informatik, Band 6. Teubner-Verlag, Stuttgart, Leipzig, 1993.

[SCG91]   F. Saltor, M. Castellanos und M. Garcia-Solaco. Suitability of Data Models as Canonical Models for Federated Databases. *ACM SIGMOD Record*, 20(4):44–48, Dezember 1991.

[Sch98]   I. Schmitt. *Schemaintegration für den Entwurf Föderierter Datenbanken, Dissertationen zu Datenbanken und Informationssystemen*, Band 43. infix-Verlag, Sankt Augustin, 1998.

[SCST95]   G. Saake, S. Conrad, I. Schmitt und C. Türker. Object-Oriented Database Design: What is the Difference with Relational Database Design. In R. Zicari, Herausgeber, *ObjectWorld Frankfurt'95 – Conference Notes, Wednesday, October 11*, S. 1–10, 1995. (Software Development Track SD.6).

[SL90]   A. P. Sheth und J. A. Larson. Federated Database Systems for Managing Distributed, Heterogeneous, and Autonomous Databases. *ACM Computing Surveys*, 22(3):183–236, September 1990.

[SM96]   M. Stonebraker und D. Moore. *Object-Relational DBMSs — The Next Great Wave*. Morgan Kaufmann Publishers, San Francisco, CA, 1996.

[SR99]   A. Skehill und M. Roantree. Constructing Multidatabase Collections Using an Extended ODMG Object Model. In *Engineering Federated Information Systems (Proc. of the 2nd Workshop EFIS'99, May 5–7, 1999, Kühlungsborn, Germany)*, S. 95–106. infix-Verlag, 1999.

[SS77]   J. M. Smith und D. C. P. Smith. Database Abstractions: Aggregation and Generalization. *ACM Transactions on Database Systems*, 2(2):105–133, Juni 1977.

[SST97]   G. Saake, I. Schmitt und C. Türker. *Objektdatenbanken — Konzepte, Sprachen, Architekturen*. International Thomson Publishing, Bonn, 1997.

[Wie98]   R. Wieringa. A Survey of Structured and Object-Oriented Software Specification Methods and Techniques. *ACM Computing Surveys*, 30(4):459–527, 1998.

Database Design:
Object-Oriented versus Relational [*]

Stefan Conrad[†]   Gunter Saake[‡]   Ingo Schmitt[§]   Can Türker[¶]

Institut für Technische und Betriebliche Informationssysteme

Otto-von-Guericke-Universität Magdeburg

Postfach 4120, D–39016 Magdeburg, Germany

Zusammenfassung

Object-oriented database design is not only a simple extension of relational database design. By modeling structure as well as behavior of real-world entities as coherent units, object-oriented database design succeeds in capturing more semantics of applications already in the design phase. The use of object-oriented concepts like inheritance promises a more adequate modeling and a better application implementation based on an object-oriented database system. However, the results of object-oriented design can also be applied to classical database systems.

In this paper we briefly compare object-oriented database design with traditional design of relational databases. It is not our intention to end up with stating that one of the two approaches is superior to the other one. Instead we want to point out in which way particularly the object-oriented approach can still learn from the more established relational approach. The further development of database design should bring together the advantages of two approaches and thus reducing the existing deficiencies.

Keywords: object-oriented database design, relational database design, semantics of applications.

[*] This research was partially supported by the ESPRIT Basic Research Working Groups ASPIRE (No. 22704) and FireWorks (No. 23531).

[†] conrad@iti.cs.uni-magdeburg.de

[‡] saake@iti.cs.uni-magdeburg.de

[§] schmitt@iti.cs.uni-magdeburg.de

[¶] tuerker@iti.cs.uni-magdeburg.de

1 Introduction

The design of a database application is an important task because databases tend to have a very long life span and are often used by several applications. For relational databases technology, we have a well-developed design framework supported by design tools and explained in basic databases text books. One may assume that this framework can be adapted to the emerging object technology now widespread used both in databases implementation as in analysis and design methods. However, there are some main differences between object-oriented database (OODB) design and relational database design.

First, there is an amazing confusion about the meaning of object-oriented database design which is often mixed up with object-oriented modeling (or specification), with object-oriented analysis, or object-oriented design. Therefore, we propose to make a strict distinction between these related object-oriented approaches.

The starting point of our discussion is database design for the relational database model [15, 2, 1, 36]. Usually, the Entity-Relationship model [12] is used for conceptual database modeling [3] and then a transformation to the relational database model is necessary because there are no Entity-Relationship database systems, at least no commercial ones. For a more detailed discussion on this see any general database textbook like [17, 21].

In the object-oriented area there exists a number of design approaches, e.g. [13, 35, 6]. Those approaches often claim to cover the whole spectrum from requirements analysis to system design (and sometimes even up to the implementation). In addition, these approaches are often proposed to be ideal for object-oriented database design.

However, we think that these object-oriented methodologies cannot directly be used for designing object-oriented databases because they neglect or even ignore certain properties expected in the context of databases (integrity constraints, transactions, etc.). Another object-oriented approach to conceptually modeling of information systems may be based on formal specification approaches like [23, 24] for example based on a temporal logic framework for objects. In contrast to the object-oriented methods mentioned before such approaches have a clear and sound formal semantics.

At the time being, all mentioned object-oriented approaches fail in providing a similar, well-developed theory like that of relational database design. For instance, there are no quality criteria available which could be used for some kind of object-oriented normalization of database designs in order to achieve the best possible design. Even special variants of popular object-oriented methods for database design, like the book on OMT for database applications [5], tend too present rather a cook book approach for implementation instead of formalized design criteria.

Current developments of database system vendors propose the transfer from pure relational technology to object relational technology [42, 11]. Some aspects of this development are already integrated in the next SQL standard proposal. However, these proposals fail until now to extend their proposals besides basic language features also towards design guidelines.

With respect to these object-oriented design methods we make clear what object-oriented database design should be, how it is related to relational database design, and where the main differences are. Therefore, we firstly recall the notions and issues of relational database design (for a survey see [4]). Then, we discuss the benefits of object-orientation for database modeling by introducing essential object-oriented concepts. Afterwards, we conclude several consequences for object-oriented database design by comparing with classical relational database design based on Entity-Relationship modeling. To round off the presentation we briefly sketch the current state of object-oriented design methodology. Finally, we conclude by summing up and giving a short outlook to the possible future development of the area.

2   Relational Database Design: Notions and Issues

The relational data model is based on the notion of *relation* as only supported data modeling structure. The theory of relations is simple and elegant; the frameworks of relational algebra and relational calculus are built upon fundamental mathematical notions like sets, functions, and predicate logic.

Based on the mathematical structures behind the relational model we can define a database design theory using the primitives of the relational model [30, 2]. Basically, we have relation schemata as collections of attribute names, and relation instances over them. Properties of relational databases must be expressed in this terms only. Examples of such properties are functional dependencies relating attributes of a relation schema or inclusion and join dependencies relating instances of different relation schemata. Based on these dependencies we can define the well-known framework of normal forms to discuss redundancies and other anomalies of a relational design.

What are the kinds of design requirements we can capture using this approach? First of all, we talk about database states as collections of relations. The dynamic of a database is not handled explicitly. Mostly dependencies are used as input for normalization algorithms to control redundancy of data. With other words, relational database design captures *aspects which can be encoded in the relational database structure* mainly. Consideration of dynamic aspects are considered in research projects (see fro example the overview in [1, Chapter 22]) but not integrated in main-stream relational database design frameworks.

For this task, relational design has a well-developed theoretical background. Normalization algorithms are formally specified and realized in database design tools; complexity and decidability results for normalization are known for the relevant kinds of dependencies. With relational theory we have the tools for analyzing redundancy in storing data.

However, this well-developed theory brings with it the danger of ignoring other design requirements. If we focus on structural redundancy only, we may forget about other constraints and database properties. The framework for relations is simple which helps to decide redundancy properties on the one hand, but hinders the adequate modeling of other data structures like lists and arrays (which are usually connected with the use of specific operations sometimes not even expressible in languages like relational algebra). Such data structures have to be modeled in an artificial way, and relational design theory will ignore the special properties of them.

Another drawback of the relational approach is the exclusion of the dynamics dimension in the design framework. Database items are not only characterized by their structure, but also by the specific functions applied to them and the temporal evolution of the stored data. Dynamics in relational database theory on the other hand is mainly based on the generic operations **insert**, **delete** and **update** and on transactions represented as a set of such updates.

The ER approach is commonly used as an early design step in designing relational databases. ER modeling makes the structural properties handled in relational database design explicit using a graphical notation. ER schemata are therefore well suited for designing the structural aspects of an information system but have to be extended to handle system dynamics if necessary. The pure ER approach has the same deficiencies as the relational approach for handling complex data structures like arrays and to handle functions in design. These deficiencies are partly repaired in extended ER models covering these aspects explicitly.

In summary, relational database design tries to encode application semantics inside the relation type structure only. This is too restricted for application scenarios requiring structured objects and semantic constraints.

3 Benefits of Object-Orientation for Database Modeling

Although up to now there is no common object model, there is a general agreement (at least in the database community) that object models provide a semantically richer framework for modeling and implementing complex information systems. Especially in the late 80's, several object models were introduced, in order to fulfill the demands of advanced applications. These models support many different concepts. The emerging standards ODMG-93 [10] and SQL3 [31] intend to get a grasp of these concepts in a common framework. In this section, we briefly recall the fundamental concepts which are common to most of the proposed object models and point out some benefits when using these concepts for database modeling.

Integration of structure and behavior. When modeling real-world entities in terms of relations, the behavior of these entities is always represented in corresponding application programs. In contrast, the object paradigm integrates structure as well as behavior of real-world entities into coherent units, the so-called *objects*. The structure of an object is represented by a set of *attributes* while the behavior is expressed by a set of operations (usually called *methods*) that are applicable to that object. By integrating structure as well as behavior of real-world entities, object-oriented database design succeeds in capturing more application semantics already in the design phase.

Classes, types and inheritance. Objects with similar properties are grouped into *classes*. In contrast to many object-oriented programming languages (like C++), (pure) object database models clearly distinguish between the intension and the extension of a class [38]. The *intension* (often also called *type*) of a class refers to definition of the common properties (structure and behavior) of a set of similar objects, whereas the *extension* of a class describes the instances (objects) of a class at a given moment in time.

Intensions (types) and extensions are usually organized in *hierarchies*. In case of the type hierarchy, the inheritance mechanism is used to factorize shared specifications and implementations. A *subtype* of a class type specializes the properties of that class type by redefining existing and adding new properties, e.g. a student may have additional attributes like university or faculty beside the inherited ones of a person. In case of an extension hierarchy, objects are grouped into several extensions. Here, a *subclass* specializes the extension of a superclass; the objects of the subclass represent a subset of the objects of the superclass, e.g. each student *is a* person.

In general, we can state that classifying, typing and using inheritance/specialization helps to better structure and describe database schemata. Besides, (syntactical) inheritance produces compact code by reusing existing attributes and methods of an object type, and thus reduces the costs for the programming.

Composite objects. A *complex object (or composite object)* may be composed from several objects that may be composite themselves, e.g. a car is built from (among others) a chassis, four wheels, and a motor which itself is a complex object with many components.

For building composite objects, a set of type constructors like **tuple-of** or **set-of** are provided by object-oriented database models. In general, these constructors are applicable in an orthogonal fashion. In comparison with that, the constructors of the relational model do not meet this requirement, because the only existing abstraction is the relation which is a set of tuples of atomic values. Furthermore in opposition to the relational database model, object-oriented database models allow the transitive propagation of an operation on a composite object to all its components.

The concept of composite object is an important means for more realistic modeling. Especially in case of modeling relationships and dependencies between objects, the benefits of this concept are obvious.

Object identity. Whereas tuples are identified in a relation by a given key, objects are uniquely distinguished and accessed by object identifiers which are independent from their attribute values. An object identifier further has the following properties:

1. it identifies an object not only in an extension of a class, but also in a database,

2. it is constant throughout the lifetime of the object,

3. it is not visible to the user, and

4. it is created and maintained by the system.

The object identity approach has several advantages. Objects can refer to other objects simply by using their object identifier. A schema designer, therefore, is not responsible for finding adequate keys for various classes of objects in order to express referential relationships. Obviously, there is no need to introduce artificial attributes, for instance, an employee or social security number in a person class.

Encapsulation. Following the idea of abstract data types, objects are separated in an interface and an implementation part. The interface part is the specification of a set of properly defined methods that may be used to access and modify the attribute values of an object. Thus, the interface captures the external view on an object. The implementation part, on the other hand, contains the details of an object (data as well as method implementations).

By encapsulating the internal representation of an object, a kind of logical data independence is achieved. Changes of the internal structure and/or implementation do not require the modification of applications that are using that object type. Thus, encapsulation helps to maintain complex software by providing a means for structuring systems in independent, easily changeable modules. Moreover, encapsulation can also be used for realizing protection or authorization issues, e.g. integrity or access control conditions can be checked in the methods provided by the interface.

4   Consequences for OODB Design

After having seen that object-orientation offers more and semantically richer concepts for modeling, we have to answer the question which are the consequences for OODB design compared with relational database design. Here, we try to find out the advantages of OODB design by comparing it with relational database design.

Does OODB design go beyond relational DB design (or ER-based DB design)?
Typically, relational database design does not start by simply writing down a relational schema. In practice, nearly everybody begins the design on a more abstract and realistic level. Thus, finding entities (and entity types) as well as relations (and relationship types) between entities is often the first step towards a relational database schema. The result of this first design phase is usually an Entity-Relationship schema which now has to be translated into a corresponding relational database schema. Of course, this can be done automatically, i.e. by a software tool. However, as we

all know, the result of such an automatic translation is in general not sufficiently good, and hence some modifications usually have to be made afterwards.

In the logical design phase the usual approach to improve the quality of relational database schemata is normalization. In the end there is often a collection of relation schemata which should be (somehow) equivalent to the original Entity-Relationship schema. Nevertheless, the result is not always a "good" relational database schema. One of the main reasons for this is that it is difficult to get an intuitive meaning of the relations without knowing about the corresponding Entity-Relationship design. Furthermore, there is a lot of semantic information inherent to the Entity-Relationship schema which cannot be found in the relational schemata (otherwise, reverse engineering from relational schemata would be a simple task which could be fully automated). Obviously, we have lost a part of the intended semantics.

But, is object-oriented database design better at all? Or do we also lose semantics? A first provocative answer is that OODB design is not better than relational database design. But this is only correct in case we apply OODB design in a naive way, i.e. if we only use object-orientation for modeling the structure of objects and classes and forget about the dynamic behavior of the objects. In that case there is no real improvement on the Entity-Relationship approach.

However, the object-oriented approach can win by capturing more application semantics (i.e. by describing dynamic behavior of objects) and by bringing this additional semantics into the final implementation. Only then, there is a real profit of object-oriented modeling compared with the classical Entity-Relationship based approach for relational databases.

Of course there are already approaches to also integrate behavioral aspects into Entity-Relationship based design approaches, for instance the *Behavior Integrated Entity-Relationship* (BIER) approach [16, 25] which then has been further developed into an object-oriented database design method [27, 26].

Measuring the "quality" of an object-oriented database schema. Comparing OODB Design with traditional relational design directly leads to an important question: In which can we measure the quality of an object-oriented database schema? Even if we restrict our view on the structural part we must observe that there is no real counterpart of the relational normalization theory for OODB design. Although normalization of relational database schemata *only* provides a measurement how far redundancy can be avoided, it has become a well-known technique really used in practice.

Of course, there is already some research work proposing certain kinds of object normal forms (cf. e.g. [43]). Nevertheless, all those approaches are still far away from an integrated design method incorporating such forms of normalization in object-oriented schema.

OODB Design for Object-Oriented Databases. In principle, OODB design is intended and tailored for object-oriented database systems. Therefore, it supports all properties object-oriented database systems offers. Beside structural modeling concepts which can also be found in (extended) Entity-Relationship approaches, the possibility to describe behavior of objects is one of the main, distinctive properties of OODB design.

Nevertheless, there is an obvious gap between OODB design and object-oriented databases. Currently most commercial object-oriented database systems fail in supporting the whole range of concepts which are available in object-oriented modeling. In consequence, several concepts used for object-oriented modeling have to be translated to the concepts of the available object-oriented database. In fact, this can again result in a loss of semantics because different concepts used in the design are mapped to the same concept of the database.

OODB Design for Relational Databases. Often OODB design is only discussed with regard to object-oriented databases. From our point of view it can even be employed for relational databases. Of course, this is not the original intention of OODB design, but it works, and it can work even better than traditional relational database design starting with a variant of Entity-Relationship modeling.

The main advantage of OODB design for relational databases is that it allows to catch more application semantics, especially by dealing with behavior. Whereas the structural part can be translated to relation schemata in a way similar to the traditional approach, the behavior part is not wasted. It is possible to generate triggers as well as stored procedures for the relational database system and, thereby, the behavioral semantics of applications can be brought into relational database systems. However, we are not aware of integrated approaches already covering the generation of triggers and stored procedures in full detail.

In conclusion, we may state that OODB design is (or — at least — can become) an essential improvement of traditional database design even if the target of implementation is not an object-oriented database system, but a relational database system.

5 Current State of OODB Design Methodology

In the previous chapter we compared OODB design with relational database design and pointed out some advantages of an OODB design. We stated that using object-oriented concepts in the design phase allows to catch more application semantics in an early stage of the software life cycle process. The fundamental concepts of object models were sketched in Section 3.

However, the usage of object-oriented concepts is not sufficiently enough for a good database design. Practical experiences have shown that a designer has to be assisted and taught how to apply the powerful object-oriented concepts in an adequate way in order to guarantee a good design. A high quality design is extremely relevant for the success of a whole software project. This aspect should not be underestimated.

Because of the complexity of OODB design, a sound design technique is needed to make the design of an OODB easier and better. A methodology helps to grasp the right information from the universe of discourse in the right sequence and to model it by the right concepts. But a methodology can only assist the designer. The design process is and will always be a creative and hard work, that cannot be fully automated by a machine. Especially, finding the right objects remains the main problem in the design process. At this point we can state that there exists no generally accepted methodology for the design of an OODB. Standardization efforts for object databases, e.g. SQL99 and ODMG (cf. [31, 10]), in general define the semantics of object models but do not provide design methodologies.

Besides, there is a need for methodologies to re-engineer relational databases by semantical enrichment. Such a re-engineering is important to evolve a relational database to an object-relational database or to migrate it to an object-oriented database (cf. [42, 11] for object-relational databases). Various publications, e.g. [9, 22, 22, 18, 39], describe semi-automatic steps to derive class types and specialization relationships from relation schemata but do not provide a whole methodology.

In practice, several approaches for object-oriented design are used. The most frequently used object-oriented analysis and design approach are UML [7, 8], OMT [35], OOA/OOD [13, 14] and OOD [6]. There are also some publications supporting the design of object-oriented databases. For example, the textbook [38] contains a chapter about the OODB design using the TROLL approach. The book [5] extends the OMT approach by describing steps to map an OMT specification to relational and object-oriented database schemata.

Typical design steps in these approaches are

- finding objects,

- classifying objects to classes,

- defining the internal structure of classes (attributes),

- modeling static connections between classes (instance connections and inheritance connections),

- modeling structural connections (aggregation connections),

- fixing message passing between objects using static connections, and

- describing the internal behavior of classes.

The steps described above cannot in general be executed sequentially. For instance, the description of the behavior may cause to change the internal structure of the class. In that way, during the design process, cycles in the design steps are inevitable. Therefore, the term of a cyclic refining design approach is more used than of a top-down or of a bottom-up approach.

For a better control of the complexity of an object-oriented design, different kinds of diagrams are introduced by the methodologies to model different aspects of the problem area in a graphical fashion. So the structural object model describes the data structure: classes with instance connections, aggregation connections and inheritance relationships, similar to the ER model [12]. Process models are used to express the behavioral aspect of classes. The process model is often based on simple or extended state-transition diagrams.

Problems during an object-oriented design process often arise from losing track. These problems increase if several kinds of diagrams and concepts are not mutually coordinated in a sufficient way. If this is not done correctly, graphical presentations in form of diagrams cannot compensate this problem. Another aspect is the informal description of the concepts introduced by the approaches mentioned. In general, an informal description may lead to different understandings. This can disturb a necessary exchange of design results between different designers.

A further problem during an object-oriented design concerns the relationship between specialization and behavior specification. In general, it is very hard to decide

120

whether the behavior of a subclass is more special than the behavior of its superclass. That problem is focus of several publications, e.g. [37, 28, 41, 34].

Some problems arise due to the use of object-oriented modeling instead of object-
oriented database design methods.

- The object-oriented design methodologies focus on finding application objects and describing their properties both in terms of structural properties and
  in terms of functional behavior. However, tuning object collection towards
  database requirements is often outside the scope of these methods. The authors of [5], for example, argue that normal forms are an anachronism and
  largely irrelevant to OMT modeling. However, there are some publications about object normal forms [43] and normalized specialization hierarchies
  [39]. For such kinds of optimizations there is a need for practical experiences
  about how far they really meet practical requirements. A still open question
  is furthermore the relationship between relational normalization and object-
  oriented design. Of course, relational normalization causes class splitting
  which decreases understandability. But the problems of a missing normalization like anomalies due to redundancy are problems of object-oriented
  databases, too.

- During the object-oriented design process there exists no clear distinction between the design of application and database semantics. This avoids the problem of impedance mismatch in object-oriented databases, but in accordance
  with the three-level architecture [44], which is relevant for object-relational
  databases as well, the demand for logical independence is violated. Mixing
  application and database semantics hinders a database system to be an integrated platform for many different applications. Research results about views
  in object models exist, e.g. [40, 29, 32, 20], but are not sufficiently adopted
  into commercial systems.

- The known object-oriented design methodologies often fail in specifying integrity constraints declaratively and explicitly. Instead, such constraints have
  to be encoded in methods and cannot be handled by the database system. In
  consequence, consistency of a database can only be guaranteed by the database system in conjunction with its applications.

  Publication like [19, 33, 45] try to enrich object database models by declarative integrity constraints and discuss relationships between integrity constraints
  and the concept of specialization.

In conclusion, we have shown the significance of a methodology assisting the object-oriented design process. The methodologies mentioned above propose different design steps. We also sketched some limits of current methodologies resulting from informal methodology description, the lack of normalization steps and the complexity of the concepts proposed.

6   Conclusions and Outlook

As it is argued in the previous sections, the concept of object-orientation enables to consider more application semantics during the design process than it was possible for relational database design. However, relational database design has a lot of positive aspects which should be developed for OODB design, too. In particular, we still need the following for designing object-oriented databases in a profound way:

1. A *theoretical background* for OODB design like it was developed for relational databases.

2. A collection of *quality metrics* measuring relevant properties of an OODB design, for example, the degree of redundancy.

   In relational design, this measurement corresponds to test on normal forms. In OODB design, we will surely have several different metrics (which may be conflicting), because we make more application semantics explicit.

3. For tool support, we need *transformation rules* which can be applied to object database schemata to achieve a higher degree of quality (with respect to specific quality metrics).

   In relational databases, these transformations correspond to normalization algorithms.

In this paper, we sketched the basic concepts and problems of OODB design in contrast to relational design. We mainly focused on a general comparison in order to point out what is needed to further development OODB design. Thereby, other interesting aspects, like problems of view integration for object-oriented database schemata, had to be neglected here.

What may be a résumé of our discussion? First of all: Remember the past! Relational design theory has done a quite good job for the restricted scope it was developed for. The ideas of normalization and detection of redundancies and anomalies are still valid in the object world. Second: Use the new possibilities of object-orientation to capture more application semantics inside the database objects. But third: A coherent theory of OODB design has to combine both worlds, which is still missing and will surely need some time before it has found its way into commercial database design.

Literatur

[1] S. Abiteboul, R. Hull, and V. Vianu. *Foundations of Databases*. Addison-Wesley, Reading, MA, 1995.

[2] P. Atzeni and V. De Antonellis. *Relational Database Theory*. Benjamin/Cummings, Redwood City, CA, 1993.

[3] C. Batini, S. Ceri, and S. B. Navathe. *Conceptual Database Design — An Entity-Relationship Approach*. Benjamin/Cummings, Redwood City, CA, 1992.

[4] J. Biskup. Achievements of Relational Database Schema Design Theory Revisited. In B. Thalheim and L. Libkin, eds., *Semantics in Databases*, LNCS 1358, pp. 29–54. Springer-Verlag, Berlin, 1998.

[5] M. Blaha and W. Premerlani. *Object-Oriented Modeling and Design for Database Applications*. Prentice Hall, Upper Saddle River, NJ, 1998.

[6] G. Booch. *Object-Oriented Design with Applications*. Benjamin/Cummings, Redwood City, CA, 1991.

[7] G. Booch, I. Jacobson, and J. Rumbaugh. *Unified Modeling Language (Version 1.0)*. Rational Software Corporation, Santa Clara, 1997.

[8] R. Burkhardt. *UML – Unified Modeling Language*. Addison-Wesley, Bonn, 1995.

[9] M. Castellanos. Semantic Enrichment of Interoperable Databases. In H.-J. Schek, A. P. Sheth, and B. D. Czejdo, eds., *RIDE-IMS'93, Proc. 3rd Int. Workshop on Research Issues in Data Engineering: Interoperability in Multidatabase Systems*, pp. 126–129. IEEE Computer Society Press, Los Alamitos, CA, 1993.

[10] R. G. G. Cattell and D. K. Barry, eds.. *The Object Database Standard: ODMG-93, Release 2.0*. Morgan Kaufmann Publishers, San Francisco, CA, 1997.

[11] D. Chamberlin. *Using the New DB2 — IBM's Object-Relational Database System*. Morgan Kaufmann Publishers, San Francisco, CA, 1996.

[12] P. P. Chen. The Entity-Relationship Model – Towards a Unified View of Data. *ACM Transactions on Database Systems*, 1(1):9–36, 1976.

[13] P. Coad and E. Yourdon. *Object-Oriented Analysis*. Yourdon Press Computing Series. Prentice Hall, Englewood Cliffs, NJ, 1990.

[14] P. Coad and E. Yourdon. *Object-Oriented Design*. Yourdon Press Computing Series. Prentice Hall, Englewood Cliffs, NJ, 1991.

[15] E. F. Codd. A Relational Model of Data for Large Shared Data Banks. *Communications of the ACM*, 13(6):377–387, 1970.

[16] J. Eder, G. Kappel, A. M. Tjoa, and R. R. Wagner. BIER : The Behaviour Integrated Entity Relationship Approach. In S. Spaccapietra, ed., *Proc. 5th Int. Conf. on Entity-Relationship Approach, ER'86*, pp. 147–166, 1987.

[17] R. Elmasri and S. B. Navathe. *Fundamentals of Database Systems*. Benjamin/Cummings, Redwood City, CA, 2. edition, 1994.

[18] C. Fahrner and G. Vossen. A Survey of Database Design Transformations Based on the Entity-Relationship Model. *Data & Knowledge Engineering*, 15(3):213–250, 1995.

[19] A. Formica and M. Missikoff. Integrity Constraints Representation in Object-Oriented Databases. In T. W. Finin, C. K. Nicholas, and Y. Yesha, eds., *Information and Knowledge Management — Expanding the Definition of "Database", Selected Papers of the 1st Conf., CIKM'92*, LNCS 752, pp. 89–85. Springer-Verlag, Berlin, 1993.

[20] W. Heijenga. View Definition in OODBS without Queries: A Concept to Support Schema-like View. In *Extended Abstracts for Doctorial Consortium of the 2nd Int. Baltic Workshop on Databases and Information Systems, Tallinn, Estonia*, Institute of Cybernetics, Technical Report CS 87/96, 1996.

[21] A. Heuer and G. Saake. *Databases — Concepts and Languages*. International Thomson Publishing, Bonn, 1995. (In German).

[22] U. Hohenstein. Using Semantic Enrichment to Provide Interoperability between Relational and ODMG Databases. In J. Fong and B. Siu, eds., *Multimedia, Knowledge-Based & Object-Oriented Databases*, pp. 210–232, Springer-Verlag, Berlin, 1996.

[23] R. Jungclaus, G. Saake, T. Hartmann, and C. Sernadas. TROLL – A Language for Object-Oriented Specification of Information Systems. *ACM Transactions on Information Systems*, 14(2):175–211, 1996.

[24] R. Jungclaus, R. J. Wieringa, P. Hartel, G. Saake, and T. Hartmann. Combining TROLL with the Object Modeling Technique. In B. Wolfinger, ed., *Innovationen bei Rechen- und Kommunikationssystemen. GI-Fachgespräch FG 1: Integration von semi-formalen und formalen Methoden für die Spezifikation von Software*, Informatik aktuell, pp. 35–42, Springer-Verlag, 1994.

[25] G. Kappel. *Entwurf eines dynamischen konzeptuellen Datenmodells und dessen Abbildung auf das NF^2-Relationenmodell.* Dissertation, Technisch-Naturwissenschaftliche Fakultät, Technische Universität Wien, 1987.

[26] G. Kappel and M. Schrefl. Object/Behavior Diagrams. In N. Cercone and M. Tsuchiya, eds., *Proc. 7th IEEE Int. Conf. on Data Engineering, ICDE'91*, pp. 530–539. IEEE Computer Society Press, Los Alamitos, CA, 1991.

[27] G. Kappel and M. Schrefl. Using an Object-Oriented Diagram Technique for the Design of Information Systems. In H. G. Sol and K. M. van Hee, eds., *Proc. Int. Working Conf. on Dynamic Modelling of Information Systems*, pp. 121–164, Elsevier Science Publishers, 1991.

[28] G. Kappel and M. Schrefl. Inheritance of Object Behavior — Consistent Extension of Object Life Cycles. In J. Eder and L. A. Kalinichenko, eds., *East/West Database Workshop, Proc. 2nd Int. Workshop*, Workshops in Computing, pp. 289–302. Springer-Verlag, London, 1994.

[29] H. A. Kuno and E. A. Rundensteiner. Materialized Object-Oriented Views in MultiView. In O. Bukhres, M. T. Özsu, and M.-C. Shan, eds., *RIDE-DOM'95, Proc. 5th Int. Workshop on Research Issues in Data Engineering: Distributed Object Management*, pp. 78–85. IEEE Computer Society Press, Los Alamitos, CA, 1995.

[30] D. Maier. *The Theory of Relational Databases.* Computer Science Press, Rockville, MD, 1983.

[31] J. Melton. An SQL3 Snapshot. In S. Y. W. Su, ed., *Proc. 12th IEEE Int. Conf. on Data Engineering, ICDE'96*, pp. 666–672. IEEE Computer Society Press, Los Alamitos, CA, 1996.

[32] R. Motschnig-Pitrik. Requirements and Comparison of View Mechanisms for Object-Oriented Databases. *Information Systems*, 21(3):229–252, 1996.

[33] K. Oakasha, S. Conrad, and G. Saake. Consistency Management in Object-Oriented Databases. In A. de Miguel, E. Ferrari, G. Kappel, G. Guerrini, and I. Merlo, eds., *Proc. 1st ECOOP Workshop on Object-Oriented Databases*, pp. 97–108, 1999.

[34] G. Preuner. *Definition of Behavior in Object-Oriented Databases by View Integration*, Dissertationen zu Datenbanken und Informationssystemen, Vol. 53. infix-Verlag, Sankt Augustin, 1999.

[35] J. Rumbaugh, M. Blaha, W. Premerlani, F. Eddy, and W. Lorensen. *Object-Oriented Modeling and Design.* Prentice Hall, Englewood Cliffs, NJ, 1991.

[36] G. Saake, S. Conrad, and I. Schmitt. Database Design. In J. G. Webster, ed., *Wiley Encyclopedia of Electrical and Electronics Engineering*, pp. 540–567, Vol. 4, John Wiley & Sons, 1999.

[37] G. Saake, P. Hartel, R. Jungclaus, R. Wieringa, and R. Feenstra. Inheritance Conditions for Object Life Cycle Diagrams. In U. Lipeck and G. Vossen, eds., *Workshop Formale Grundlagen für den Entwurf von Informationssystemen*, Technischer Bericht No. 3/94, pp. 79–89, Universität Hannover, 1994.

[38] G. Saake, I. Schmitt, and C. Türker. *Object Databases — Concepts, Languages, Architectures*. International Thomson Publishing, Bonn, 1997. (In German).

[39] I. Schmitt and S. Conrad. Restructuring Object-Oriented Database Schemata by Concept Analysis. In T. Polle, T. Ripke, and K.-D. Schewe, eds., *Fundamentals of Information Systems*, chapter 12, pp. 177–185, Kluwer Academic Publishers, Boston, 1999.

[40] M. H. Scholl, C. Laasch, and M. Tresch. Updatable Views in Object-Oriented Databases. In C. Delobel, M. Kifer, and Y. Masunaga, eds., *Deductive and Object Oriented Databases, Proc. 2nd Int. Conf., DOOD'91*, LNCS 566, pp. 189–207. Springer-Verlag, Berlin, 1991.

[41] M. Schrefl and M. Stumptner. Behavior Consistent Refinement of Object Life Cycles. In D. W. Embley and R. C. Goldstein, eds., *Conceptual Modelling — ER'97, Proc. 16th Int. Conf.*, LNCS 1331, pp. 155–168. Springer-Verlag, Berlin, 1997.

[42] M. Stonebraker and D. Moore. *Object-Relational DBMSs — The Next Great Wave*. Morgan Kaufmann Publishers, San Francisco, CA, 1996.

[43] Z. Tari, J. Stokes, and S. Spaccapietra. Object Normal Forms and Dependency Constraints for Object-Oriented Schemata. *ACM Transactions on Database Systems*, 22(4):513–569, 1997.

[44] D. C. Tsichritzis and A. Klug. The ANSI/X3/SPARC DBMS Framework Report of the Study Group on Database Management Systems. *Information Systems*, 3(3):173–191, 1978.

[45] C. Türker. Integrity Constraints and Specialization in Object Databases. In A. P. Buchmann, ed., *Datenbanksysteme in Büro, Technik und Wissenschaft, BTW'99, GI-Fachtagung*, Informatik aktuell, pp. 369–378. Springer-Verlag, Berlin, 1999. (In German).

Simulation und Leistungsbewertung von Geschäftsprozessen

J. Desel[*]   T. Erwin[†]   W. Stucky[‡]
Institut für Angewandte Informatik und
Formale Beschreibungsverfahren,
Universität Karlsruhe
Karlsruhe, D-76128 , Germany

Zusammenfassung

Bei der Gestaltung von Geschäftsprozessen wird das Risiko einer Fehlentscheidung durch eine quantitative Analyse der Gestaltungsalternativen durch Simulation reduziert. Im Rahmen des VIP-Projekts[1] ist ein (auf Halbordnungssemantik basierendes) Simulationskonzept entwickelt worden, das in dieser Arbeit in einem 2-stufigen Ansatz zur Leistungsbewertung von Geschäftsprozessen verwendet wird. Dabei werden Leistungsmerkmale eines Geschäftsprozesses durch Auswertung halbgeordneter Abläufe eines Petrinetz-Modells ermittelt. Dieser Analyseansatz erlaubt, auf effiziente Weise die Auswirkungen verschiedener Zeit- und Kostenbewertungen auf die Leistungsmerkmale des modellierten Geschäftsprozesses zu untersuchen.

1   Einleitung

Seit Beginn der 90er Jahre sind Geschäftsprozesse und ihre Gestaltung im Rahmen des Business Process Reengineering verstärkt in das Blickfeld der Unternehmen

---

[*] desel@aifb.uni-karlsruhe.de

[†] erwin@aifb.uni-karlsruhe.de

[‡] stucky@aifb.uni-karlsruhe.de

[1] Das Projekt *Verifikation von Informationssystemen durch Auswertung halbgeordneter Petrinetz-Abläufe* ist ein von der DFG gefördertes Kooperationsprojekt des Instituts AIFB der Universität Karlsruhe und des Instituts für Wirtschaftsinformatik der J.W.Goethe-Universität Frankfurt am Main.

gerückt worden. Die eigenen Geschäftsprozesse möglichst effizient und flexibel zu gestalten, ist zu einem entscheidenden Faktor für geschäftlichen Erfolg geworden. Die zunehmende Auseinandersetzung mit Geschäftsprozessen hat zu einem Bedarf an geeigneten Methoden und Werkzeugen zu deren Identifizierung, Analyse und Optimierung geführt. Als Grundlage dienen dabei Modelle von Geschäftsprozessen. Geschäftsprozeßmodelle spielen sowohl in der ersten Entwurfsphase (Design) des Business Process Reengineering (revolutionärer Ansatz) als auch wiederholt in der Entwurfsphase beim Process Improvement (evolutionärer Ansatz) eine entscheidende Rolle (vgl. Abbildung 1).

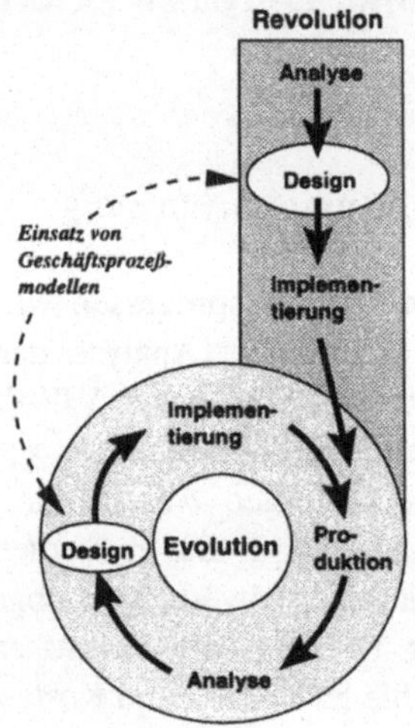

Abbildung 1: Revolution und Evolution beim Business Process Reengineering [Ös95]

In den Entwurfsphasen getroffene Fehlentscheidungen haben schwerwiegende Auswirkungen auf die Qualität der implementierten Prozesse. Daher ist es wünschenswert, schon während der Entwurfsphasen eine objektive Bewertung verschiedener Gestaltungsmöglichkeiten vornehmen zu können. Quantitative Aussagen, beispielsweise über die mögliche Durchlaufzeit verschiedener Gestaltungsalternativen, basieren meist auf der Simulation der erstellten Geschäftsprozeßmodelle. Da mit der Forderung der Simulierbarkeit eines Modells die Notwendigkeit einer formalen Syntax und Semantik verknüpft ist, werden in diesem Bereich oft Petrinetze und verwandte formale Modellierungssprachen vorgeschlagen. Die Eignung von Petrinetzen zur Modellierung von Geschäftsprozessen wurde in der Literatur intensiv untersucht und diskutiert (vgl. beispielsweise [Obe96], [GK96], [DO96], [DORR98]). Wegen der Ausführbarkeit der Petrinetz-Modelle ist es möglich, verschiedene Aspekte des Verhaltens eines modellierten Systems im Rahmen einer

Simulation zu analysieren.

Bei der Beschreibung des Verhaltens von Petrinetzen wird traditionell zwischen *sequentieller* und *kausaler Semantik* unterschieden (vgl. [DFO97] und [Rei86]). Die sequentielle Semantik eines Modells ergibt sich aus der Menge der *Schaltfolgen*, die kausale Semantik ist durch die Menge der *Ausführungsnetze* [2] definiert [DO96]. Schaltfolgen beschreiben mögliche Sequenzen von Aktivitätsausführungen. Ausführungsnetze dagegen geben eine halbgeordnete Menge von Aktivitätsausführungen an, bei denen die kausalen Abhängigkeitsbeziehungen zwischen Aktivitätsausführungen explizit repräsentiert werden.

Ausführungsnetze werden in der Petrinetz-Theorie seit vielen Jahren untersucht [BF88, Rei86]. In Anwendungen und Werkzeugen spielen sie bislang aber eine sehr untergeordnete Rolle. Statt dessen wird das Verhalten eines Netzes dort meist mit der Menge seiner Schaltfolgen gleichgesetzt. Zur Verhaltensanalyse wird in existierenden Werkzeugen der Graph aller erreichbaren Zustände (Markierungen) und ihrer Übergänge konstruiert. Schaltfolgen entsprechen dann den Pfaden in diesem Graph, die von der Anfangsmarkierung des Netzes ausgehen. Die explizite Konstruktion dieses Erreichbarkeitsgraphen ist allerdings nur möglich, wenn die Menge erreichbarer Zustände endlich ist. Doch auch dann scheitert dieser Ansatz oft an der Explosion der Zustandsmenge, insbesondere bei hochgradig nebenläufigen Systemen. Im Rahmen des VIP-Projektes wird untersucht, wie sich die Vorteile der kausalen Semantik für ein auf Ausführungsnetzen basierendes Simulationskonzept im Rahmen der Modellierung betrieblicher Abläufe nutzen lassen [DO95, Fre96, Des98]. Ein Schwerpunkt ist dabei die Validierung von Geschäftsprozeßmodellen durch Konstruktion und Visualisierung ihrer Ausführungsnetze. Ein weiterer Schwerpunkt ist die Bewertung von Geschäftsprozeßmodellen durch Auswertung der Ausführungsnetze; dieses Thema ist Gegenstand des vorliegenden Beitrags.

Ausführungsnetze sind eng verwandt mit Netzwerken, wie sie im Rahmen der Netzplantechnik seit langer Zeit in der Praxis eingesetzt werden (CPM-Netzpläne). Algorithmen zur Analyse von bewerteten Netzplänen lassen sich ohne großen Aufwand auf Ausführungsnetze übertragen. Dies gilt insbesondere für die Ermittlung von Durchlaufzeiten, wenn den Elemente eines Ausführungsnetzes Zeiten zugeordnet sind. Darüber hinaus zeigen wir in diesem Beitrag auf, wie die Kostenbewertung eines Ausführungsnetzes bei gegebenen zeitabhängigen Kostenfunktionen seiner Komponenten erfolgen kann, wobei zur Kostenreduktion Aktivitäten nicht grundsätzlich zum frühestmöglichen Zeitpunkt ausgeführt werden (wie es bei

---

[2] auch als *nebenläufige Abläufe* oder *Prozeßnetze* bezeichnet

herkömmlichen Petrinetz-basierten Simulationskonzepten der Fall ist). Die quantitative Bewertung eines Geschäftsprozesses wird auf die Bewertung einer Auswahl seiner Ausführungsnetze zurückgeführt.

Die Grundidee dieses Ansatzes zur Analyse von Geschäftsprozessen ist die konzeptuelle Trennung der Ausführungsnetze von den Zeit- und Kostenaspekten eines Geschäftsprozesses. Bei der Simulation des Verhaltens werden diese durch Erzeugung der Ausführungsnetze nicht berücksichtigt. Die Simulation selbst ist, vor allem bei komplexen Geschäftsprozessen, eine zeitintensive Aufgabe, da aus der Vielzahl Ausführungsnetze ein repräsentativer Ausschnitt identifiziert werden muß. Entweder geschieht dies automatisch unter Verwendung stochastischer Verfahren oder interaktiv mit dem Anwender. Daher soll die Simulation nicht für verschiedene Zeit- und Kostenparameter eines Geschäftsprozesses wiederholt werden. Statt dessen werden diese Parameter auf die zuvor einmal generierten Ausführungsnetze übertragen. Die Auswirkungen unterschiedlicher Zeit- und Kostenbewertungen können dadurch sofort anhand der Ausführungsnetze überprüft werden. Da bei diesen Bewertungen oft auf Schätzwerte zurückgegriffen werden muß, kann so auch durch Experimente mit verschiedenen Werten das Risiko von Fehlentscheidungen aufgrund schlechter oder falscher Schätzwerte reduziert werden.

In Abschnitt 2 werden nach *Klärung grundlegender Begriffe* für Analyse und Optimierung wichtige *Merkmale von Geschäftsprozessen* vorgestellt. Bei simulationsbasierten Analysen wird der Schwerpunkt auf quantitative Merkmale aus den Bereichen *Zeit* und *Kosten* gelegt, die sich zu einer *Leistungsbewertung* [vdA97] der modellierten Geschäftsprozesse eignen. In Abschnitt 3 werden Geschäftsprozeßmodelle mit Petrinetzen erstellt. In Abschnitt 4 wird gezeigt, wie sich wichtige Fragestellungen zur Leistungsbewertung mittels *Analyse von Ausführungsnetzen* beantworten lassen. In Abschnitt 5 werden schließlich mögliche *Erweiterungen* der Modellierungs- und Analysekonzepte sowie eine *Implementierung* im Rahmen des *VIP*-Projekts angesprochen.

2 Geschäftsprozesse und Merkmale zur Analyse

Ein *Geschäftsprozeß*[3] ist bestimmt durch eine Menge von *Aktivitäten*, die in einem Betrieb nach bestimmten Regeln auf ein bestimmtes Ziel hin ausgeführt werden können. Eine *Ausführung* eines Geschäftsprozesses beschreibt die Ausführung seiner Aktivitäten, die diesen Regeln entsprechen, so daß das Ziel erreicht wird.

---

[3]diese Begriffsdefinitionen basieren teilweise auf [Obe96] und [vdA97].

In einer Ausführung kann eine Aktivität des Geschäftsprozesses gar nicht, einfach oder auch mehrfach auftreten. Insbesondere enthält ein Geschäftsprozeß im allgemeinen Alternativ-Verzweigungen, während in einer Ausführung diese Alternativen aufgelöst sind.

Zur Ausführung eines Geschäftsprozesses müssen Aktivitäten koordiniert werden. Ressourcen, die zur Ausführung von Aktivitäten benötigt werden, müssen ihnen zugeordnet werden. In einem *Geschäftsprozeßmodell* wird beschrieben, welche Aktivitäten in welcher Reihenfolge ausgeführt werden müssen und welche Ressourcen zur Ausführung benötigt werden. Es lassen sich unterschiedliche Aspekte von Geschäftsprozessen darstellen, beispielsweise *funktionale* oder *organisatorische* Aspekte (vgl. z.B. [Sch95a], [VB96]). In diesem Beitrag stehen die funktionalen Aspekte, also die Aktivitäten und ihre Reihenfolge, im Vordergrund. Es gibt unterschiedliche *Typen* von Geschäftsprozessen. Im Rahmen dieses Beitrags beschränken wir uns auf stark strukturierte Prozesse im Sinne des *production workflow* oder *administrative workflow* [vdA97].

In der Literatur findet sich eine Vielzahl unterschiedlicher Merkmale zur Analyse von Geschäftsprozessen (vgl. beispielsweise [HC95], [Sch95b], [VB96]). Wir konzentrieren uns in diesem Beitrag auf die *Leistungsbewertung* von Geschäftsprozessen mit Hilfe von Kenngrößen aus den Bereichen *Zeit* und *Kosten*. Im Bereich Zeit unterscheiden wir dabei zwischen *Aktivitätszeit* (z.B. Transport- oder Bearbeitungszeit) und *Wartezeit*. Aktivitätszeit stellt dabei eine deterministische, nicht-variable Zeitgröße dar, die im Modell, wie in der Prozeßkostenrechnung üblich, mit Soll- bzw. Schätzwerten angesetzt wird (vgl. etwa [BH96]). Wartezeit kann dagegen mit unterschiedlichen Ausführungen eines Geschäftsprozesses variieren. Kosten einer Aktivität werden als Funktion der Aktivitätszeit aufgefaßt. In Analogie zu den oben aufgeführten Zeitgrößen ergeben sich nicht-variable *Aktivitäts-* und variable *Wartekosten*, jeweils als abhängige Größe der entsprechenden Zeitbewertung.

Im Rahmen einer Leistungsbewertung von Geschäftsprozessen ist oft die Ermittlung der durchschnittlichen Durchlaufzeit oder der Kosten einer Ausführung von Interesse [Sch96]. Voraussetzung für die Berechnung dieser und anderer Kenngrößen ist die Ermittlung aller Zeitgrößen bzw. aller Kostengrößen, die durch die Ausführung von Aktivitäten bzw. durch Wartezustände anfallen. Nicht-variable Größen lassen sich direkt vom Systemmodell übertragen. Variable Zeitgrößen (und bei Kenntnis der Kostenfunktion auch variable Kostengrößen) müssen dagegen jeweils für einzelne Ausführungen ermittelt werden.

3 Modellierung

Als zugrundeliegende Netzklasse zur Modellierung von Geschäftsprozessen werden hier Stellen/Transitions-Netze [Rei86] verwendet. Mit diesen lassen sich die wesentlichen strukturellen Aspekte eines Geschäftsprozesses in einem Modell abbilden.

3.1 Grundlagen

Stellen/Transitions-Netze sind die bekannteste und am besten untersuchte Klasse von Petrinetzen. Stellen, graphisch als Kreise dargestellt, repräsentieren lokale Zustände. Eine Stelle kann eine oder mehrere Marken tragen, die Markierung wird durch die entsprechende Anzahl Punkte in der Stelle dargestellt. Formal wird eine Markierung durch eine Abbildung von der Stellenmenge in die natürlichen Zahlen repräsentiert. Veränderungen von Markierungen geschehen durch das Schalten von Transitionen, die durch Rechtecke dargestellt werden. Zu jeder Transition ist eine Menge von Vorbereichs-Stellen und eine Menge von Nachbereichs-Stellen definiert. In der graphischen Darstellung führen gerichtete Kanten von jeder Vorbereichs-Stelle zu der Transition und von der Transition zu jeder Nachbereichs-Stelle. Die Menge aller Kanten konstituiert die Flußrelation des Netzes. Eine Transition ist aktiviert unter einer Markierung, wenn jede ihrer Vorbereichs-Stellen wenigstens eine Marke trägt. Eine aktivierte Transition kann schalten und erzeugt damit eine neue Markierung wie folgt: Für jede Vorbereichs-Stelle reduziert sich die Markenzahl um eins, und für jede Nachbereichs-Stelle erhöht sich die Markenzahl um eins. Falls eine Stelle sowohl im Vor- als auch Nachbereich der Transition liegt, so ist ihre Markierung zwar für die Aktivierung der Transition relevant, ändert sich durch das Schalten der Transition jedoch nicht. Zur Definition eines Stellen/Transitions-Netzes gehört neben der Stellenmenge, der Transitionsmenge und der Flußrelation die Angabe einer Anfangsmarkierung. Ausgehend von dieser Anfangsmarkierung werden durch das wiederholte Schalten von Transitionen weitere Markierungen erreicht. Falls, für alle so erreichbaren Markierungen, die Markierung einer Stelle nur die Werte Null oder Eins annimmt, läßt sich diese Stelle als Bedingung interpretieren, die entweder unerfüllt (unmarkiert) oder erfüllt (markiert) ist. Andere Stellen können mehr Zustände annehmen; sie modellieren Speicher bzw. Zähler für Güter oder Informationen. Ein durch eine Stelle modellierter Speicher ist beschränkt, wenn die Markierung der Stelle unter allen erreichbaren Markierungen nur endlich viele Werte annimmt, anderenfalls ist sie unbeschränkt.

Ein wichtiges Grundmuster ist eine vorwärts verzweigende Stelle, die also zu den Vorbereichen mehrerer Transitionen gehört. Wenn sie nur eine Marke trägt, kann nur eine dieser Transitionen schalten und die Marke konsumieren. Auf diese Weise lassen sich Alternativen (*oder*-Verzweigungen) modellieren. Als weiteres Grundmuster seien rückwärts verzweigende Transitionen angeführt, die mehrere Vorbereichs-Stellen besitzen. Erst wenn alle diese Stellen eine Marke tragen, kann die Transition schalten. Wenn diese Stellen nicht vorwärts verzweigen, wird so die Synchronisation mit eventuellem Warten modelliert.

In Abbildung 2 ist ein stark vereinfachter Geschäftsprozeß aus dem Bereich der Automobilfertigung als Stellen/Transitions-Netz dargestellt. In diesem Beispiel sind alle Stellen für alle von der eingezeichneten Anfangsmarkierung aus erreichbaren Markierungen beschränkt, sie können jeweils höchstens eine Marke erhalten. Dieser Netzgraph enthält keine Zyklen, im allgemeinen sind Zyklen für Geschäftsprozeß-modelle aber nicht ausgeschlossen.

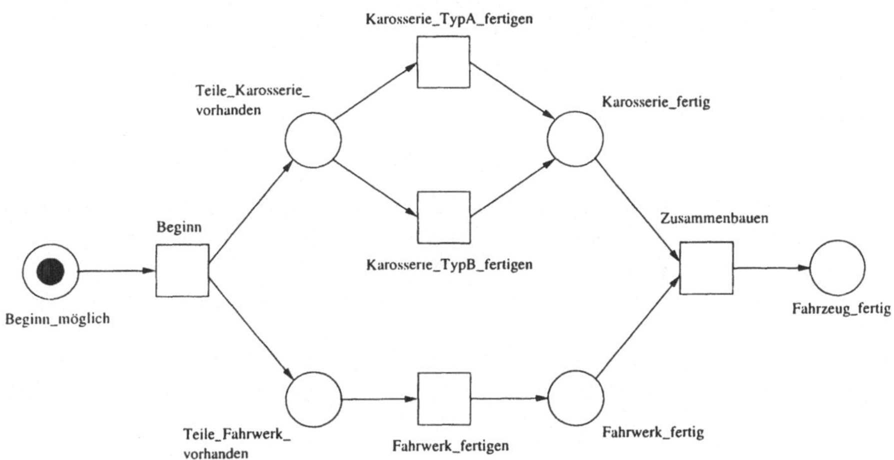

Abbildung 2: Ein einfaches Geschäftsprozeßmodell zur Automobilherstellung

Durch das Schalten von Transitionen kommt es zu Ausführungen eines Stellen/Transitions-Netzes. Eine einzelne Ausführung ist bestimmt durch Angabe ihrer schaltenden Transitionen sowie der Beziehungen zwischen diesen Schaltvorgängen. Transitionen können in einer Ausführung mehrfach schalten.

In sequentiellen Ausführungsbeschreibungen werden die Schaltvorgänge total geordnet; die Transitionen schalten in einer festen Reihenfolge. Diese Ordnung berücksichtigt kausale Beziehungen zwischen Schaltvorgängen: Wird eine Marke erst produziert und später konsumiert, so tritt der konsumierende Schaltvorgang

nach dem produzierenden auf. Die kausalen Beziehungen werden aber nicht expliziert, aufeinanderfolgende Schaltvorgänge können auch kausal unabhängig und daher nebenläufig sein. Im Geschäftsprozeßmodell aus Abbildung 2 gibt es die Schalt-
folge

$$B\_m, \; K\_TA\_f, \; Fw\_f, \; Z,$$

wobei die Namen der Aktivitäten abgekürzt sind.

In diesem Papier verwenden wir nebenläufige Ausführungsbeschreibungen, die
auf der kausalen Struktur der Schaltvorgänge beruhen. Jede Ausführung wird dabei durch ein spezielles beschriftetes Petrinetz dargestellt. Die Transitionen dieses
sog. Ausführungsnetzes werden Ereignisse genannt, sie repräsentieren das Schalten einer Transition des Stellen/Transitions-Netzes und sind mit dem Namen dieser Transition beschriftet. In Abbildung 3 sind die beiden möglichen maximalen
Ausführungsnetze des Geschäftsprozeßmodells aus Abbildung 2 dargestellt.

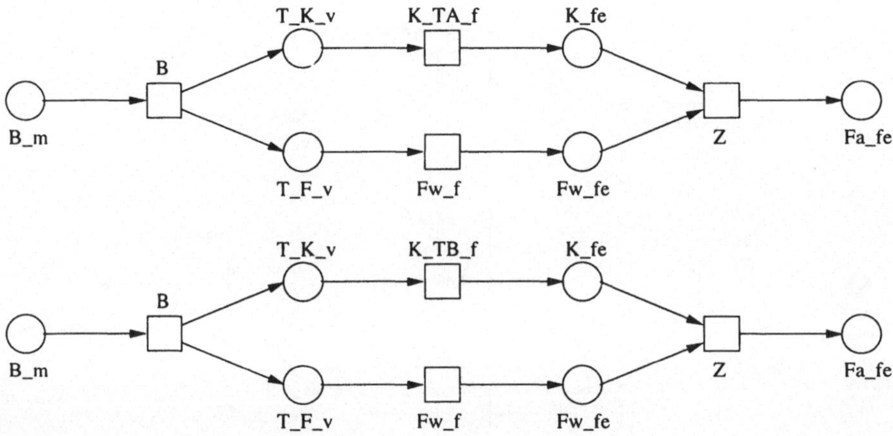

Abbildung 3: Die möglichen Ausführungen des Geschäftsprozeßmodells zur Automobilherstellung

Die Abhängigkeitsbeziehungen zwischen Ereignissen wird ausschließlich durch die
produzierten und konsumierten Marken konstituiert. Diese werden in Ausführungsnetzen explizit durch Stellen dargestellt, die wir hier Bedingungen nennen. Eine Bedingung ist mit dem Namen einer Stelle des Stellen/Transitions-Netzes beschriftet,
sie repräsentiert eine Marke auf dieser Stelle. Der Vorbereich eines Ereignisses wird
durch die Beschriftungsfunktion bijektiv auf den Vorbereich der zugehörigen Transition abgebildet, dasselbe gilt für den Nachbereich. Dies stellt sicher, daß der Effekt
der Transition durch das Ereignis korrekt abgebildet wird: das Ereignis konsumiert
und produziert Marken auf den entsprechenden Stellen. Ausführungsnetze sind zy-

klenfrei, da in einer Ausführung keine zyklischen kausalen Abhängigkeiten existieren. Jede Bedingung gehört zum Vorbereich höchstens eines Ereignisses, denn die Marke verschwindet durch das Schalten der zugehörigen Transition. Entsprechend gehört jede Bedingung zum Nachbereich höchstens eines Ereignisses. Falls eine Bedingung keine eingehende Kante besitzt, so liegt die entsprechende Marke anfänglich vor; für jede Stelle entspricht die Anzahl derartiger Bedingungen ihrer Markenzahl unter der Anfangsmarkierung. Aus technischen Gründen schließen wir in Stellen/Transitions-Netzen Transitionen mit leerem Vor- oder Nachbereich aus. Dasselbe gilt konsequenterweise für die Ereignisse der Ausführungsnetze.

Ausführungsnetze lassen sich als Halbordnungen interpretieren: Ein Element (Ereignis oder Bedingung) liegt kausal vor einem anderen Element, wenn im Ausführungsnetz eine Kantenfolge vom ersten zum zweiten Element führt. Die Menge der minimalen Elemente ist wegen oben genannter Einschränkung stets eine Menge von Bedingungen, die die Anfangsmarkierung repräsentiert. Kantenzüge repräsentieren den Fluß von Marken im Stellen/Transitions-Netz und damit den Fluß von Dokumenten, Informationen, Produkten oder Kontrolle im Geschäftsprozeß.

Die Generierung von Ausführungsnetzen, ihre Analyse bezüglich gewünschter oder unerwünschter Eigenschaften, sowie die Visualisierung ausgewählter Ausführungen zur Validierung des Geschäftsprozeßmodells im Rahmen des VIP-Projektes wird in [Des98] beschrieben.

3.2 Erweiterungen

Bei der Durchführung von Aktivitäten im Rahmen von Geschäftsprozessen sind technische Details zwar wichtig, bei der Analyse von Strukturen eines Geschäftsprozesses jedoch meist weniger interessant. In vielen Fällen wird durch eine exakte (Nach-)Modellierung technischer Aspekte die Übersichtlichkeit eines Geschäftsprozeßmodells beeinträchtigt. Wünschenswert ist daher die Möglichkeit, ein Modell in seinem Abstraktionsgrad variieren zu können, um je nach Art der Verwendung des Modells unterschiedliche Sichten (detaillierte oder konzeptuelle) zu erzeugen. Wir verwenden daher *Aktivitäts-Transitionen* zur Modellierung der zur Durchführung einer Aktivität notwendigen Sequenz der Teil-Aktivitäten. Durch Aktivitäts-Transitionen wird die Darstellung der Teil-Aktivitäten in detaillierter oder vergröbernder Sichtweise ermöglicht (vgl. Abbildung 4, dort ist das Geschäftsprozeßmodell aus Abbildung 2 um Aktivitäts-Transitionen sowie Zeit- und Kostenbewertungen ergänzt worden). Stellen, die zur Verfeinerung einer Aktivitäts-Transition gehören, werden als *interne* Stellen bezeichnet, alle anderen Stel-

136

len als *extern*. Abbildung 5 zeigt ein Ausführungsnetz dieses Geschäftsprozeßmodells.

Zeitgrößen sind bei der Beantwortung von Effizienzfragen für reale Systeme von großer Bedeutung. Die Integration von Zeit in Petrinetzen wird beispielsweise in [Mar95], [Jen95], [Sta90] und [vdA97] vorgeschlagen. Auch für die Bewertung von Geschäftsprozessen spielen Kenngrößen wie *Durchlaufzeit* eine zentrale Rolle. Unser Zeitkonzept basiert auf einer Zuordnung von Zeit zu Stellen eines Stellen/Transitions-Netzes. Im Gegensatz zu den meisten anderen Vorschlägen zu zeiterweiterten Petrinetzen wird also Zeit nicht bei der Ausführung von Transitionen verbraucht, sondern zwischen Transitionsausführungen. Die Zeitzuordnungen können fest oder variabel sein. Sie werden auf Ausführungsnetze übertragen und dort interpretiert.

Im Rahmen dieses Beitrags werden Zeitgrößen folgendermaßen in Petrinetz-Modelle von Geschäftsprozessen integriert:

- Zuordnung von Zeit zu Stellen des Geschäftsprozeßmodells.

  Interne Stellen erhalten eine feste Aktivitätszeit, den angesetzten Sollwert für die Durchführungszeit der durch die Stelle modellierten (Teil-)Aktivität (vgl. Abschnitt 2 sowie Abbildung 4). Wartezeit wird den externen Stellen zugeordnet. Wartezeit ist notwendig bei der Synchronisation (von Sequenzen) nebenläufiger Aktivitäten, deren Durchlaufzeit unterschiedlich ist. Nimmt die Ausführung alternativ durchzuführender Aktivitäten unterschiedlich viel Zeit in Anspruch, kann es zu unterschiedlichen Werten für Wartezeit in den verschiedenen möglichen Ausführungsnetzen kommen. Daher wird für Wartezeit im Geschäftsprozeßmodell kein fester Wert, sondern eine Variable vergeben (vgl. Abbildung 4). Wartezeit läßt sich nur für einzelne Abläufe ermitteln.

- Das Verhalten zeitbeschrifteter Systemnetze wird durch ihre zeitbeschrifteten Ausführungsnetze beschrieben.

  Jedes zeitbeschriftete Ausführungsnetz ist ein Ausführungsnetz des unbeschrifteten Geschäftsprozeßmodells, dessen Bedingungen jeweils mit einer natürlichen Zahl beschriftet sind. Diese Zahl gibt die Lebensdauer einer Bedingung und damit die Verweildauer der Marke auf der entsprechenden Stelle an. Die Verweildauer einer Marke auf einer internen Stelle entspricht dabei der Zeitbeschriftung dieser Stelle. Zudem ist die Summe aller Lebensdauern von Bedingungen auf jeweils zwei Pfaden, die zu einem Ereignis führen, gleich (diese Summe läßt sich als Schaltzeitpunkt dieses Ereignisses interpretieren). Eine weitere Forderung besagt, daß die Summe der Lebensdauern von Bedingungen auf maximalen Pfaden übereinstimmt (diese Summe gibt die Durchlaufzeit dieses zeitbeschrifteten Ausführungsnetzes an).

- Zu einem Ausführungsnetz können im allgemeinen mehrere zeitbeschriftete Ausführungsnetze konstruiert werden.

Dabei unterscheiden sich nur Zeitanschriften bei Bedingungen, die Marken auf externen Stellen repräsentieren. Dies reflektiert die Variabilität der Wartezeiten. Dabei muß die Belegung der variablen Zeiten der oben genannten Forderung genügen, daß die Summe aller Zeiten auf Pfaden zu einem synchronisierenden Ereignis übereinstimmen. Oftmals ist die Summe aller Zeiten eines Pfades vorgegeben, die konkrete Ausprägung der Zeiten für Bedingungen, die Marken auf externen Stellen repräsentieren, aber in diesem Rahmen beliebig.

Die Modellierung und Zuordnung von Kostengrößen erfolgt analog (vgl. Abbildung 4).

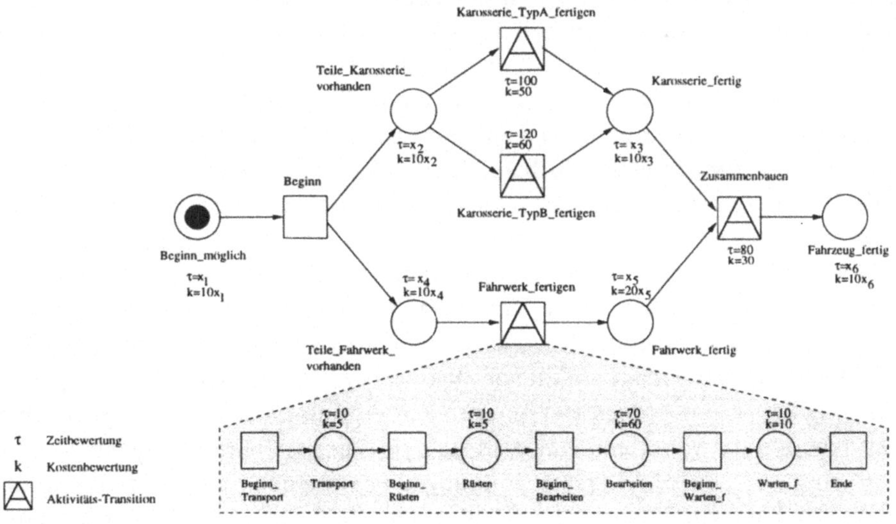

Abbildung 4: Zeit- und kostenbewertetes Geschäftsprozeßmodell mit Aktivitäts--Transitionen

4 Analyse und Optimierung

Die Leistungsbewertung von Geschäftsprozessen erfolgt im Rahmen eines 2-stufigen Ansatzes.

In einem *ersten Schritt* wird eine Menge Ausführungsnetze eines Geschäftsprozeßmodells erzeugt. Die Generierung erfolgt unter Auslassung von Zeit- und Kostenaspekten unter Zuhilfenahme des im Rahmen des *VIP*-Projekts entwickelten Simulationskonzepts [Fre96]. Wesentliche Kriterien dabei sind die Erfassung typischer Fälle sowie wesentlicher Ausnahmesituationen.

In einem *zweiten Schritt* werden Zeit- und Kostengrößen von Geschäftsprozeßmodellen auf die generierten Ausführungsnetze übertragen. Dabei erhalten Bedingungen, die auf interne Stellen abgebildet werden, die im Geschäftsprozeßmodell eingetragenen, festen Werte der entsprechenden Aktivitätszeiten. Bedingungen, die auf externe Stellen abgebildet werden, erhalten zunächst die möglicher Wartezeit entsprechende variable Zeitbewertung. Da in Ausführungen alle Auswahlentscheidungen bezüglich der Lösung von Alternativen getroffen worden sind, können mögliche Wartezeitkombinationen für einzelne Ausführungsnetze konkret ermittelt werden. Wir betrachten dabei ausschließlich Zeitbewertungen, für die die gesamte Durchlaufzeit minimal ist. Bei diesen Bewertungen sind die Zeiten von Bedingungen zu externen Stellen wenigstens eines (kritischen) Pfades Null, auf diesem Pfad fällt also keine Wartezeit an. Ein entsprechendes Verfahren findet sich in [Erw98]. Für den Fall, daß mit der Entstehung von Wartezeit Kosten (z.B. Lagerkosten) verbunden sind, ist eine kostenoptimale Verteilung der Wartezeit auf die entsprechenden Bedingungen von Interesse. Dabei kann es von Vorteil sein, Wartezeit nicht dem direkten Vorbereich eines synchronisierenden Ereignisse zuzuordnen, sondern sie weiter nach vorn zu verschieben. So ist es für das Beispiel in Abbildung 5 aufgrund der unterschiedlichen Kostenfunktionen der Bedingungen T(eile)_F(ahrwerk)_v(orhanden) und F(ahr)w(erk)_fe(rtig), von Vorteil, mit der Fertigung des Fahrwerks so lange zu warten, daß bei Fertigstellung der Karosserie und des Fahrwerks sofort mit dem Zusammenbau des Fahrzeugs begonnen werden kann. Die für diesen Ablauf anfallende Wartezeit von 20ZE wird also komplett der Bedingung T_F_v zugeordnet. Bei linearen Kostenfunktionen kann für einen Ablauf die kostenoptimale Verteilung von Wartezeit als lineares Optimierungsproblem formuliert werden [Erw98]. Mit der Ermittlung aller variablen Zeit- und Kostengrößen ist die Grundlage zur Berechnung wichtiger Kenngrößen zur Leistungsbewertung wie *Durchlaufzeit* oder *Gesamtkosten* geschaffen worden.

Dieser Ansatz ermöglicht folgendes *Vorgehen bei der Analyse* von Geschäftspro-

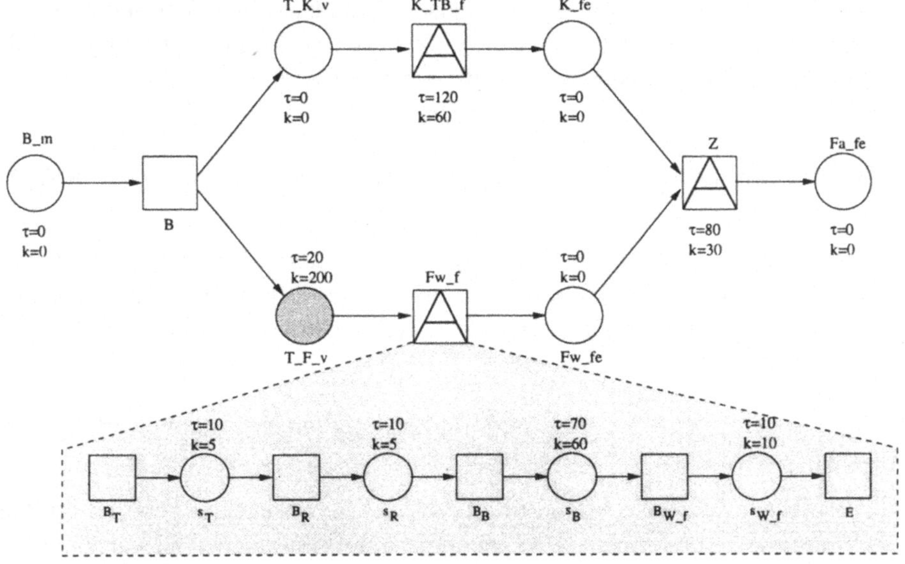

Abbildung 5: Beispiel zur kostenoptimalen Verteilung von Wartezeit

zessen im Rahmen eines Reengineering-Projekts:

1. Der Geschäftsprozeß wird als Petrinetz modelliert. Kosten- und Zeitaspekte werden dabei zunächst außer acht gelassen.

   Damit kann beim Erstellen des Geschäftsprozeßmodells der Schwerpunkt auf die Entwicklung der *logischen Struktur* des Geschäftsprozesses gelegt werden. Die Diskussion von Detailfragen der Art „Was soll die Durchführung der Aktivität kosten?" kann zu diesem Zeitpunkt vermieden werden. Insbesondere sind keine Entscheidungen über anzusetzende Schätz- und Sollwerte im Modell zu fällen.

2. Eine relevante Menge von Ausführungsnetzen zu dem Geschäftsprozeßmodell wird generiert und zur späteren Analyse gespeichert.

   Dieser zeitintensive Vorgang erfolgt also unabhängig von Zeit- und Kostenaspekten. Er kann unter Ausschluß der an der Gestaltung des Geschäftsprozesses Beteiligten geschehen, wenn er allein auf stochastischen Methoden beruht. Neben der Auswahl einzelner Ausführungsnetze kommen hier Verfahren zum Abbruch von Simulationen zum Einsatz, die z.B. bei Wiederholungen von Teilaktivitäten möglich sind [Des98]. Die Generierung der Menge von Ausführungsnetzen kann auch interaktiv mit dem Benutzer geschehen.

140

Hier ist es besonders wichtig, daß diese zeitintensive Tätigkeit nicht unnötig mehrfach durchgeführt werden muß. Dies ist erst dann notwendig, wenn die Struktur des Geschäftsprozeßmodells verändert wird. Alle weiteren Analysen lassen sich anhand dieser Menge durchführen.

3. Die Ausführungsnetze liefern eine graphische Repräsentation des Systemverhaltens.

   Dies ist eine anschauliche Grundlage für die Validierung des Geschäftsprozeßverhaltens im Rahmen einer Diskussion der Beteiligten. Hier ist die explizite Darstellung von Dokumenten-, Informations- und Produktflüssen in Ausführungsnetzen von Vorteil.

4. Das Geschäftsprozeßmodell wird um Zeit- und/oder Kostenbewertungen ergänzt.

   Diese Bewertungen werden wie oben beschrieben auf die generierten Ausführungsnetze übertragen. Hier kann mit unterschiedlichen Bewertungen experimentiert werden.

5. Die generierten Ausführungsnetze werden zur Leistungsbewertung des modellierten Geschäftsprozesses herangezogen.

   Da die Verfahren zur Leistungsbewertung auf die bereits erzeugten Ausführungsnetze zurückgreifen können, ist der Rechenaufwand bei Anwendung dieser Verfahren wesentlich geringer als bei der Generierung der Ausführungsnetze in Schritt 2. So ist es möglich, die Auswirkungen der vorgenommenen Zeit- und Kostenbewertungen sofort zu überprüfen. Eine Wiederholung der Schritte 4 und 5 mit unterschiedlichen Zeit- und Kostenbewertungen verursacht einen vergleichsweise geringen Aufwand, so daß auf diese Weise eine schrittweise Verbesserung der Leistungsmerkmale des Geschäftsprozesses möglich ist.

Die beschriebene Vorgehensweise ermöglicht somit eine *interaktive* Analyse des modellierten Geschäftsprozesses anhand der generierten Ausführungsnetze. Daraus ergeben sich mehrere Vorteile:

- Effizienzbehauptungen können sofort überprüft werden.

  Insbesondere bei der Diskussion alternativer Gestaltungsmöglichkeiten eines Geschäftsprozesses ist es von großer Bedeutung, daß Entscheidungen mit Hilfe objektiver Kriterien gefällt werden können.

- Die Abhängigkeit der Leistungsbewertung des modellierten Geschäftsprozesses von Kosten- und Zeitbewertung kann untersucht werden.

  Für die Bewertungen im Geschäftsprozeßmodell muß auf Schätz- und Sollwerte zurückgegriffen werden. Es muß daher untersucht werden, welche Auswirkungen die Variation der Bewertungen auf die Leistungsbewertung des modellierten Geschäftsprozesses hat. Dabei ist vor allem der Vergleich eventueller Gestaltungsalternativen von Interesse. Je nach Anwendungsfall (und Risikofreudigkeit der Entscheider) wird dabei der Alternative mit der absolut besten Leistungsbewertung für eine bestimmte Zeit- und Kostenbewertung oder der Alternative mit der durchschnittlich besten Leistungsbewertung für verschiedene als realistisch erachtete Zeit- und Kostenbewertungen der Vorzug gegeben.

- Das Risiko schwerwiegender Fehler durch falsche Schätz- oder Sollwerte wird reduziert.

  Durch die Möglichkeit, verschiedene Bewertungen relativ schnell ausprobieren zu können, läßt sich verhindern, daß die Entscheidung für eine Gestaltungsalternative aufgrund einiger weniger (eventuell unrealistischer) Zeit- und Kostenbewertungen gefällt werden muß.

Insgesamt wird also das Risiko bei der Entscheidung über die letztendliche Gestaltung eines Geschäftsprozesses wesentlich reduziert. Der Diskussion über die Gestaltungsalternativen wird mit der sofortigen Überprüfbarkeit von Effizienzbehauptungen und „Aber was ist, falls..."-Einwürfen eine sachliche Grundlage gegeben. Die Motivation der Beteiligten wird durch die Möglichkeit zum interaktiven *Spielen* mit Bewertungen erhöht.

5 Ausblick und Implementierung

Für die in dieser Arbeit vorgestellten Konzepte sind mehrere *Erweiterungen* geplant. So können die *Modellierungsmöglichkeiten* erweitert werden durch die explizite Modellierung von Ressourcen und durch die Verwendung unterscheidbarer Marken. Erweiterungen der *Analysemöglichkeiten* umfassen u.a. weitere Verfahren der Leistungsbewertung und die Analyse qualitativer Merkmale.

Derzeit erfolgt eine Integration des in diesem Beitrag vorgestellten Analyseansatzes in das im Rahmen des *VIP*-Projekts erstellten Werkzeugs *VIPtool*[4].

---

[4]siehe www.aifb.uni-karlsruhe.de/InfoSys/VIP/overview

5.1 Integration von Ressourcen

Neben Zeit- und Kostenaspekten ist der Einsatz von Ressourcen zur Unterstützung von Geschäftsprozessen ein wesentlicher Faktor bei der Bewertung und Optimierung im Rahmen des Business Process Reengineering. Bei der Modellierung von Geschäftsprozessen durch Stellen/Transitions-Netze lassen sich einschränkende Ressourcen auf naheliegende Weise mittels Stellen modellieren. Dadurch sind sie aber im Rahmen des hier vorgestellten 2-stufigen Ansatzes nicht der experimentellen Analyse zugängig, denn jedes Ausführungsnetz definiert eine feste Ressourcenverteilung. Um neben mit Zeit- und Kostenparametern auch mit unterschiedlichen Ressourcen experimentieren zu können und ihnen evtl. sogar selbst verschiedene Zeit- und Kostenparameter zuordnen zu können, müssen sie auf Ausführungsnetzebene integriert werden können. Für eine gegebene Ressourcenmenge gibt es zu einem Ausführungsnetz i.a. mehrere Ressourcenverteilungen mit verschiedenen Effekten auf die Gesamtzeit und die gesamten Kosten des Prozesses. Der Einsatz existierender, entsprechend angepaßter Scheduling-Algorithmen erlaubt die Identifikation zeit- oder kostenoptimaler Verteilungen.

Ziel dieser Erweiterung ist, ausgehend von einer Menge von Ausführungsnetzen, neben den Effekten verschiedener Zeit- und Kostenparameter auch den Nutzen des Einsatzes weiterer Ressourcen mit ihren spezifischen Eigenschaften experimentell überprüfen zu können ("Wieviel Zeit und Kosten kann man einsparen, wenn eine leistungsfähige teure Ressource beschafft wird?", "Wie sieht das Ergebnis bei einer sparsameren Variante aus?").

5.2 Erweiterung der Analysemöglichkeiten

Die in dieser Arbeit entwickelten Verfahren zur Leistungsbewertung konzentrierten sich auf die *Ermittlung variabler Kenngrößen*. Die Ermittlung dieser Kenngrößen ist Voraussetzung für weiterführende Analysen. Als Beispiele für solche Analysen wurden die Ermittlung der *Durchlaufzeit* eines Ausführungsnetzes sowie die Ermittlung der dabei anfallenden *Gesamtkosten* vorgestellt. Einige mögliche weitere Fragestellungen sollen hier genannt werden:

- Ermittlung der *durchschnittlichen Durchlaufzeit* für alle Ausführungsnetze eines Geschäftsprozeßmodells

- Ermittlung der *durchschnittlichen Gesamtkosten* für alle Ausführungsnetze eines Geschäftsprozeßmodells

- Untersuchung der *Reagibilität* der Leistungskennzahlen auf unterschiedliche Zeit- und Kostenbewertungen im Geschäftsprozeßmodell

- *Eingrenzung* des Untersuchungsbereichs der Analysen auf ausgewählte besonders interessante Teilabschnitt der Ausführungsnetze

Verfahren zur Beantwortung dieser Fragestellungen können unter Verwendung der Verfahren zur Ermittlung variabler Kenngrößen entwickelt werden.

Die erzeugten Ausführungsnetze lassen sich auch zur Beantwortung von speziellen Fragestellungen aus den Bereichen *Validierung* und *Verifikation* nutzen. In den Mittelpunkt rücken dabei die qualitativen Merkmale von Geschäftsprozessen wie *Vermeidung von Medienbrüchen* oder *Grad der Parallelität bei der Ausführung von Aktivitäten* (vgl. beispielsweise [Sch95a] oder [FS96]). Entsprechende Analyseverfahren können mit den in dieser Arbeit vorgestellten Verfahren zur Leistungsbewertung kombiniert werden, um eine umfassende Analyse von Geschäftsprozessen anhand von Petrinetz-Modellen zu ermöglichen.

5.3 Implementierung in *VIP*

Zur Erprobung der im Rahmen des *VIP*-Projekts erarbeiteten Konzepte ist parallel zu den theoretischen Arbeiten das Werkzeug *VIPtool* implementiert worden, welches das Editieren, Simulieren und Validieren von *Prädikat-/Transitions-Netzen* ermöglicht (vgl. [Fre97]). Der in dieser Arbeit beschriebene 2-stufige Ansatz zur Leistungsbewertung von Geschäftsprozessen läßt sich in die bereits bestehende Softwarestruktur des *VIPtools* integrieren (vgl. Abbildung 6 in Anlehnung an [Fre97]):

- Zur Erstellung von Geschäftsprozeßmodellen wird die Editor-Komponente um entsprechende Eingabemöglichkeiten erweitert. Beispielsweise wird der Anwender beim Anlegen der Aktivitäts-Transition nach den entsprechenden Zeit- und Kostenattributen für die einzelnen Teil-Aktivitäten gefragt. Unter Auslassung der Zeit- und Kostenaspekte wird die Menge der Ausführungsnetze (hier *Prozeß-Menge* genannt) erzeugt.

- Die Anfrage-Komponente wird um Möglichkeiten zur Formulierung der interessierenden Fragestellungen (z.B. *Durchlaufzeit* oder *durchschnittliche Gesamtkosten* aller erzeugten Ausführungsnetze) erweitert.

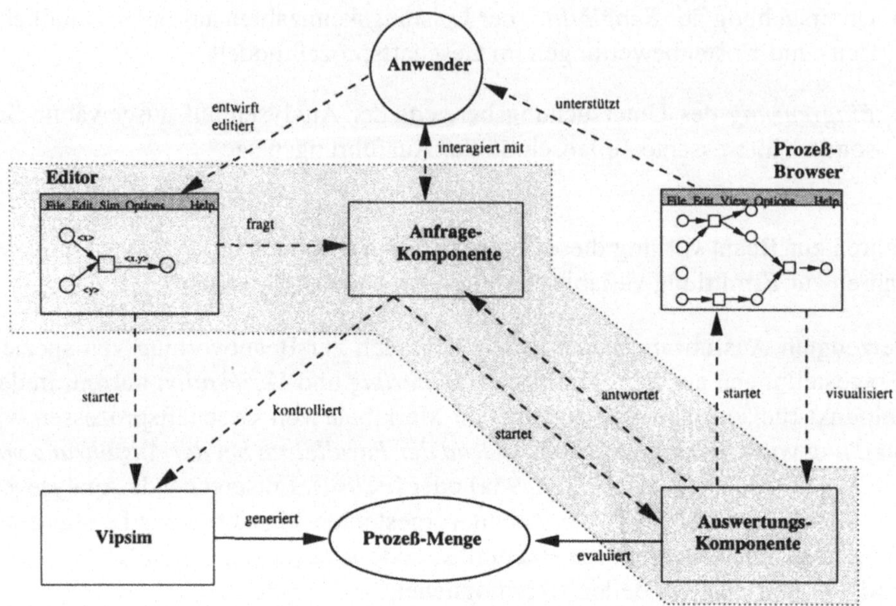

Abbildung 6: Erweiterung der Softwarestruktur des *VIPtool*s

- Die Auswertungskomponente überträgt die Zeit- und Kostenaspekte von der
  Editor-Komponente auf die Ausführungsnetze. Anschließend werden die in
  diesem Beitrag skizzierten Verfahren zur Analyse der Ausführungsnetze verwendet, um eine Leistungsbewertung des Geschäftsprozeßmodells vorzunehmen.

Literatur

[BF88]   BEST, EIKE und CÉSAR FERNÁNDEZ: *Nonsequential Processes. A Petri Net
           View*. Monographs in Theoretical Computer Science. Springer, Berlin, Heidel-
           berg, New York, Tokyo, 1988.

[BH96]   BERKAU, CARSTEN und PETRA HIRSCHMANN (Herausgeber): *Kostenori-
           entiertes Geschäftsprozessmanagement: Methoden, Werkzeuge, Erfahrungen*.
           Vahlen, München, 1996.

[Des98]   DESEL, JÖRG: *Validation of Information Systems by Analyzing Partially Orde-
           red Petri Net Processes*. Technischer Bericht Institut AIFB, Universität Karls-
           ruhe, 1998.

[DFO97]   DESEL, JÖRG, THOMAS FREYTAG und ANDREAS OBERWEIS: *Prozesse, Si-mulation und Eigenschaften netzmodellierter Systeme.* In: *Entwurf komplexer Automatisierungsysteme (EKA 97).* Universität Braunschweig, 1997.

[DO95]   DESEL, JÖRG und ANDREAS OBERWEIS: *Verifikation von Informationssyste-men durch Auswertung halbgeordneter Petrinetz-Abläufe: Theoretische Unter-suchungen, Methodik und Werkzeug - eine Projektübersicht.* Technischer Be-richt Institut AIFB, Universität Karlsruhe, Oktober 1995.

[DO96]   DESEL, JÖRG und ANDREAS OBERWEIS: *Petri-Netze in der Angewandten In-formatik - Einführung, Grundlagen und Perspektiven.* Wirtschaftsinformatik, 38:359–368, Juli 1996.

[DORR98]   DESEL, JÖRG, ANDREAS OBERWEIS, WOLFGANG REISIG und GREGORZ ROZENBERG (Herausgeber): *Dagstuhl Seminar 98271: Petri Nets and Business Process Management, TO APPEAR*, 1998.

[Erw98]   ERWIN, THOMAS: *Leistungsbewertung von Geschäftsprozessen durch Auswer-tung halbgeordneter Petrinetz-Abläufe.* Diplomarbeit, Karlsruhe, 1998.

[Fre96]   FREYTAG, THOMAS: *Simulation halbgeordneter Petrinetz-Abläufe.* In: DE-SEL, J., A. OBERWEIS und E. KINDLER (Herausgeber): *3. Workshop Algo-rithmen und Werkzeuge für Petrinetze,* Band 341, Seiten 14–20. Institut AIFB, Universität Karlsruhe, Oktober 1996.

[Fre97]   FREYTAG, THOMAS: *VIPtool - Ein halbordnungsbasiertes Simulations- und Validationswerkzeug für Petrinetze.* In: DESEL, J., A. OBERWEIS und E. KINDLER (Herausgeber): *4. Workshop Algorithmen und Werkzeuge für Pe-trinetze,* Band 85, Seiten 7–12. Institut für Informatik, Humboldt-Universität zu Berlin, Oktober 1997.

[FS96]   FERSTL, OTTO K. und ELMAR J. SINZ: *Geschäftsprozeßmodellierung im Rahmen des Semantischen Objektmodells,* Seiten 47–61. In: VOSSEN, GOTT-FRIED und JÖRG BECKER [VB96], 1996.

[GK96]   GRUHN, VOLKER und MARTIN KAMPMANN: *Modellierung unternehmens übergreifender Geschäftsprozesse mit FUNSOFT-Netzen.* Wirtschaftsinforma-tik, 38:369–381, Juli 1996.

[GOZ]   GUTH, VOLKER, ANDREAS OBERWEIS und TORSTEN ZIMMER: *Zeit- und Kostenanalyse von Geschäftsprozessen mit höheren Petri-Netzen.*

[HC95]   HAMMER, MICHAEL und JAMES CHAMPY: *Business Reengineering: die Ra-dikalkur für das Unternehmen.* Campus Verlag, Frankfurt am Main, New York, 1995.

[Jen95]   JENSEN, KURT: *Coloured Petri Nets, Volume 2: Analysis Methods*. Monographs in Theoretical Computer Science. Springer, Berlin, Heidelberg, New York, Tokyo, 1995.

[Mar95]   MARSAN, MARCO AJMONE: *An introduction to generalized stochastic Petri nets*. In: *Second International Course on Petri Nets for Latin America*, 1995.

[Obe96]   OBERWEIS, ANDREAS: *Modellierung und Ausführung von Workflows mit Petri-Netzen*. Teubner-Reihe Wirtschaftsinformatik. Teubner, Stuttgart, Leipzig, 1996.

[Ös95]   ÖSTERLE, HUBERT: *Business in the Information Age - Heading for New Processes*. Springer, Berlin, Heidelberg, New York, Tokyo, 1995.

[Rei86]   REISIG, WOLFGANG: *Petrinetze: Eine Einführung*. Studienreihe Informatik. Springer, Berlin, Heidelberg, New York, Tokyo, 1986.

[Sch95a]   SCHEER, AUGUST-WILHELM: *Wirtschaftsinformatik - Referenzmodelle für industrielle Geschäftsprozesse*. Springer, Berlin, Heidelberg, New York, Tokyo, 1995.

[Sch95b]   SCHMIDT, GÜNTER: *Prozeßmanagement - Modelle und Methoden*. Springer, Berlin, Heidelberg, New York, Tokyo, 1995.

[Sch96]   SCHEER, AUGUST-WILHELM: *Modellüntersttzung für das kostenorientierte Geschäftsprozeßmanagement*, Seiten 3–25. In: BERKAU, CARSTEN und PETRA HIRSCHMANN [BH96], 1996.

[Sta90]   STARKE, PETER: *Analyse von Petri-Netz-Modellen*. Leitfäden und Monographien der Informatik. Teubner, Stuttgart, Leipzig, 1990.

[VB96]   VOSSEN, GOTTFRIED und JÖRG BECKER (Herausgeber): *Geschäftsprozeßmodellierung und Workflow-Management*. International Thomson Publishing, Bonn,Albany, 1996.

[vdA97]   AALST, WIL VAN DER: *The Application of Petri Nets to Workflow Management*. Technischer Bericht Department of Mathematcis and Computing Science, Eindhoven University of Technology, 1997.

Application Experience with a Repository System for Information Systems Development*

Manfred A. Jeusfeld[†]   Matthias Jarke [‡]   Martin Staudt [§]

Christoph Quix [¶]   Thomas List [‖]

Zusammenfassung

The purpose of a computerized information system is to improve data-intensive business processes in an organization. The development of such systems itself is data-intensive. Tools have been developed to support the development process, among others repository systems which serve as the common database used by the development team. This paper reports on application experience with the ConceptBase system which we developed over the last 12 years. Eight applications are presented in more detail to show which properties the users demanded and how different applications used the base functionalities of the system in a different way. In summary, extensibility, performance, and advanced query facilities turned out to be most important.

1   Introduction

In the late seventies, database researchers felt the need for a design language which not only covers the static aspects of a database, i.e. its schema, but also dynamic

*Correspondence should be directed to the first author at jeusfeld@kub.nl

[†]INFOLAB, Tilburg University, 5000 LE Tilburg, The Netherlands

[‡]RWTH Aachen, Informatik V, 52056 Aachen, Germany

[§]Swiss Life, CH/IFuE, Postfach, CH-8022 Zürich, Switzerland

[¶]RWTH Aachen, Informatik V, 52056 Aachen, Germany

[‖]RWTH Aachen, Informatik V, 52056 Aachen, Germany

aspects, e.g. transactions. A well-known example is the Taxis design language [19]. Following the Taxis idea, corresponding efforts were made for the requirements specification level resulting in the requirements modeling language RML [7, 6] for information systems. The knowledge representation language Telos [18] was later introduced as a generalization of RML putting emphasis on extensibility.

We started the development of ConceptBase in 1987 as part of the Esprit project DAIDA [9]. The system was originally intended as a repository for design objects created through the development of information systems (IS) [14]. To do so, the system had to be able to represent objects expressed in rather heterogeneous formalisms. We decided to join the development of the knowledge representation language Telos because of its flexible meta class mechanism and its advanced deductive rule language. As the use of the system in DAIDA was successful, the system was made available in 1990 to research institutes and some companies for their information systems projects. Each 18 months, a new release of the system was published based on the evolving requirements gathered from users of the previous release. Hence, ConceptBase has been extensivley used over the last ten years for different aspects of information systems development. This paper has the goal to present this experience to the IS developer community. It shall give some insight which mix of methods is successful and where methods have their limits.

The paper is organized as follows. First, the technologies implemented in Concept-Base are briefly introduced together with the motivation why they were included into the system. Then, we present case by case successful application projects and discuss how they combined the technologies to realize their goals. The application projects are classified into three categories:

- model integration: Such application projects require a customized collection of inter-related modeling languages. ConceptBase supports such projects by its *meta modeling* features.

- model analysis: Such applications have to handle large models whose content has to be analyzed to find hidden properties or faults. This task is mainly supported by the advanced *query language* of ConceptBase.

- distributed co-operation: Here, a group of human experts has the task to process highly inter-related information. ConceptBase provides facilities for automatic *view management & trading* based on Internet standards for such application domains.

Typically, an application project falls into more than one category. Therefore, an application is presented from the viewpoint of these three categories. This paper does not intend to compare the ConceptBase system with competing approaches (see [16] for more information) or to present technical details of the system (see [10]) or of the application projects (see respective references). Instead, we show how rather heterogeneous requirements from application projects were fulfilled by a rather small set of base technologies.

2   The Technology used in ConceptBase

ConceptBase is a client-server database system for conceptual information. The representation language for the conceptual information is Telos [18], originally a knowledge representation language for encoding requirements models for information systems. The foundation of Telos is a simple data structure which uniformly represents objects, classes, meta classes, attributes, and class-instance as well as subclass-superclass relationships. ConceptBase features a persistent main memory database for efficient storage and access of Telos objects. Telos also provides for a logical sublanguage to express integrity constraints, deductive rules, and queries. The latter were specifically designed for ConceptBase: queries are classes with a (logical) membership constraint. The logical sub-language provides predicates to access objects and their attributes plus some aggregation predicates like SUM and AVG. Deductive rules are used to define new predicates from existing ones. In ConceptBase, the logical sub-language is a variant of DATALOG with negation. The uniform representation of objects plus well-defined semantics of the logical sub-language [15] are the preconditions for the extensibility of the system for various application types.

Since the class-instance relationship is stored explicitly in ConceptBase, an object is allowed to have multiple classes. Moreover, a class may be instance of other classes, called meta classes. Meta classes may have classes called meta meta classes, and so on. There is virtually no limit in this hierarchy though most applications do not go beyond 4 levels (instances, classes, meta classes, meta meta classes). The lowest level can be associated with data, the class level corresponds to the schema level (of databases), the meta class level encodes modeling languages (e.g. the entity-relationship language), and the meta meta class level can be used to link multiple modeling languages. Integrity constraints, deductive rules and queries can be formulated at any of these levels. For example, integrity constraints at the meta class level can be used to define the semantics of cardinality tags. The logical sublanguage was designed to allow advanced analysis of stored models.

Figure 1 shows how objects of different abstraction levels can be represented in

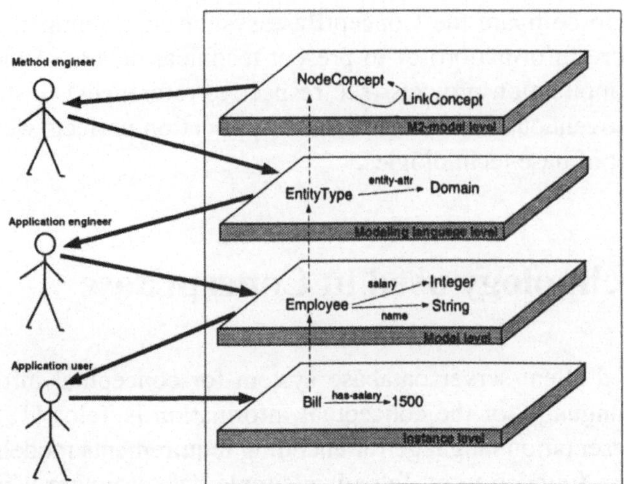

Abbildung 1: Instances, models, modeling languages and meta meta models

ConceptBase. The lowest level (instances) is used to store factual data, the next level contains classes (grouped into models). The classes of these classes (meta classes) constitute a modeling language. Finally, meta meta classes are used to define how modeling languages can be defined and linked with ConceptBase. In the example of the figure, a very simple meta meta model is used which just provides the facility to talk about nodes and their connections. More complex meta meta models are possible when more application knowledge has to be represented (see application examples below). Besides the level are typical user groups of the system. A *method engineer* learns the meta meta classes and uses them to define a method[1]. An *application engineer* learns a method and creates models, for examples some ER schema. Finally, an application user is trained about application details and handles factual concepts (like data).

Besides the logical sublanguage, ConceptBase allows to define event-condition-action (ECA) rules where events are updates to the database or calls for query evaluations. The condition part is a logical expression (a query on the database). Actions may be updates to the database or calls of external routines. Active rules are more expressive than deductive rules at the cost of potential infinite loops. They were introduced to allow more flexible reactions to database updates. Before that, a reaction to an update was either to accept or reject it[2]. With user-defined active

---

[1]We use the term method here to refer to a collection of interrelated modeling and design languages. Structured analysis (Yourdan) is an example of a method.

[2]ConceptBase compiles integrity constraints into a set of active rules which specify for each update which condition to check. If the condition is true, then the action 'accept' is performed making

rules, one can for example specify a repair action when incomplete information is entered into the database.

The client-server architecture of ConceptBase allows clients to connect via the Internet to a ConceptBase server. The communication between client and server is established through sockets using formatted ASCII messages. This mechanism allows not only the usual way of client-server interaction (client request is followed by server response). The server can also send notification messages to client programs (e.g., user interfaces to ConceptBase) without a request of a client before. One application of notification messages is maintenance of externally materialized views. Another application is to inform the client programs of specific events in the database.

3 Experiences from Applications

Since 1989, the ConceptBase system has been freely available to research groups all over the world. About 250 installations have been reported to the ConceptBase development team so far. Thus, the subsequent list is definitely not complete. It shall instead give an overview of characteristic application projects. All usages of ConceptBase reported below were undertaken by experts of their field with considerable background in modeling and logic. Both is required since ConceptBase is based on advanced modeling principles and on first-order logic for expressing rules, constraints, and queries.

3.1 Database application development

The pioneering work of the DAIDA project [9] influenced greatly the functionality of the ConceptBase system. DAIDA created methods and tools for developing data-intensive applications. The methods covered systems modeling (comparable to requirements engineering), application design, and application implementation. For all three levels, specialized notations (or languages) were developed. ConceptBase had the task to serve as a global repository which

- maintains the design objects, i.e. all artefacts created during application development regardless of their notation,

---

the update persistent. If it's false, then the database is set back to previous state.

- interrelates design objects by design decisions, i.e. the dependencies between artefacts,

- communicates with the design tools to capture changes to design objects according to a software process model.

ConceptBase was used in two basic modes. In the *modeling mode*, a software process model [12] about design objects, design decisions, and design tools was formulated by appropriate meta classes. This includes the representation of the notations used within DAIDA. In the *operational mode*, ConceptBase was part of the development environment where the external tools ask queries (e.g. to fetch the current design objects) and report their results (e.g. the new design objects together with dependency links to existing design objects). Graphical tools for navigating the resulting dependency network were provided as part of the ConceptBase user interface. Constraints were used to prohibit tools from storing incomplete or inconsistent design objects in the repository. Queries were mainly used to determine applicable design decisions for a given design object (referring to the software process model which was part of the design database).

Discussion. DAIDA was one of the first projects that made a formal software process model the basis for its development methodology and the basis for the global design repository. The idea to establish traceability among artifacts through such a software process model was refined in the REMAP project between New York University and the Naval Postgraduate School, Monterey [24]. The ConceptBase metamodels developed in REMAP have meanwhile served as a blue print for a number of commercial traceability tools, e.g. by Andersen Consulting and by Texas Instruments and formed one starting point for our research on process integrated tools [23, 3]. ConceptBase lacked at that time a flexible query language. Moreover, performance of the integrity checker was so low that an update to the repository took several minutes. Since all notations used in DAIDA were at least partly mirrored as ConceptBase meta classes, a change to a notation caused a major revision of the meta classes. The communication to external tools was limited to accessing and storing design objects as frames. Consistency checks did cross the notations and were fairly sophisticated. However, the tools who triggered the checks were not programmed to react intelligently to error messages from the ConceptBase repository. Nevertheless, DAIDA was an excellent testbed to learn the requirements for a repository system. Subsequently, applications of ConceptBase were more focused on fewer notations and fewer external tools. In the subsequent WibQuS [13], a repository was built that served as a semantic trader between tools for industrial quality management. Here, the tools were coupled to ConceptBase via commercial databases. ConceptBase was no longer used for tool communication. Instead, SQL view definitions enacting the communication were generated from ConceptBase models.

3.2   Reverse engineering of database schemas

In the previous applications, meta classes were used to define syntax and semantics of modeling languages (notations). The process of modeling is then the instantiation of the meta classes by appropriate classes.

Is that also possible when one has to reverse engineer conceptual models from logical designs? This has been investigated for the case of database schemas [17]. The idea of this application was to represent the source schema (e.g., relational schema) in the ConceptBase repository and then analyze it by suitable queries. The target schema (e.g. an ER diagram) should then be generated based on the analysis.

The approach proved to be valid, however only the analysis part was representable by the expressive means of ConceptBase. Source and target data modeling languages were modeled as meta classes. The relational data modeling languages includes features to declare primary keys and foreign key occurrences. Since the solution should also work for other data modeling languages, a method had to be developed to analyze input schemas independently from their data modeling language, i.e. their notation.

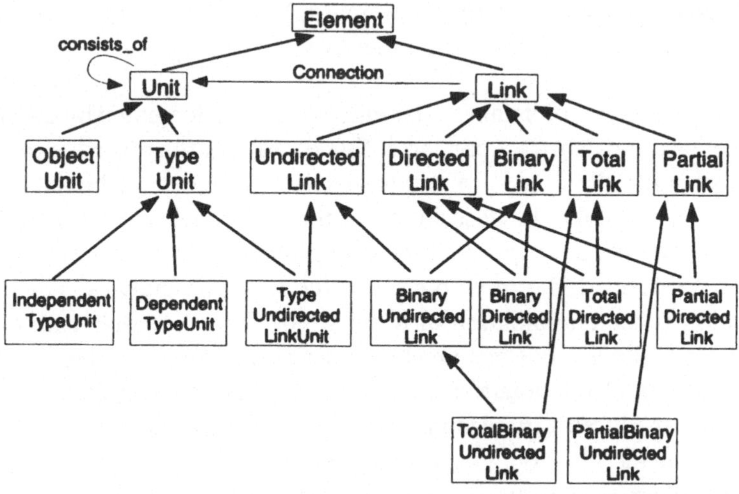

Abbildung 2: Meta meta model to classify data concepts

Figure 2 shows a hierarchy of meta meta classes that are used for the analysis of input database schemas. It defines data element types to be either links or units. The concepts of the data modeling language are classified into this hierarchy. For example, *EntityType* is classified as *TypeUnit*; *Relation* is classified both as *TypeUnit* and *Link* because they play a double role. Now, database schemas can be described as instances of the suitable meta class. The difficult problem is now to classify concepts of the database schema into the hierarchy of meta meta classes. Note that the knowledge about the classification of data modeling concepts like *Relation* is far to imprecise. To find out whether a relation represents a *Link* one has to analyse the foreign key occurrences. This is done by reformulating connections of links in terms of foreign keys. In ConceptBase, this is done by deductive rules.

Given these definitions, one can then regard the concepts of the meta meta model as queries. For example, a binary link is a link which has exactly two connections to units. Since the property of having connections has been reformulated for the relational data model, one can use this query to find out those relations (in the source database schema) which are actually binary links. This applies to all meta meta classes of figure 2. Analysis of the source database schema is therefore done by evaluating the queries attached to the meta meta classes. For a given input concept, the most specific meta meta classes into which it is classified defines the analysis result.

The generation of the target schema (e.g. the corresponding ER diagram) cannot be done by query evaluation since it is about creating new objects. Moreover, target data modeling languages typically allow multiple ways of representing the same information. Thus, the generation was done by an external program.

Discussion. The analysis of database schemas can be implemented by queries which define the extension of abstract concepts. Since analysis for reverse engineering is about understanding the kind of a database schema concept, a hierarchy is a natural choice. Interestingly, the description of the hierarchy of meta meta classes is more complex than the description of the data modeling languages. The more meta meta classes are defined, the more precise is the result of analysis. The novelty of this application is the combination of a meta modeling approach with query evaluation: queries at the level of meta meta classes range over concepts at the schema level. The concepts of the notation level (meta classes defining the data modeling languages) appear as free variables in those queries. The project also showed that a declarative update facility would be advantageous. The implementation of the target schema by an external program is much less elegant than the analysis via queries. Active rules or constraint logic programs are potential candidates for update languages. As a whole, the meta modeling and the analysis features of ConceptBase were exploited. The application broadened the understanding of the wide usability of queries in information systems development.

3.3 A FUSION meta model in ConceptBase

Meta modeling in ConceptBase means to define a new (or existing) modeling language with the facilities of ConceptBase, i.e. meta classes and the logical sublanguage. A good example is FUSION, modeled in ConceptBase by Eckard von Hahn [8] in a student project at the Technical University of Munich. FUSION is an object-oriented software development method created by Hewlett-Packard. It distinguishes an analysis phase (description of classes, their relations, their operations, and constraints on allowable sequences of operations) from a design phase (mapping to run-time system objects, communications paths, inheritance hierarchies, method signatures). The analysis phase is characterized by frequent feedback to users. The information is captured in three interrelated models. The design phase is supposed to have no scheduled interaction with the user and consists of four models (interaction graphs, visibility graphs, inheritance graphs, and class descriptions). The last phase, implementation, is not specifically supported by FUSION models. The goal of the application project is, to represent all FUSION models (more exactly: modeling languages) in ConceptBase including their graphical layout and semantic constraints (of the modeling language). The class model of FUSION could be mapped rather straightforward to a ConceptBase meta class *ObjectClass* with attributes for roles and invariants. The second key meta class is *OperationSchema* with attributes to accessed objects, agents, and pre/postconditions. FUSION also includes a life cycle model which represents how (human) agents modify the system. A meta class *SystemState* describes the values of attributes attached to *SystemObjects*. The models of the design phase are left out in this brief overview. An interesting aspect is the representation of constraints. FUSION imposes basically two kinds of constraints on models. Syntactic constraints prohibit dangling references to undefined objects and enforce that any object has a unique name. So-called semantic constraints require that values are instantiated from their types (e.g. *Integer* may only have integers as instances). Furthermore, cardinality constraints can be expressed and general integrity constraints. To give an example, the life cycle model of FUSION requires that each input event either triggers a call of a system object or the error handler. This is expressed by a simple static constraint as follows. Note that the constraint can only be expressed because the class *InputEvent* has attributes linking it to *SystemOperation* and *ErrorHandler*.

```
FusionMetaModel InputEvent with
```

```
attribute
  callsA: SystemOperation;
  callsB: ErrorHandler
constraint
  c1: forall ie/InputEvent
        (exists so/SystemOperation (ie callsA so)) or
        (exists eh/ErrorHandler (ie callsB eh) $
end
```

The application project also includes a case study from the petrol industry where the ConceptBase meta models of FUSION are used to represent the analysis and design models. These models are formally instantiated from the above-mentioned meta classes.

Discussion. The representation of FUSION in ConceptBase and the case study revealed some positive and some more critical remarks by the author. The (graphical) user interface was considered as easy to use and efficient. The predefined attribute categories for single and necessary attributes were appreciated[3]. The author argues however, that more general cardinality constraints like in the ER model should be included as well[4]. Performance was regarded as a major problem. The FUSION models contain quite a lot of constraints whose evaluation took several minutes, sometimes causing timeouts [5]. A more subtle point was the strict enforcement of constraints. A constraint is guaranteed to be true in all states of the ConceptBase database. If for example an attribute is defined as necessary, it must be present when an object is inserted to the system. This prohibits interactions where necessary components are incrementally inserted to ConceptBase. The error messages of the system were criticized due to their cryptic language. Incremental changes were difficult when a change caused several integrity violations.

The problem of propagating error information from the server into client views has meanwhile been partially addressed by methods for incremental maintenance of externally materialized views [25].

---

[3] Such attribute categories are used to attach properties to attributes of classes. For example, the 'student-id' attribute of a class 'Student' can be made instance of the 'single' attribute category defined in the meta class 'Class'. An integrity constraint attached to it declares the semantics of 'single'. Note that this integrity constraint will quantify over instances of 'Class' (like 'Student') and their instances. Such meta level formulas are essential for defining modeling languages inside ConceptBase.

[4] This is now possible to a degree by using the COUNT predicate offered in ConceptBase V5.0.

[5] In the meantime, two enhancements have been made to the query evaluator of ConceptBase. First, the execution ordering of predicates is optimized based on selectivity. Second, logical expressions are mapped to an algebra. Together, these two optimizations yield two orders of magnitude in efficiency.

3.4 Requirements engineering for telecommunication services

FUSION is an example how a known modeling method can be realized by representing it as a meta model in ConceptBase. It may be argued that this is a pure academic exercise and that the meta modeling approach is more significant with the development of new modeling methods. The Requirements Assistant for Telecommunication Services (RATS) [4] validates that this is actually possible. RATS was developed as a prototype for British Telecom. The developers argue that there is a lack of CASE tools for this area, esp. for formal requirements capture. There have been methods developed for specifying such services, most prominently the Specification and Description Language (SDL) but it lacks support for requirements engineering. The RATS tool fills this gap and also provides for a mapping of requirements to SDL constructs. Special attention is devoted to validation (or verification) of the requirements models. As these are representations of potentially diverging user's views, this can only be accomplished by an approach which includes feedback to the originators of the diverging views.

The authors of RATS break the task into pieces by providing a collection of modeling languages. Like in FUSION, they are encoded as ConceptBase meta classes. Moreover, the authors propose to separate a brainstorming phase (ideas for requirements are generated by users without enforcing many restrictions) and a refinement phase (grouping of requirements into functional blocks for telecommunication services that can be mapped to SDL). Completeness is achieved by checking whether certain necessary components for service description are present (using so-called service definition templates). The modeling languages mentioned before are broken down as follows:

- Non-functional requirements (NFR) are quality goals to be achieved by the system (the telecommunication service). For example, a call must be acknowledged within 0.1 sec. NFR's are organized into a subclass hierarchy.

- Use cases are encoded sequences of system behavior and user-service interaction. While traditional approaches focus on textual, i.e. unstructured, representations, the RATS approach promotes a more structured method: a use case is given by its name, involved actors, a textual description, preconditions, flow conditions, and post conditions. In case of a single actor, a use case is described by sequences of atomic actions with input and output.

- Domain models are very diverse and large. They are decomposed into standards for telecommunication, expert knowledge, and temporary domain models relevant for the telecommunication service under development. Furthermore, the domain models include customer profiles (e.g. the subscribed networks of a customer), the customer's equipment (e.g. ISDN phone), characteristics of networks, interactions between features of networks, and finally a data dictionary which precisely defines meanings of (data) terms.

Each of these requirements has history attributes to store which stakeholder has specified the requirement at which time. The domain models are considered as a global knowledge base which exists before developing the functional and non-functional requirements of the new telecommunication service. Domain models and requirements models are linked by keywords and explicit attributes to concepts of the domain model. As domain models refer to existing telecommunication infrastructure this is a way to represent how requirements are going to be implemented.

The RATS tool relies on ConceptBase rules and constraints to guide the development process. The meta class representation already enforces certain constraints like referential integrity (all referenced concepts must be known). This is augmented by user-defined constraints of the different models. Some constraints are permanent (may never be violated). Others are so-called soft constraints. They are triggered only at certain milestones[6]. Active guidance is given to the developers by textual descriptions attached to classes (telling developers how to create instances) and by attributes which tell the developers how to continue (which concepts have to be defined next). Discussion between stakeholders is supported by 'agreement' attributes which encode the maturity level of some requirement. Constraints enforce that a requirement as a whole is agreed only if all its parts are agreed.

Discussion. The authors of the RATS tool discuss the trade-off between a "nice" model and performance. The more generic and reusable a model is (by modeling generic classes), the more instances can be expected for a class which potentially affects performance. Response time of around 30 secs by the ConceptBase system were considered the maximum. This prevented the authors from implementing too many classes and logical conditions though these would have been in principle desirable. The RATS tool is a comprehensive system for capturing requirements and mapping them to SDL. All requirements are stored in one repository (ConceptBase) and cross-related. The main difference to FUSION are the negotiation support and the domain models. This leads to a larger set of ConceptBase (meta) classes necessary for encoding the RATS methodology. Even more than with FUSION, performance was considered critical. It even constrained the extend to which the RATS

---

[6]The RATS tool does that by inserting these constraints temporarily at the milestones. If they are not violated, the development can go on. Technically, ConceptBase queries are perhaps more suitable for this task.

method is encoded in ConceptBase. The expressiveness of the meta class mechanism and the logical sublanguage of ConceptBase were regarded as sufficient.

3.5 Design of attribute categories for modeling languages

Meta classes in the FUSION and RATS applications have features (attributes) that constrain the way how classes are built from these attributes. For example, a metaclass may provide an attribute called 'single' to which a constraint is associated about the single-valuedness of attributes. Then, a class 'Employee' which defines an attribute 'emp-id' as an instance of the metaclass attribute 'single' may only have instances with not more than one filler for 'emp-id'. The principle of attaching rules and constraints to meta classes is one of the major strength of ConceptBase because it allows to capture parts of the semantics of modeling notations (here: the cardinality of attributes). Dahchour [2] has applied this principle to investigate new abstraction principles for modeling notations.

The new abstraction principle is called 'materialization'. Intuitively, it is located between the specialization principle (subclasses of classes) and classification (instances of classes). The author presents an example of the automobile industry. A class 'CarModel' has attribute definitions for name of the car, number of doors etc. These attributes are tagged by tokens which indicate how the attributes are being used when building a car instance. A materialization class 'Car' of CarModel would add attributes for manufacturing date, serial number etc. Now, 'CarModel' can be instantiated, e.g. by the car model 'FiatRetro' which has 3 or 5 doors and an airbag, alarm, and cruise as fillers of the attribute special equipment. The materialization operator then creates a class definition 'FiatRetro_Cars' out of this where 'number of doors' becomes an attribute with possible fillers 3 and 5, and for each filler of special equipment a new attribute is created, i.e. one attribute for airbag, one for alarm, and one for cruise. These three attributes are string-valued. With these attributes, an actual instance like 'NicosFiat' can be constructed.

The author describes the materialization abstraction by ConceptBase meta classes and a collection of roughly one dozen rules and constraints. With these definitions ConceptBase can be used to test the effects of materialization and compare it to known abstractions like classification and specialization. The advantage of materialization is that it allows new ways of using class attributes: attributes of concrete classes (like 'Car') are instantiated in the ordinary way whereas attributes af abstract classes (like 'CarModel') can be expanded into different facets (like for the special equipment) before instantiating them.

Discussion. Whether materialization is a successful new abstraction principle for modeling notations has still to be seen. The case study shows however the strength of ConceptBase in designing new abstraction principles. The well-known principles specialization, classification, and attribution can be augmented or replaced by new principles without leaving the framework of deductive databases. Essentially, ConceptBase is used here as a validation platform for new modeling notations and abstraction principles. The rules and constraints of the new abstraction principles are the axioms of the new modeling notation. One has to be careful however: ConceptBase can answer queries and check constraints against the database state. It cannot detect whether constraints are contradictory or subsumed by another. Dahchour found the expressiveness of the logical sublanguage sufficient except for the case of cardinality constraints. ConceptBase provides existential and universal quantification but it cannot easily count fillers for variables in a constraint formula. The latest release has a COUNT operator for the query language which could in principle be integrated into the constraint language.

3.6   Model analysis in cooperative design

The previous application concentrated on meta modeling with ConceptBase for defining new or existing modeling languages. ConceptBase is also strong in managing the models created by instantiating the meta models. It stores all objects in a main memory database subject to querying. If a model is reasonably small, it can be visualized and analysed by a human expert. Such an approach becomes intractable when models become very large, i.e. thousands or even hundreds of thousands of interrelated concepts. In 1994, the consulting company USU specialized in business process analysis contacted the ConceptBase team with this problem: analyze business process models for potential flaws. The details of a business process are gained from users in workshops and drawn as a series of diagrams (some for document exchange, some for task delegation, some for task execution of documents).

The solution to this problem [22] is to represent the notations for the diagrams by suitable meta classes (comparable in nature to the abovementioned approaches). Then, the diagrams are entered as instances of the meta classes into ConceptBase. Finally, queries are incorporated to find the potential flaws. The new aspect here is the emphasis on querying. There were more than 80 queries defined. Each query defines a pattern of a potential flaw. This is different from constraints defining the syntax and semantics of a modeling notation. A violation of a constraint is indicating an error that must be removed. However, certain patterns found in a (business process) model might indicate an error depending on the context.

The following example shows such a query for a system model (represented as a version of a data flow diagram). If an action updates a data element but not the complex data element which contains it, then this complex data element may be inconsistent. An example are computerized tax declarations. If the tax rate is changed by some action but not the tax amount (another data element of the tax declaration) then the whole tax declaration is inconsistent. If however only the address of the tax payer is changed then no further updates are needed. This shows that partial updates are in some cases harmful and in other cases they are not. The modeler has to decide based on external knowledge about the concepts of the model.

```
QueryClass partiallyUpdated isA Data with
  computed_attribute
     mainData: Data;
     updatingAction: Action
  constraint
     qc75: $ (~mainData containsPart  ~this) and
            (~updatingAction output ~this) and
            not (~updatingAction output ~mainData) $
end
```

In this application, queries encode modeling experience. The consulting company recalled from previous modeling projects the patterns that led to errors. The patterns are then coded as queries and added to the collection of pre-defined queries in ConceptBase. Since queries are just special forms of classes and classes are just objects, inserting or removing a query is a simple update. Additional to the collection of queries, the consulting company created a user manual which exactly specified in which phase of the modeling project which queries should be submitted and how to react to the answer. The manual even contains estimates how long a certain query will take to evaluate. At the time of the case study, queries took up to ten minutes. Recent enhancements of the ConceptBase query optimizer have reduced answer times considerably, however.

Discussion. The above application emphasizes the role of model analysis. Traditional CASE tools emphasize the development of syntactically correct specifications which are ultimately mapped to program code. ConceptBase is a database system: by storing the models in a database they are subject to querying. As shown by the USU case, queries are more flexible than syntax checks. They can reveal shortcomings of models whose cause is outside of the model. The more the consulting company learns about which patterns can potentially lead to system flaws, the greater is their ability to avoid these flaws in the future. Thus, queries are an integral part of a modeling method. It is obvious that good performance of the query evaluator is essential for this modeling approach. The more queries can be evaluated in acceptable time, the more patterns of potential flaws can be described and detected. Another consequence of these experiences was the introduction of a module concept into ConceptBase, with explicit maintenance of knowledge about inconsistencies [21].

3.7 Quality management for data warehouses

Data warehouses are complex systems which pass massive data from online databases of an enterprise to analysis tools. The analysis tools support the decision making in the enterprise. Obviously, the quality of the decisions depend on the quality of available data wrt. precision, timeliness, completeness, consistency and others). The project DWQ investigates the foundations of quality management of data warehouses. ConceptBase serves as the prototype of a data warehouse meta database that supports quality management [11]. Data warehouses already incorporate meta databases as repositories for the list of available data sources and similar information and the idea was to extend them to cover quality management.

As in DAIDA, the ConceptBase system is used both for modeling quality management and for enacting it at run-time. Quality management is impossible without measuring components of the data warehouse. Thus, a model had to be developed which was capable to represent all major components (data sources, wrappers, views, control agents, etc.). Furthermore, the model had to cope with different perspectives on the data warehouse:

- the conceptual perspective contains conceptual models about data sources, the enterprise, and the clients (decision support tools); this includes conceptual data models like the ER model which clearly define subsumption between concepts,

- the logical perspective basically provides the data structures for the conceptual perspectives; for example, the relational schema of the data sources,

- the physical perspective defines the physical components like data stores, wrappers etc. together with their network addresses.

Essentially, this makes a design repository for a data warehouse system. Each of the objects in the repository is subject to measurement. For example, the completeness of a data warehouse schema (logical perspective) can be measured in terms of the number of conceptual enterprise objects covered by the schema. External measurement agents are used to compute quality values outside of the repository. More concrete, the completeness of a source relation, e.g., can be measured by counting the null values in the relation. Based on the quality measurements, a collection of queries is used to classify the quality of aspects of the data warehouse. These quality queries are then linked to quality goals of stakeholders.

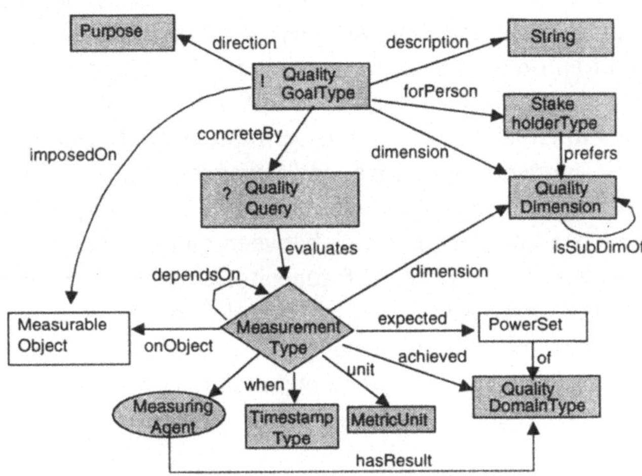

Abbildung 3: Graphical representation of the quality meta model

Figure 3 gives an overview of the quality meta model. The gray parts are meta classes whereas the class 'MeasurableObject' is a meta meta class. This abstraction mismatch is not an error but a consequence of the nature of quality measurement: class-level objects like a relation are mapped to instance-level objects (a value for a measurement of this object). ConceptBase is suitable to model the crossing of abstraction levels since all information is stored in a uniform data structure. The quality meta model is derived from the Goal-Question-Metric approach of Basili and Weiss[1]. The coding as meta classes makes it to a part of the meta database of the data warehouse. Since the meta model abstracts from the notations for the various perspectives, it has to be instantiated in order to relate it to concepts like 'EntityType', 'Relation', and 'Wrapper'. The result is a collection of quality goals, quality queries, and quality measurements that are all stored in the meta database. Since they refer to notational concepts, a second instantiation has to be done to formulate quality goals, queries and measurements for a given data warehouse. The first instantiation yields a collection of reusable quality plans. This constitutes *knowledge* about quality management in data warehouses.

The enactment of quality management is done on the second instantiation. Measurement agents are storing their results as instances of quality measurement plans (first instantiation). Predefined quality queries are evaluated and yield reports about the current quality state of the data warehouse.

Discussion. DWQ yielded two important insights. First, a meta model needs not to be restricted to (meta) classes which are all at the same abstraction level. It is well possible that meta classes are related to meta meta classes. Second, the query language of ConceptBase is used to answer queries about properties of the environment. A collection of automated measurement agents is incorporated to gather the values of these properties. Since the values are of numeric nature, new operators to manipulate values in ConceptBase had to be implemented. This include simple arithmetic operators, aggregate functions, and advanced statistical functions. The latter have not been implemented so far. The project also created a demand to manage analytical models about dependencies between quality values. The idea may be transferred to software metrics in CASE repositories as well: the quality of software objects can be assessed based on a quality model coded in the repository. The manager of a software project can then evaluate the state of the project by querying the repository. Changes to quality management policies are implemented by making appropriate updates to the quality model in the repository.

3.8 Managing hypertext books

A classical type of meta data are schema descriptions of information systems. Web-based information systems are often simply collections of hypertext documents and are only weakly structured. Various systems were developed during the last years for providing some form of integrated view and uniform accessibility on such data (cf. literature on semi-structured data). Website management systems mainly follow a model-based approach where the web page contents is generated from a database, considering the schema as well as data. In both cases the (virtual) schema and even additional access and integration can be managed in repositories like ConceptBase. As a special application the Web enabled also new types of books. The conventional way of reading books (usually in a sequential way, sometimes based on an index or table of contents) completely changes wrt. the media as well as the navigational facilities. So-called hyperbooks are groupings of electronic documents which are understood as an entity and have a *model-based* description of their structure and contents.

The KBS Virtual Classroom Project launched in 1996 at the University of Hannover belongs to one of the initiatives in Germany for exploiting web technology and multimedia for teleteaching. One outcome of the project is the KBS Hyperbook system [5, 20] for managing and presenting hyperbooks, practically applied mainly for computer science courses. In the system architecture ConceptBase serves as central storage component for the model describing the book contents as well as for the plain elementary page references which are used to dynamically build the compound pages presented to the reader. The KBS hyperbook model is based on three layers of abstraction:

1. The hyperbook 'basic abstraction' comprises the general notion of *hyperbookObject* as root abstraction and certain main object types such as *Concept*, *Relation*, *WWWPage*. Relations are distinguished wrt. their cardinality and special categories *Inheritance InstanceOfRelation*.

2. The 'structural hyperbook abstraction' provides two types of basic information carriers, namely *SemanticInformationUnits* and *ProjectUnits*. The latter serve for illustrating the usage of the earlier in specific contexts and are linked together by *knowledge items*. Additional components, e.g. *trails* and *goals* stand for possible paths through the concepts and represent certain intentions of users resp.

3. The 'semantic modeling abstractions' consist of the domain specific concept hierarchies relevant for a concrete hyperbook including subhierarchies typically overlap and provide occurrences of concepts in various contexts.

These abstraction layers in part have some form of 'refinement' relationship from the semantic up to the basic abstraction, but they also respect additional aspects and contribute to one of the four *model views*: The *domain model* contains both the semantical abstraction layer concepts including links to the representation as web page fragments and concrete example objects, which instantiate these concepts and are used mainly for demonstration purposes (e.g. a sample Java program). The *navigation model* shares parts of the structural abstraction with the *user model*. Finally, the *visualization model* provides elements for specifying page fragments e.g. by MIME objects.

Despite of the different abstraction layers the implementation with ConceptBase does not reflect a corresponding IRDS like multi-level presentation. The actual hyperbook meta model of the implementation consists of a combined model of all perspectives mentioned above apart from the domain model, which actually is the data describing a concrete hyperbook. Nevertheless, we have additional instantiation relationships on the data level, e.g. between instances of *SemanticInformationUnit* where a specific one instantiates more abstract properties of a generic one. In this context [20] emphasizes the importance of possible multiclass membership in Telos, in particular that this is allowed to occur spanning different model layers. As an alternative to the design finally chosen the authors discuss e.g. that it should be possible to shift down even the very abstract notion of *SemanticInformationUnit* from the meta to the data level such that this concept itself can be described in the hyperbook (i.e. by page components explaining its meaning).

The standard web viewer based GUI communicates with servlets on the KBS Hyperbook server. Depending on the user specified concept to be explained or trail to be followed, the servlets collect all necessary information from ConceptBase including links to external Web page fragments separately stored inside the server file system. Whether links should exist between the various fragments is also derived by ConceptBase through a set of deductive rules belonging to the navigational part of the meta model. The rules either take relationships between objects in the domain model (e.g. pages describing sample objects can be reached from the pages of its classes) into account as well as trails based on so called trail indexes. A second application of deductive rules concerns the dynamic visibility of links resp. Web page fragments. This aspect is used as part of the user model but on the data level by specifying, e.g., which pages a user must have read before he can continue to fetch another document.

The queries issued to ConceptBase in order to construct the output pages are based on the domain model and the navigational model and in addition respect the user model. More precisely they retrieve all relevant representation fragments to a certain concept and the references to other concepts focusing on the respective user view or a current trail. Both queries and rules resp. integrity constraints were identified to be a main advantage of Telos over other modeling languages like OMT because they allow the definition of new kinds of constructs and relationships. One design decision for the KBS hyperbook implementation concerns the explicit introduction of a query cache between servlets and ConceptBase in order to avoid unnecessary communication and repeated computation of the same results. This is a hint for certain performance problems or querying on a too detailed level.

Discussion Although the requirements to hyperbook modeling obviously differ from the previous meta modeling approaches, ConceptBase was able to support even this. The meta level in this case simply consists of the hyperbook generic model parts whereas the data level contains the hyperbook specific domain concepts, parts of the navigational information and representation aspects. In this respect, the implemented Telos version in ConceptBase differs from the original definition by not axiomatizing the membership of stored objects in classes, metaclasses, etc. The levels *can* be used to reach a more systematic understanding but it is not obligatory to structure the model in such a way. The deductive rule language could be used to avoid the laborious manual specification of links by implicitly specifying rules on the meta level. The query language covered the necessary aspects for interacting with the Java servlets used to build up the Web page structures. Probably the extended view language in the current version of ConceptBase may be helpful to specify more complex building blocks of the pages to be presented to the user. The KBS application utilizes the Internet connectivity of ConceptBase (to generate hypertexts out of models stored in ConceptBase). Moreover, the meta modeling capability is used to represent domain concepts as well as features for external representation[7]. The analysis capability of ConceptBase plays a minor role in KBS due to the navigational style of user interaction with hypertexts.

4 Historical Remarks and Development Strategy

We started development of ConceptBase in 1987 at the University of Passau. Version 1.0 was available in early 1988. Thus, ConceptBase was one of the first deductive object managers. Version 2.0 appeared in November 1989 and added deductive integrity checking plus the client server architecture. A few months later an interval-based time calculus was included. Version 3.0 was released in 1991 to provide query classes for information access and a X11-based user interface. In 1992, the Concept-Base development team moved from Passau to the RWTH Technical University of Aachen. Two intermediate versions 3.1 and 3.2 were issued subsequently which basically improved performance and reliability. Version 3.2 had outstanding robustness. This was due in part to the fact that the interval-based time was removed from the system. Subsequent ConceptBase versions just provide rollback functionality based on transaction time. Version 4.0 was finished in 1994 and then upgraded to 4.1 after one year. It provided a dedicated object store and boosted performance. For the first time, real meta class-level rules and constraints were made available. The current version is 5.0 and features complex views, modules, active rules, and a much improved query optimizer.

---

[7]The KBS hyperbook approach has been applied to design the online textbook of a computer science course. There, students learn generic concepts as well as examples of them, e.g. *ProgrammingLanguage* vs. *Java*. Since both concepts have to be treated uniformly, the KBS meta model allows concepts to be instances of more than one (meta) class level.

The development strategy was neither purely user-driven nor purely technology-driven. It has been a mixture of both. Before a development cycle starts, a review of user feedback and a study of current trends in the application and technology domains is made to select candidate functionalities to be included in the next release. Depending on the available resources and research interests, the new functionalities are implemented and tested internally. In some cases, the actual benefit is unsatisfactory and the new function is excluded from the next release. For example, a group security mechanism was developed in the early 90'ties but its overhead was too high to be acceptable. Still, the research results were very useful. They are now reconsidered for implementation after the base performance of the system has dramatically improved. Over the years, the emphasis of development moved from the kernel (object store, logic formula evaluation) to the application side (user and programming interface, web-ification, access to heterogeneous data sources). Extensions to the kernel are still made from time to time. For example, new predicates were provided for better access to instance level attribute labels because an application had an urgent need for them. In order to improve the feedback from ConceptBase users to the development team, the *ConceptBase Forum* was established in 1998. Members of this Web-based workspace can upload and download background material, formulate technical questions and answers, and access a library of modeling examples for different purposes.

Besides the positive application reported in the previous sections, there have also been unsuccessful projects with ConceptBase. A frequent cause of failure is the use of ConceptBase as a plain object store where complex objects are retrvied by a given object identifier. While ConceptBase supports this operation, the overhead in decomposing a complex object into its parts at the application program side is generally too high. Another potential failure cause is the extensive use of integrity constraints. Applications programs are usually not prepared to react intelligently to messages reporting a violation of an integrity constraint. Even if the interaction is directly with the user, it can be a non-trivial effort to define an update that does not violate any integrity constraint.

5   Conclusions

The specific demands of the application projects has guided to development of the ConceptBase system over the last ten years. It is fair to say that ConceptBase represents the lessons learned from quite diverse aspects of information systems developments (ranging from design repository to hypertext information systems) of various domains. ConceptBase can be classified as a Meta CASE tool, i.e. a tool whose system engineering capabilities are described via its meta modeling features. The process to define such meta models is called method engineering. Since the models are represented as (meta) classes, they can be directly used as an environment for systems development.

The combination of the method and system engineering capabilities was used by most application projects extensivly. Therefore, the type of (meta) meta models developed in those application projects give some clue about the requirements for system development tools and for method engineering environments. If the application is about classify existing information, then the meta model tends to be a hierarchy (see reverse engineering application). In contrast to that, applications which have to manage inter-related modeling languages tend to have a few generic concepts linked together by attributes at the meta meta class level. This feature allows to formulate analysis queries that cross the boundaries of a single modeling language (see DAIDA and USU applications). Thirdly, if the application focuses on a single modeling language, then the meta model has similar size and structure to the syntax specification of the modeling language (FUSION).

We summarize the application experience with ConceptBase as follows.

1. *Performance determines the use of features.* This statement appears trivial but it is important when it affects method engineering. If certain features of a modeling notation cannot be implemented efficiently, then method engineers tend to leave them out of the method. Note that system development methods are described by ConceptBase meta classes with rules, constraints and queries. Hence, a superb query optimizer is needed to give method engineers the capability to cover the important aspects of a systems development method (like FUSION or RATS).

2. *Models can grow large and require tools for analysis.* The business process analysis application is a good example for the need to automatically analyze large models. A graphical visualization of a model (e.g. an ER diagram) is only suitable for relatively small models. Human developers tend to overlook (semantic) errors in a model especially when it is interrelated to other system models. ConceptBase represents all models in its database. This makes the models subject to extensive querying. The expressiveness of the query language was constantly improved in order to be able to make sophisticated analysis. There is certainly a tradeoff between computational expressiveness and efficiency. The design decision in ConceptBase was allow recursive queries but not to leave the logical framework of deductive rules.

3. *Meta modeling is a powerful facility for method engineering.* ConceptBase employs a rather simple principle for meta modeling: classes are objects and can be instance of other classes called meta classes. A system development method (like FUSION, RATS,...) is described by meta classes. The properties of the meta classes (rules, constraints, graphical symbols) are all attributes of the meta classes. Since meta classes are also objects they can be instances of other classes called meta meta classes. The layer of meta meta classes can be used to model the goals of a collection of system modeling languages. For example, in the case of database schema reverse engineering, the meta meta classes allow to represent source and target data modeling languages and to classify input database schemas into them.

4. *Multi-user applications require communication support.* System development is a multi-user activity. Communications acts refine the model or extract knowledge from it. A repository system like ConceptBase must have excellent facilities for supporting system and method engineers. The first prototype of ConceptBase was a single user system. Then, the database server was separating from the user interface. Communication between the user interface is done via two methods: ASK for extracting information and TELL for refining information. Recently, the query language was augmented by a view mechanism that allows to model how answers to queries are passed to ConceptBase clients. The answer materialized in the client can be kept up-to-date by the active rule and view maintenance capabilities of the ConceptBase server. It has been demonstrated in a recent diploma thesis that this is sufficient for implementing standard (as well as non-standard) groupware communication protocols.

It should be mentioned that the meta modeling feature requires much expertise. Meta modeling is a kind of method engineering similar to the design of a programming language. If a meta model is ill-designed, then the consequences are potentially tremendous since all class definitions using the meta model may have to be re-written. Therefore, a meta model should undergo a critical review and experimentation before being used on a larger scale for modeling. Up to now, we have not developed a methodology on how to do method engineering with ConceptBase. One building block is the multi-perspective approach [21] though it is specialized for systems engineering. Currently, the best way is to experiment with given examples and to adapt them to the application.

ConceptBase is still under continuous development. The communication support is being extended by wrapper agents that link to legacy information systems. The description of modeling languages purely by meta classes is certainly not comprehensive. Pragmatics of modeling methods are missing and a good way to communicate experience to modelers. Performance remains an issue esp. when the system is used to handle large amounts of information. Active rules have only been used by few ConceptBase application projects. An experimental conference management system utilizing active rules show their great potential in coordinating distributed teams. Much of the functionality of a workflow management system can be implemented with this feature. Another promising capability of ConceptBase are modules. Import and export interface specify which parts of the database are visible to a certain application.

An open issue is the provision of generic user interface tools. The meta-modeling features of ConceptBase make it relatively easy to specify customized modeling languages. However, this is not matched by equally adaptable tools of the Concept-Base user interface. The graphical browser does provide some options to control the graphical layout of nodes and links but this is not sufficient when compared to commercial CASE tools.

More information about the system is available on the Web site

```
http://www-i5.informatik.rwth-aachen.de/CBdoc
```

It includes instructions on downloading the system for research purposes. The site also offers a comprehensive list of literature about the system and its applications.

Acknowledgements. Many thanks go to the ConceptBase development team for their endurance over the last twelve years, esp. Rainer Gallersdörfer, Hans Nissen, René Soiron, Kai von Thadden to mention only a few. Funding for this work come from the ESPRIT program through projects DAIDA, COMPULOG, DWQ, ME-MO, and the Deutsche Forschungsgemeinschaft in its Federal Research Program 'Objektbanken für Experten', and the German Ministry of Research through the cooperation projects WibQuS and FoQuS.

Literatur

[1] Basili,V.R., Weiss, D.M.: A method for collecting valid software engineering data. *IEEE Trans. on Software Engineering* **10**(6) (1984) 728-738.

[2] Dahchour, M.: Formalizing materialization using a metaclass approach. Proc. 10th Intl. Conf. Advanced Information Systems Engineering (CAiSE'98), Spinger-Verlag, LNCS 1413, 1998.

[3] Dömges, R., Pohl, K.: Adapting traceability environments to project-specific needs. *Communications of the ACM* **41**(12) (1998) 54–62.

[4] Eberlein A., Halsall F.: Telecommunications service development: a design methodology and its intelligent support. *Journal of Engineering Applications of Artificial Intelligence* **10**(6) (1997) 647–663.

[5] Fröhlich, P., Nejdl, W.: A database-oriented approach to the design of educational hyperbooks. Proc. Workshop Intelligent Educational Systems on the World Wide Web, 8th World Conference of the AIED Society, Kobe, Japan, 18-22 August 1997.

[6] Greenspan, S., Mylopoulos, J., Borgida, A.: On formal requirements modeling languages - RML revisited. Proc. 16th International Conference on Software Engineering (1994) 135-148.

[7] Greenspan, S.: *A knowledge representation approach to requirements definition*. Ph.d. thesis, Department of Computer Science, University of Toronto, 1984.

[8] von Hahn, E.: *Meta-modeling in ConceptBase - demonstrated on FUSION*. Semester thesis, Faculty of CS, Section IV, Technical University of München, Germany, October 1996.

[9] Jarke, M.: *Database application engineering with DAIDA*. Springer-Verlag, 1993.

[10] Jarke, M., Gallersdörfer, R., Jeusfeld, M.A., Staudt, M., Eherer, S.: ConceptBase - a deductive object base for meta data management. *Journal of Intelligent Information Systems* **4**(2) (1995) 167–192

[11] Jarke, M., Jeusfeld, M.A., Quix, C., Vassiliadis, P.: Architecture and quality in data warehouses - an extended repository approach. In Pernici, B., Thanos, C. (eds.): Special Issue on Advanced Information Systems Engineering, *Information Systems* **24**(3) (1999) 229–253.

[12] Jarke, M., Jeusfeld, M.A., Rose, T.: A software process data model for knowledge engineering in information systems. *Information Systems* **15**(1) (1990) 85–116.

[13] Jarke, M., Peters, P., Szczurko, P., Jeusfeld, M.A.: Model-driven planning and design of cooperative information systems. In M. Papazoglou, G. Schlageter (eds.): *Cooperative Information Systems - Trends and Directions*, Academic Press, 1998.

[14] Jarke, M., Rose, T.: Managing knowledge about information system evolution. Proc. SIGMOD Intl. Conf. on Management of Data (1988) 303–311

[15] Jeusfeld, M., Jarke, M.: From relational to object-oriented integrity simplification. Proc. 2nd Intl. Conf. on Deductive and Object-Oriented Databases (DOOD'91), Springer Verlag, LNCS 566 (1991) 283–295.

[16] Jeusfeld, M.A., Jarke, M., Nissen, H.W., Staudt, M.: ConceptBase - managing conceptual models about information systems. In P. Bernus, K. Mertins, G. Schmidt (eds.): *Handbook on Architectures of Information Systems*, Springer-Verlag, 1998.

[17] Jeusfeld, M.A, Johnen, U.A.: An executable meta model for re-engineering of database schemas. *Intl. Journal Cooperative Information Systems* **4**(2&3) (1995) 237–258.

[18] Mylopoulos, J., Borgida, A., Jarke, M., Koubarakis, M.: Telos – a language for representing knowledge about information systems. *ACM Trans. Information Systems* **8**(4) (1990) 325–362.

[19] Mylopoulos, J., Bernstein, P.A., Wong, H.K.T.: A language facility for designing data-intensive applications. *ACM Trans. on Database Systems* **5**(2) (1980) 185–207.

[20] Nejdl, W., Wolpers, M. KBS hyperbook - a data-driven information system on the web. Technical Report, KBS Institute, University of Hannover, Germany, November 1998.

[21] Nissen, H.W., Jarke, M: Repository support for multi-perspective requirements engineering. In Lyytinen, K., Welke, R.J (eds.): Special Issue on Metamodeling and Method Engineering, *Information Systems* **24**(2) (1999).

[22] Nissen, H.W., Jeusfeld, M.A., Jarke, M., Zemanek, G.V., Huber, H.: Managing multiple requirements perspectives with metamodels. *IEEE Software* **13**(2) (1996) 37–48.

[23] Pohl, K.: *Process centered requirements engineering*. John Wiley & Sons Ltd, UK (1996).

[24] Ramesh, B., Dhar, V.: Supporting systems development by capturing deliberations during requirements engineering. *IEEE Trans. on Software Engineering* **18**(6) (1992) 498–510.

[25] Staudt, M., Jarke, M.: Incremental maintenance of externally materialized views. Proc. 22nd Intl. Conf. on Very Large Data Bases (VLDB'96), (1996) 75–86.

Literaturauffassungen zur Bewertung von Informationsmodellen

Reinhard Schütte[*]
Institut für Produktion und Industrielles Informationsmanagement,
Universität Essen
Universitätsstraße 9, D-45141 Essen, Germany

Zusammenfassung

Beim Einsatz von Informationsmodellen ist zu entscheiden, welche Repräsentation
für die Problemstellung angemessen ist. Sowohl die Untersuchung alternativer
Designentscheidungen als auch die Bewertung der Konsequenzen eines
Modellentwurfs ist für eine wirtschaftliche Modellerstellung und –nutzung
unverzichtbar. Im vorliegenden Beitrag wird analysiert, welche Faktoren zur
Bewertung der Qualität von Modellen in der Literatur untersucht werden. Dabei
werden Ansätze betrachtet, die erstens nicht nur für einen spezifischen
Anwendungszweck konzipiert wurden, und zweitens auch umfassend genug sind,
einen konstruktiven Beitrag zur Verbesserung der Qualität zu leisten.

1 Einleitung

In der Informatik wird i.d.R. mit dem „Universe of Discourse" der Bereich der
Realität bezeichnet, der einer Konzeptualisierung durch ein wahrnehmendes
Subjekt erschlossen werden kann. "Eine Konzeptualisierung stellt eine abstrakte
Sichtweise auf Phänomene eines Realitätsausschnitts dar, der für vorgegebene Er-
kenntniszwecke von Interesse ist" [ZeSS99; vgl. auch Grub93]. Die Konzeptualisierung ist die Vorstellung eines Subjekts über die zu modellierende Domäne,
die zumeist als Ausschnitt des Universe of Discourse bezeichnet wird. Die Repräsentation der Konzeptualisierung mit Hilfe einer Sprache, die zumeist formaler
Natur ist, bildet dann den Ausgangspunkt der Informationsmodellierung, das Informationsmodell (welches nach unterschiedlichen Begriffsspezialisierungen auch
eine Ontologie, ein Referenzmodell, ein analysis pattern usw. sein kann).

Dieses grundlegende Verständnis von Modellbildung dürfte sowohl für das Software Engineering als auch für die Vertreter der KI-Forschung gelten, die sich vom
sogenannten "transfer-approach" hin zum "modelling approach" hingewendet
haben [STBF98]. Allerdings stellen sich bei einer näheren Betrachtung bereits bei

---

dem Begriffstripel Universe of Discourse, Konzeptualisierung und Informationsmodell, das auch als semantisches, konzeptionelles [WMPW95] oder fachliches Modell bezeichnet werden kann, tiefgreifende Unterschiede.

Im folgenden soll im Sinne einer *präskriptiven* Informationsmodellierungsforschung die Frage untersucht werden, wie die Auswahl von Modellierungsmaßnahmen rational erfolgen soll. Es werden dabei Ansätze[1] untersucht, die für sich in Anspruch nehmen, bei der Modellkonstruktion Hilfestellungen zu geben, damit die Vision von "guten" Modellen Realität werden kann.

Die Bezeichnung „gute Modelle" bedarf zunächst einer Konkretisierung, um eine Vorstellung zu entfalten, wann etwas als gut gelten kann. Gut wird im vorliegenden Beitrag mit Qualität gleichgesetzt. Aufgrund der Vielfältigkeit und Vielschichtigkeit alternativer Definitionsversuche des Qualitätsbegriffs erscheinen Systematisierungsversuche wenig erfolgversprechend zu sein. Im folgenden wird ein Verständnis von Qualität unterstellt, daß Qualität mit der Erfüllung von Anforderungen gleichsetzt. Es ist hervorzuheben, daß eine technokratische Qualitätsperspektive nicht mehr als ausreichend angesehen wird, die Qualität einer Leistung zu bemessen. Das anforderungsorientierte Qualitätsverständnis gilt dabei nicht nur für die Produktion von Sachgütern, es kann vielmehr als eine umfassende Qualitätsphilosophie verstanden werden. Für die Qualität von Informationsmodellen wird daher ein analoges Qualitätsverständnis formuliert, d. h. die Qualität von Informationsmodellen entspricht dem Erfüllungsgrad der Anforderungen von Modelladressaten.

2 Kriterien für die Beurteilung der Konzepte

Ausgehend von dem anforderungsorientierten Qualitätsverständnis sollen alternative Konzepte verglichen werden, die für sich in Anspruch nehmen, die Qualität von Informationsmodellen bewerten zu können.[2] Für eine Beurteilung der Ansätze bedarf es Kriterien, anhand derer sie evaluiert werden können. Es wird hier ein relativer und weitgehend konzeptexogener Vorteilhaftigkeitsvergleich angestrebt.

---

[1] Die Begriffe Ansatz, Architektur oder Konzept werden synonym verwendet.

[2] Die zu untersuchenden Ansätze widmen sich der Bewertungsproblematik von Objektmodellen. Der vorliegenden Beitrag nimmt die Beurteilung der Bewertungskonzepte vor, d.h. er bewegt sich auf einer Metaebene. Zur sprachlichen Hervorhebung der Bewertung auf Objektebene einerseits und zur Beurteilung der Konzepte andererseits wird die sprachliche Regel getroffen, das Verb bewerten immer im Kontext des Vergleichs von Konzepten zu verwenden, während das Verb bewerten im Zusammenhang mit der Evaluation von Objektmodellen verwendet wird.

Der Vorteilhaftigkeitsvergleich soll anhand von vier Kriterienklassen erfolgen, die in Kapitel 2.2 hergeleitet werden. Bei den theoretisch orientierten Gütedeterminanten der Konzeptqualität ist zu untersuchen, inwieweit die Aussagensysteme kohärent sind zu den metaphysischen Annahmen der Ansätze (Metaebene). Daher wird zunächst in Kapitel 2.1 untersucht, welche denkmöglichen "Weltanschauungen" unterschieden werden sollen. Die Weltanschauungen dienen zur Einordnung der Konzepte sowie der anschließenden Kohärenzprüfung der Aussagen auf Objektebene. Es werden keine Inter-Konzept-Vergleiche angestrebt, da unterschiedliche Basispositionen Setzungen eines Wissenschaftlers sind. Eine Kritik der Aussagen auf der Objektebene aufgrund von Annahmen der Metaebene kommt einer Diskussion der unterschiedlichen Position auf der Metaebene gleich. Diese Diskussion soll im Rahmen dieses Beitrags nicht geführt werden, weil es sich um eine erkenntnis- und wissenschaftstheoretische Fragestellung handelt, die aufgrund ihrer Komplexität den Rahmen des Beitrags sprengen würde. Dem Verfasser scheint es aus Sicht eines aufgeklärten Argumentationsverständnisses geboten zu sein, die unterschiedlichen Auffassungen zu respektieren. Den Ansätzen sollen keine Vorwürfe aus der eingenommenen Basispositionen gemacht werden. Allerdings kann geprüft werden, ob die Aussagen zur Bewertung von Modellen kohärent zu den getroffenen metaphysischen Annahmen sind.

2.1 Weltanschauungen

Mit dem Begriff der "Weltanschauung" wird zum Ausdruck gebracht, welche Sichtweise ein Forscher von der Welt hat [Inwo95]. Es werden hier anhand der Unterscheidung von Realismus und Idealismus einerseits und ontologischer und erkenntnistheoretischer Positionen andererseits drei Weltanschauungen voneinander abgegrenzt [Musg94; Resc97; Sear97]. Ein ontologischer Realismus unterstellt die Existenz der Welt an sich, während ein ontologischer Idealismus einen solchen Ausgangspunkt verneint. Der erkenntnistheoretische Realismus geht davon aus, daß objektives Wissen möglich ist, da die Welt erkannt werden kann, wie sie ist. Der erkenntnistheoretische Idealismus sieht den Geist als Quelle des Wissens und folgert daraus, daß die Erkennbarkeit der Welt "an sich", d. h. unabhängig vom erkennenden Geist, unmöglich ist. Der Unterscheidung zwischen Ontologie und Erkenntnistheorie folgend sind –ohne weitere mögliche Differenzierungen zu betrachten– drei denkbare Erkenntnispositionen möglich, die ein Wissenschaftler einnehmen kann. Ein ontologischer Realismus kann mit einem erkenntnistheoretischen Realismus einhergehen (z. B. naiver Realismus, kritischer Realismus), muß es aber nicht. Ein ontologischer Idealismus kann nur mit einem epistemologischen Idealismus verbunden sein, da eine nicht vorhandene Realität nicht objektiv erkennbar ist (insbesondere radikaler Konstruktivismus). Die Kombination von ontologischem Realismus und erkenntnistheoretischem Idealismus bildet einen Mittelweg zwischen Realismus und Idealismus.

Die Weltanschauungen der einzelnen Forscher, aus denen heraus die einzelnen Ansätze zur Bewertung der Modellqualität entfaltet wurden, können aufgrund paradigmatischer Inkommensurabilitäten nicht bewertet werden. Aufgrund der Unmöglichkeit, die metaphysischen Annahmen einer voraussetzungslosen Kritik zu unterziehen, kann nur geprüft werden, ob die Überlegungen zur Modellbewertung mit den Annahmen zur Basisposition kohärent sind. Werden die Konsequenzen der Metaebene für die Definition von Kriterien, Meßgrößen usw. auf der Objektebene nicht beachtet, so entstehen Architekturen mit inkohärenten Aussagen. Zudem werden durch die Weltanschauungen die Annahmen der Ansätze offengelegt. Beispielsweise würde jemand mit einer kritisch realistischen Grundposition einen anderen Bewertungsansatz wählen als jemand, der eine subjektivistisch gefärbte Erkenntnislehre präferiert.

2.2 Herleitung der Beurteilungskriterien

Aufgrund der Unmöglichkeit, absolut gültige Kriterien für einen Vorteilhaftigkeitsvergleich herzuleiten, wird auf eine Rechtfertigung der hier zu Beurteilungskriterien zusammengefaßten Subkriterien unterlassen (vgl. Schü99c). Auf Basis der besonders relevant erachteten Beurteilungskriterien können einige Stärken und Schwächen der Ansätze herausgearbeitet werden.

Die *Kriterienklasse Universalität* faßt drei Kriterien zusammen, die die Mächtigkeit der Konzepte bewerten. Erstens soll die Anwendungsbreite des Bewertungsansatzes untersucht werden, d.h. wie umfangreich die Menge intendierter Anwendungen ist. Inwieweit sind Probleme allgemeingültiger Modelle (Referenzmodelle, Patterns, etc.) und alternativer Einsatzzwecke in den Ansätzen berücksichtigt? Mit Hilfe der sprachlichen Reichweite, dem zweiten Kriterium, soll bewertet werden, inwieweit in den bisherigen Untersuchungen der Ansätze unterschiedliche Beschreibungssprachen problematisiert wurden. Ob ein Zusammenhang zwischen der allgemeinen Qualitätspolitik der Unternehmen und dem der Modellevaluation zugrundeliegenden Qualitätsverständnis besteht, soll mit dem Kriterium der Integrierbarkeit beurteilt werden.

Die *Kriterienklasse Bewertungsmethodik* faßt Maßstäbe zusammen, die die Architekturen hinsichtlich ihrer entscheidungstheoretischen Korrektheit und Vollständigkeit untersucht, d.h. inwieweit werden bei der Bewertung von Modellen alle denknotwendigen Elemente eines Entscheidungsmodells berücksichtigt. Im einzelnen handelt es sich um die Berücksichtigung unterschiedlicher Alternativen und deren Abgrenzung zu Zielen, der Präferenzfunktion sowie die Beachtung von –ausschließlich situativ gültigen– Zielinterdependenzen.

Bei der *Kriterienklasse theoretische Güte* werden die Konzeptpräzision, die Vollständigkeit der Konzepte für die Unterstützung unterschiedlicher Modellierungsphasen und die Homogenität der Konzeptanwendung beurteilt. Das letztgenannte Kriterium fordert Modelle, die Struktur und Verhalten in gleicher Weise berücksichtigen, so daß homogene Modelle entstehen.

Die *Kriterienklasse praktische Güte* der Ansätze. Hierzu gehören vor allem die Implementierbarkeit in Modellierungstools, die Verständlichkeit sowie die Validierung der Konzepte in der Modellierungspraxis.

3 Ansätze zur Bewertung der Modellqualität

Der Strukturierung des zweiten Kapitels folgend sollen bei den Ansätzen zur Bewertung der Modellqualität zunächst die zugrundeliegenden Weltanschauungen aufgezeigt werden. In einem zweiten Schritt werden die Elemente der Bewertungsarchitekturen untersucht. Zu einer Darstellung der Konzepte in Form von Metamodellen vergleiche [Schü99b]. In den Vergleich wurden –angesichts des begrenzten Umfangs des Beitrags– nur vier Ansätze berücksichtigt, die in der Literatur eine besondere Verbreitung gefunden haben oder als besonders innovativ gewertet werden. Hierzu werden die Ansätze von MOODY, SHANKS [MoSh94, MoSh98, MoSD98], von KROGSTIE ET AL. [LiSS94, Krog95 KrLS95a, KrLS95b] von BECKER ET AL. [BeRS95] und von SCHÜTTE [Schü98] verglichen.

3.1 Der Ansatz von MOODY, SHANKS

3.1.1 Weltanschauung des Ansatzes

Hinsichtlich der dem Ansatz zugrundeliegenden Weltanschauung ist eine eindeutige Einschätzung schwierig. In [DaSh96] wird ein objektivistischer Standpunkt vertreten, während in den neueren Publikationen [z. B. ShDa98] eine differenzierte Beschreibung der philosophischen Grundposition erfolgt, die sich an [Ming95] anlehnt.

Demzufolge liegt dem Ansatz ein *ontologischer* Realismus zugrunde [ShDa98], "the real world system consists of things and attributes that are related in a causal way, and is described in terms of its states (the values of its attributes at certain point in time), events and laws (allowed combinations of values of attributes)" [ShDa98]. *Epistemologisch* wird eine subjektiv geprägte Perspektive eingenommen, "our understanding of the world depends on our prior knowledge and experience" [ShDa98].

3.1.2 Komponenten des Ansatzes

Die Intention von MOODY, SHANKS ist es, eine Bewertung der Modelle für einzelne Kriterien anhand von Metriken vorzunehmen, um anschließend eine Gewichtung die Bewertung auf Modellebene durchzuführen [MoSh94]. Es sollen aus den Zielen für Datenmodelle über die Bewertung alternativer Strategien optimale Handlungsalternativen abgeleitet werden, die zu einer Verbesserung der Modellqualität führen.

Im einzelnen setzt sich der Ansatz aus folgenden Komponenten zusammen:

- Ein *Modell* wird verstanden als eine sprachlich verfaßte Repräsentation, die von Stakeholdern erstellt und interpretiert wird.

- Als Rahmen für die Bewertung dienen die acht *Qualitätsfaktoren* Vollständigkeit (completeness), Integrität (Integrity), Flexibilität (flexibility), Verständlichkeit (understandability), Korrektheit (correctness), Einfachheit (simplicity), Integration (Integration) und Implementierbarkeit (implementability). Die *Vollständigkeit* fordert die Aufnahme sämtlicher Informationen, die für die Anforderungen der Benutzer erforderlich sind. Die *Integrität* fordert, daß die "business rules", die mit den Daten zu realisieren sind, auch durch das Datenmodell abgedeckt werden. Dadurch soll zum Ausdruck gebracht werden, daß das Zusammenspiel mit der dynamischen Sicht im Datenmodell zu berücksichtigen ist. *Flexibilität* fokussiert auf die Eigenschaften eines Modells, die eine mit geringem Aufwand verbundene zukünftige Modellanpassung erlauben. Die *Verständlichkeit* eines Modells ist gegeben, wenn die Inhalte des Modells vom Modellnutzer einfach, d. h. schnell und ohne zusätzliche Erläuterungen, nachvollzogen werden können. Die *Korrektheit* verlangt, daß die Regeln der Modellierungstechnik (z. B. Informationsobjekte müssen benannt sein, Entitytypen müssen primäre Schlüssel haben) eingehalten werden (syntactic bzw. grammatical correctness). Zur Korrektheit gehört auch die Forderung nach einer redundanzfreien Darstellung in Form der internen Redundanzfreiheit (z. B. sollen sich die Definitionen zweier Entitytypen nicht überlappen). Die *Einfachheit* eines Modells wird gefordert, da es dadurch flexibler, implementierbarer und besser zu verstehen ist [MoSh94]. Die Einfachheit eines Modells soll dessen Wirtschaftlichkeit fördern. Der Aspekt der *Integration* bezieht sich auf die Konsistenz des zu erstellenden Datenmodells mit den bereits im Unternehmen vorhandenen Daten. Durch das Kriterium *Implementierbarkeit* werden die technische, zeitliche und kostenmäßige Implementierbarkeit (geringe Implementierungsrisiken) eines Modells bewertet.

- *Quality Metrics* ermöglichen die Messung der Qualitätsfaktoren. Beispielsweise wird festgelegt, daß die syntaktischen Qualität eines Modells anhand der Anzahl syntaktischer Fehler bestimmt wird.

- Die *Stakeholder* sind diejenigen, die an der Erstellung oder Nutzung des Modells Interesse haben.

- *Improvement Strategies* stellen Maßnahmen dar, mit deren Hilfe die Qualitätsfaktoren erreicht werden sollen.

- Mit dem *Weighting* werden den Qualitätsfaktoren Bewertungsgewichte zugeordnet, die die relative Bedeutung eines Qualitätsfaktoren wiedergeben sollen. Die Gewichtung eines bewerteten Qualitätsfaktors sowie deren Addition über alle Qualitätsfaktoren hinweg erlaubt die Ermittlung einer gewichteten Qualitätskennziffer für ein Modell. Dadurch wird eine Rangfolge von Modellen errechnet.

- Im Gegensatz zur Gewichtung der Qualitätsfaktoren beim Weighting wird mit dem *Rating* der Wert für einen Qualitätsfaktor bei einem einzelnen Modell festgelegt.

- Zur Berücksichtigung der Prozeßqualität dient die Aufnahme von Review Checkpoints [MoSD98], bei denen durch Beteiligung der Stakeholder zu bestimmten Zeitpunkten eine Betrachtung der Qualitätsfaktoren erfolgen soll.

3.2 Der Ansatz von KROGSTIE ET AL.

3.2.1 Weltanschauung des Ansatzes

Der Ansatz nimmt die Sichtweise einer sozial-konstruierten Realität ein. Es wird ein ontologischer Realismus mit einem erkenntnistheoretischen Idealismus vertreten. Somit wird die die Subjektivität betonende Erkenntnisleistung des Subjekts hervorgehoben.

3.2.2 Komponenten des Ansatzes

Der Ansatz von KROGSTIE ET AL. besteht aus folgenden Komponenten:

- Der *Audience*, die sich aus unterschiedlichen *Participants* zusammensetzt. Die Participants können dabei als Spezialisierung der *Stakeholder* aufgefaßt werden.

- Der Domäne (*Modeling Domain*), die unabhängig von den modellierenden Subjekten existiert [Krog95]. Anhand der Zeit können unterschiedliche Domänentypen (*Domain Type*, z. B. bestehendes Informationssystem, zukünftiges Informationssystem) unterschieden werden.

- Der Sprache (*Language*), die zur Erstellung eines Modells erforderlich ist.

- Dem Wissen der Participants über die zu modellierende Domäne (*Participant Knowledge*), welches zur Erstellung eines Modells erforderlich ist.

- Die Modellinterpretation (*Model Interpretation*), die von einem Participant erfolgt.

Die Art der Modellbewertung bildet den Hauptschwerpunkt des Frameworks von KROGSTIE ET AL. Bei den semiotischen Ebenen wurden technisch orientierte Aspekte (physical, empirical, syntactic) und soziale Gesichtspunkte (semantic, pragmatic und social) der Kommunikation unterschieden. Im Mittelpunkt des Frameworks stehen die an der Semiotik angelehnten Kriterien Syntax, Semantik und Pragmatik. Die *syntaktische Qualität* wird daran gemessen, ob morphologische Fehler (Vollständigkeit des Modells ggü. dem Metamodell) oder syntaktische Unvollständigkeiten (Inkonsistenzen des Modells zum Metamodell) vorliegen. Die *semantische Qualität* bezieht sich auf das Verhältnis zwischen Domäne und Modell. Als Ziele werden die Validität und die Vollständigkeit definiert. Mit der Modellvalidität ist die Forderung verbunden, daß sämtliche Aussagen im Modell relevant für die Domäne sind und den Sachverhalt der Domäne richtig wiedergeben. Vollständigkeit liegt vor, wenn alle für die Domäne relevanten Aussagen auch im Modell enthalten sind. Validität betont die Qualität der Angaben des Modells in bezug auf die Realität, während Vollständigkeit die Berücksichtigung von Aspekten der Realität im Modell betrachtet. Die Kriterien der semantischen Qualität werden aufgrund der Begrenztheit von Ressourcen durch die Einführung der Feasibility relativiert, so daß als Ziele die feasible validity und die feasible completeness eines Modells fungieren. Die *perceived semantic quality* gibt die Übereinkunft der Beteiligten bei der Modellinterpretation mit ihrem Wissen über die Domäne wieder. Die *pragmatische Qualität* eines Modells wird ebenfalls durch das Konzept der Feasibility eingeschränkt. Eine feasible comprehension liegt vor, wenn das Modell von den Modellnutzern verstanden wird.

Als Erweiterungen der syntaktischen, semantischen und pragmatischen Qualität sind insbesondere die language quality und die social quality von Interesse. Die Sprachqualität bezieht sich auf die Eignung einer Sprache zur Beschreibung der relevanten Bereiche der Domäne, der Möglichkeit, das bei den Beteiligten vorhandene Wissen darzustellen und die Verständlichkeit der Sprache für die stakeholder. Darüber hinaus finden Anforderungen der "technical actors" Berücksichtigung, indem eine "notwendige Formalisierung" gefordert wird. Die social quality ist der Agreement-Dimension von POHL [Pohl93] entlehnt und wird in ein "agreement in knowledge" und ein "agreement in model interpretation" unterteilt [KrLS95a].

3.3 Der Ansatz von BECKER ET AL.

3.3.1 Weltanschauung des Ansatzes

Dem Ansatz liegt eine realistische erkenntnistheoretische Perspektive zugrunde, auch wenn diese nicht explizit hervorgehoben wird. Sie läßt sich jedoch anhand einiger Merkmale des Ansatzes annehmen. Zunächst wird mit der Vorstellung, ein Modellsystem bilde eine Domäne ab, eine korrespondenztheoretische Wahrheitskonzeption unterstellt. Ohne die Implikationen abbildungsorientierter Modellbegriffe zu thematisieren [vgl. Schü98], dürfte die Zielsetzung einer Korrespondenz zur Domäne nur bei einem erkenntnistheoretischen Realismus konsistent sein. Die Annahme, daß zweckfreie Modelle existieren können, wird als weiteres Indiz einer Einstellung gewertet, die davon ausgeht, daß die Subjektivität der menschlichen Erkenntnisleistung gering ist.

3.3.2 Komponenten des Ansatzes

Die Architektur der Grundsätze ordnungsmäßiger Modellierung (I) besteht aus:

-   sechs allgemeinen Grundsätzen, dem Grundsatz der Richtigkeit, der Relevanz, der Wirtschaftlichkeit, der Klarheit, der Vergleichbarkeit und dem systematischen Aufbau, die als Qualitätskriterien verstanden werden;

-   der Konkretisierung der Grundsätze in sichten- (*Beschreibungssicht*) und methodenspezifische Grundsätze;

-   dem *Modellsystem* als Abbildung einer *Domäne,* das unter Berücksichtigung der Modell*adressaten* bewertet werden soll;

-   den von den Adressaten verfolgten *Verwendungszweck*en, die unterschiedliche Perspektiven auf das Modellsystem konstituieren;

-   unterschiedlichen Zwecken, für die zweckspezifische Grundsätze ordnungsmäßiger Modellierung formuliert werden (*zweckspezifische GoM*);

-   den Fähigkeiten des modellierenden Subjekts, die durch die Beziehungen zwischen Subjekt und Domäne (*"besitzt Wissen über"*), Subjekt und Tool (*"be-*

herrsch Tool") und Subjekt und Methode (*"beherrscht Methode"*) ausgedrückt werden.

Als Kernstück der Grundsätze ordnungsmäßiger Modellierung sind die einzelnen Grundsätze, die –in der Terminologie von MOODY, SHANKS– als Qualitätsfaktoren verstanden werden können.

Der *Grundsatz der Richtigkeit* besitzt eine syntaktische und eine semantische Ausprägung. *Syntaktisch* ist ein Modell richtig (formal korrekt), wenn es vollständig und konsistent gegenüber dem ihm zugrundeliegenden Metamodell ist. Neben der syntaktischen Richtigkeit soll ein Informationsmodell *semantisch* richtig sein. Die semantische Richtigkeit läßt sich an der Beziehung des Modells gegenüber dem Objektsystem bemessen, d. h. inwieweit das Modell struktur- und verhaltenstreu gegenüber dem Objektsystem ist. Die semantische Richtigkeit schließt auch die Forderung nach Widerspruchsfreiheit innerhalb des Modells sowie zu anderen Modellen ein. Der *Grundsatz der Relevanz* besitzt zwei Ausprägungen. Zum einen ist festzulegen, wie umfassend der zu betrachtende Realweltausschnitt sein muß. Um dies zu beurteilen, wird die Forderung erhoben, daß die mit der Modellierung verbundenen Zwecke expliziert werden. Dies ist insbesondere unabdingbar, wenn Modellersteller und Modelladressat nicht identisch sind. Neben der Auswahl des Objektsystemausschnitts sind die relevanten Modellbestandteile zu bestimmen. Die in einem Modell enthaltenen Elemente und Beziehungen sind genau dann relevant, wenn der Nutzeffekt der Modellverwendung sinken würde, falls das Modell weniger Informationen enthalten würde. Mit der Beachtung des *Grundsatzes der Wirtschaftlichkeit* wird die Modellerstellung und -nutzung wirtschaftlichen Kriterien unterworfen. Somit wirkt der Grundsatz der Wirtschaftlichkeit für alle anderen Grundsätze als Restriktion. Ähnlich wie die Relevanz ist auch die Beurteilung der *Klarheit* adressatenindividuell. Generell werden unter dem Grundsatz der Klarheit nicht-disjunkte Aspekte wie Strukturiertheit, Übersichtlichkeit und Lesbarkeit subsumiert. Mit der *Vergleichbarkeit* von Modellen sollen Aussagen über die Vergleichbarkeit des Objektsystems getroffen werden. Mit der allgemein akzeptierten Modellierung in getrennten Sichten geht die Notwendigkeit der Integration der einzelnen Sichten einher. Diesem Sachverhalt trägt der *Grundsatz des systematischen Aufbaus* Rechnung. Er fordert die Einordnung von Modellen in eine Informationssystem-Architektur, die einen strukturierenden Rahmen für unterschiedliche Beschreibungssichten bildet.

3.4 Der Ansatz von SCHÜTTE

3.4.1 Weltanschauung des Ansatzes

Dem Ansatz liegt eine gemäßigt konstruktivistische Grundhaltung zugrunde [Schü99a]. Es wird ein ontologischer Realismus und ein erkenntnistheoretischer

Idealismus vertreten. Ein unmittelbarer Zugriff auf ein menschenunabhängiges Original wird abgelehnt, allerdings nicht die Existenz eines solchen. Die "Verfärbungen" bei der Wahrnehmung und den Erkenntnisfähigkeiten werden dementsprechend hoch bewertet und eine "triviale" Schlußfolgerung vom Schein auf das Sein abgelehnt. Im Gegensatz zu einer kritisch-realistischen Perspektive ist somit vor allem die Ablehnung der Schlußfolgerung vom Schein auf das Sein hervorzuheben.

3.4.2 Komponenten des Ansatzes

Die Grundsätze ordnungsmäßiger Modellierung II setzen sich aus folgenden Komponenten zusammen:

- In den Mittelpunkt aller Bemühungen zur Informationsmodellierung wird das *Subjekt* gestellt.

- Die Modellierungs*sprache* hat bei der Modellierung nicht nur die Funktion der Repräsentation eines Modells. Vielmehr dominiert die Sprache zugleich die Art der Konzeptualisierung eines Subjekts. Es wird daher die Auffassung vertreten, daß bereits die Problemdomäne durch die Nutzung einer Sprache beeinflußt wird. "Die Welt gliedert sich nicht unabhängig von der Sprache in Tatsachen oder auch nur bloß mögliche Tatsachen." [Steg70, S. 15].

- Das *Informationsmodell* als das zu bewertende Objekt wird neben der bereits vorstrukturierten Problemdomäne durch die Modellierungssprache und den *Systemaspekt*en determiniert.

- Informationsmodelle dienen immer einem Modellierungs*zweck*. Sie werden hier als nicht zweckneutral verstanden, da ohne Zweckbezug keine zielgerichtete Konstruktion möglich wäre.

- Neben den die Modellkonstruktion beleuchtenden Aspekten ist hervorzuheben, daß die Bewertung von Modellen bei den Grundsätzen ordnungsmäßiger Modellierung II den bereits beim Grundmodell der Entscheidungstheorie thematisierten Einsichten folgt. Es existieren Ergebnisarten, anhand derer eine Bewertung der Modelle vorgenommen werden soll. Die *Allgemeinen Grundsätze* ordnungsmäßiger Modellierung können dabei als eine abstrakte Zielklasse verstanden werden.

- Die potentiell durch den Ansatz der GoM II zur Verfügung gestellten Ergebnisarten werden von den Subjekten im Rahmen der *Präferenzfunktion* um die Ergebnis-, Höhen-, Zeit- und Sicherheitspräferenz angereichert.

- Die Präferenzfunktion ist ausschlaggebend für die weitere Bewertung einzelner *Konventionen* (Maßnahmen) zur Steigerung der Modellqualität. Dabei sind *sichtenspezifische und sprachspezifische Konventionen* zu unterscheiden. Die sichtenspezifischen Konventionen stellen für die einzelnen –systemtheoretisch motivierten– Sichten formulierte Konventionen dar. Sie sind zwar nicht sprachunabhängig, da eine Bewertung ohne eine rudimentäre Vorstellung von Sprache nicht möglich erscheint. Allerdings sind diese Konventionen unabhängig von einer einzelnen Sprache auf einer "Meta-Sprachebene" formulierbar. Beispielsweise kann für die Modellierung der dynamischen Systemstruktur eine Konvention für die Benennung der aktiven Elemente unterschiedlicher Sprachen erfolgen. Die "richtige" Bewertung von Konventionen ist allerdings nur bei einer konkreten Sprache in einem konkreten Kontext möglich. Im einzelnen werden folgende Ergebnisarten und Verdichtungen von Ergebnisarten formuliert: Konstruktionsadäquanz, Sprachadäquanz, Wirtschaftlichkeit, Klarheit, Vergleichbarkeit, Systematischer Aufbau. Mit dem *Grundsatz der Konstruktionsadäquanz* wird die Angemessenheit der Modellkonstruktion bewertet. Die Konstruktionsqualität eines Modells bedingt aus Sicht des Anwenders zum einen, daß über das im Modell zu *repräsentierende Problem Konsens* besteht. Neben dem Konsens über das zu konstruierende Problem bedarf es auch des Konsenses über die Art der Konstruktion, d. h. es ist ein *Konsens über die Modelldarstellung* herzustellen. Während der Grundsatz der Konstruktionsadäquanz das Kriterium zur Bewertung der Problemrepräsentation im Modell darstellt, wird beim *Grundsatz der Sprachadäquanz* die Relation zwischen dem Modellsystem und der verwendeten Sprache betrachtet. Hierzu zählen die *Spracheignung* und die *Sprachrichtigkeit*. Mit dem *Grundsatz der Wirtschaftlichkeit* wird eine ökonomische Restriktion formuliert. Jede Tätigkeit in ökonomischen Institutionen ist dem Wirtschaftlichkeitspostulat zu unterwerfen. Diese generelle Maxime gilt auch für die Informationsmodellierung. Negativ wirken sich die durch Informationsmodelle hervorgerufenen Kosten aus, während positiv die durch Informationsmodelle möglichen Kostensenkungen und Erlössteigerungen zu bewerten sind. Der Grundsatz der Wirtschaftlichkeit stellt häufig eine Restriktion dar, die der Modellierungsintensität eine obere Grenze setzt. Der *Grundsatz der Klarheit* bezieht sich auf die Verständlichkeit und die Eindeutigkeit von Modellsystemen. Unter der Klarheit werden die Ziele der adressatengerechten Hierarchisierung, Layoutgestaltung und Filterung subsumiert. Der Grundsatz des *systematischen Aufbaus* trägt der allgemein akzeptierten Differenzierung der Modellierung in die systemtheoretische Unterscheidung von Struktur und Verhalten Rechnung. Informationsmodelle beschreiben den logischen Aufbau von Struktur und Verhalten von Informationssystemen. Der Grundsatz des systematischen Aufbaus konkretisiert die Forderung nach einer Inter-Modellkonsistenz zwischen Struktur- und Verhaltensmodellen. Der *Grundsatz der Vergleichbarkeit* zielt auf den semantischen Vergleich zweier

Modelle ab, d. h. es sollen die mit zwei Modellen beschriebenen Inhalte hinsichtlich ihrer Deckungsgleichheit untersucht werden.

- Ohne die Zielklasse(n) detailliert zu entfalten [vgl. Schü98], sei auf das Verhältnis zwischen Konventionen und unterschiedlichen Konkretisierungsstufen der GoM II eingegangen. Die Allgemeinen Grundsätze spiegeln eine Zielklasse wider, die den Qualitätsfaktoren anderer Ansätze entspricht. Die den Zielklassen zugeordneten Ziele können in einem spezifischen Kontext bewertet werden.

4 Stärken-Schwächen-Profil der Architekturen

Die im vorhergehenden Kapitel skizzierten Frameworks zur Modellqualität weisen unterschiedliche Stärken und Schwächen auf, die im folgenden anhand eines Polaritätsprofils diskutiert werden sollen (vgl. auch die Kriterien bei Zele95). Ein Überblick über die Bewertung der einzelnen Ansätze findet sich in Abbildung 1. Zur Bewertung sind zwei Anmerkungen erforderlich. Erstens stellt die Bewertung der einzelnen Ansätze immer einen subjektiven Vorgang dar, der anhand von Kriterien begründet wird. Allerdings könnten die Kriterien als bewertungsleitend und subjektive Verzerrung des bewertenden Wissenschaftlers empfunden werden. Dem wird hier entgegenhalten, daß jeder Versuch, letztbegründbare Kriterien zu finden, im Münchhausen-Trilemma endet. Zudem wird durch die Offenlegung der Kriterien eine Kritik an der vorgenommenen Bewertung möglich. Die damit mögliche kritische Prüfung der Aussagen erfüllt eine Forderung, die an wissenschaftliche Aussagensysteme gestellt werden muß. Zweitens ist eine Bewertung von Konzepten, mit denen sich Wissenschaftler aktuell auseinandersetzen, immer an den verfügbaren Publikationsstand gebunden. Sollten mittlerweile neuere Informationen vorliegen, die dem Verfasser noch nicht verfügbar gewesen sind, wären die Bewertungen entsprechend anzupassen.

Beurteilungskriterien	nicht erfüllt	nominale Skalen					erfüllt
		quasi-ordinale Skalen					
		sehr niedrig	niedrig	mittel-mäßig	hoch	sehr hoch	
Universalität							
Anwendungsbreite			○●		□■		
Sprachliche Reichweite			●	○	□■		
Integrierbarkeit		○●□■					
Bewertungsmethodik							

Maßnahmen u. Ziele							○●□■
Präferenzfunktion		□	○●		■		
Zielbeziehungen		○●	□		■		
Theoretische Güte							
Konzeptpräzision			□	○●	■		
Vollständigkeit			○	●□■			
Homogenität			○●	□	■		
Praktische Güte							
Implementierbarkeit			■	●	○□		
Verständlichkeit			■	●	○□		
Validierung			■●	□	○		
Legende:	○ Moody, Shanks		● Krogstie et al.		□ GoM I		■ GoM II

Abbildung 1: Stärken/Schwächen-Profil der Architekturen zur Modellqualität

Universalität

Die Grundsätze ordnungsmäßiger Modellierung I und II weisen gegenüber den anderen Ansätzen eine höhere Anwendungsbreite auf. Sie thematisieren sowohl Aspekte allgemeingültiger Modelle als auch den Verwendungspluralismus von Informationsmodellen. In den anderen Ansätzen werden hingegen ausschließlich unternehmensspezifische Modelle im Rahmen des Requirements Engineering problematisiert. Die Ansätze sind aufgrund ihres strukturellen Aufbaus wahrscheinlich auch in anderen Anwendungssituationen nutzbar, eine Diskussion über die Möglichkeiten und Grenzen eines auch andere Problemsituationen abdeckenden Einsatzes hat hingegen noch nicht stattgefunden.

Auch bei der sprachlichen Reichweite, d.h. inwieweit die Architekturen die Bewertung unterschiedlich verfaßter Objektmodelle vorsehen, gehen die GoM I und GoM II über bestehende Ansätze hinaus. Während die traditionelle Bewertung von Datenmodellen auch den Gegenstand des Ansatzes von Moody, Shanks bildet, wird bei Krogstie et al. keine Aussage zu untersuchten Modellierungssprachen getroffen. Bei den Grundsätzen ordnungsmäßiger Modellierung I und II liegen Ausführungen zum ERM, zur Ereignisgesteuerten Prozeßkette und zum Funktionsdekompositionsdiagramm vor, während Aussagen zur objektorientierten Modellierung (z. B. UML, OMT) fehlen.

Eine Schwäche, die sämtliche Ansätze teilen, ist der fehlende Bezug zum allgemeinen Qualitätsmanagement des modellerstellenden Unternehmens. Es dürfte in Abhängigkeit von der jeweils verfolgten Qualitätsphilosophie Querbeziehungen zur Bewertung von Informationsmodellen geben, die bis dato nur unzureichend analysiert wurden.

Bewertungsmethodik

Beim Vergleich der Ansätze hinsichtlich ihrer Bewertungsannahmen ist zwischen den GoM I und den anderen Ansätzen zu unterscheiden. Bei den GoM I sind keinerlei Aussagen über die Art der Bewertung von Modellen publiziert. Es wird lediglich formuliert, das ein Modell bestimmte Eigenschaften erfüllen soll und diese Eigenschaften durch Maßnahmen erreicht werden können. Die Messung und Bewertung alternativer Modelle werden nicht problematisiert. Unklar bleiben auf der Objektebene auch weitere Fragen. U. a. erscheint der Zusammenhang zwischen Ziel und Verwendungszweck und zwischen Grundsatz und Qualitätskriterium noch ungeklärt zu sein.

Die Ansätze von KROGSTIE ET AL. und MOODY, SHANKS gehen davon aus, daß Qualitätsfaktoren eine Menge von Zielen repräsentieren. Beispielsweise setzt sich die semantische Qualität bei KROGSTIE ET AL. aus den Zielen Validität und Vollständigkeit zusammen. Den Ansätzen kann entnommen werden, daß beim Ansatz von KROGSTIE ET AL. jedes Ziel genau einem Qualitätsfaktor zugeordnet ist. Bei MOODY, SHANKS werden ausschließlich Qualitätsfaktoren formuliert, die von ihrem Wesen her den Zielen bei KROGSTIE ET AL. entsprechen, d.h. keine Zusammenfassung von Einzelzielen sondern "atomare" Ziele darstellen. Die Qualitätsfaktoren (MOODY, SHANKS) oder Ziele (KROGSTIE ET AL.) sollen durch Maßnahmen (activities bei MOODY, SHANKS und Means bei KROGSTIE ET AL.) erreicht werden. Während bei MOODY, SHANKS eine Maßnahme zur Erreichung mehrerer Ziele führen kann, ist bei KROGSTIE ET AL. eine Maßnahme immer für die Erreichung eines Ziels formuliert. Wechselwirkungen zwischen Zielen sind nur im Ansatz von MOODY, SHANKS berücksichtigt. Bei den GoM II sind die Maßnahmen unabhängig von einem konkreten Ziel.

Konkrete Maßstäbe für die Messung der Ergebnisarten finden sich bei [KrLS95b], MOODY, SHANKS [Mood98] und den GoM II [Schü98]. In den GoM I wird keine Aussage zur Ausgestaltung der Ergebnisarten getroffen. Neben der Präzisierung der Ergebnisarten wären für eine umfassende Bewertung der Ziele auch die Höhen-, die Arten-, die Sicherheits- und die Zeitpräferenz zu präzisieren. Lediglich im Ansatz von MOODY, SHANKS wird die Gewichtungsproblematik innerhalb der Präferenzfunktion thematisiert. Wie das theoretische Konzept einer solchen Gewichtung aussieht, wird angesichts der "Bewertungswillkür" des einzelnen Modellnutzers jedoch nicht beschrieben.

Theoretische Güte

Die theoretisch orientierten Beurteilungskriterien betreffen vor allem die Konsistenz der Aussagen der Metaebene zu denen der Objektebene sowie die dem Subjekt zugesprochene Bedeutung bei der Informationsmodellierung.

Beim Ansatz von MOODY, SHANKS scheint die eigene Weltanschauung in den Ausführungen zur Bewertungsproblematik nicht immer konsequent bedacht wor-

190

den zu sein. An einigen Beispielen sei die Problematik zwischen gewählter Basisposition und den Ausführungen der Objektebene verdeutlicht:

- Eine Domäne wird implizit als ein Ausschnitt der Realität verstanden, der unabhängig von einem modellierenden Subjekt als gegeben angenommen wird. Diese Sichtweise ist aus der Perspektive eines kritischen Realisten konsequent, nicht jedoch aus dem Blickwinkel eines erkenntnistheoretischen Subjektivismus. Wird ein erkenntnistheoretischer Subjektivismus eingenommen, so wäre bereits die Domäne als eine von Subjekten konzeptualisierte Entität zu begreifen.

- Bei der Formulierung der Qualitätsfaktoren wird mitunter Vollständigkeit und Relevanz gegenüber dem realen System gefordert [ShDa98]. Es bleibt bei diesen Formulierungen zumindestens offen, ob diese Forderungen mit der Erkenntnisposition verträglich sind. Bei [Mood98] wird die Vollständigkeit auf die Anforderungen der User bezogen, so daß keine Konsistenzgefahren vorliegen, da eine Prüfung nur gegen die Konzeptualisierungen der Nutzer erfolgt. Sofern allerdings eine direkte Prüfung gegenüber der Realität durchgeführt werden soll (eine Vollständigkeitsprüfung anhand ontologischer Eigenschaften), wäre eine Verletzung der Basisposition gegeben, da ein direkter Zugriff auf die Realität subjektivistischen Positionen versperrt bleibt.

KROGSTIE ET AL. [KrLS95a] nehmen eine konstruktivistische Einschätzung vor. Sie unterstellen ebenfalls einen ontologischen Realismus, den sie mit einer konstruktivistischen Erkenntnisposition verbinden. Allerdings erscheint die Forderung nach einem stärkeren Einbezug hermeneutischer Überlegungen und der tatsächlichen Ansicht der Autoren miteinander zu kollidieren. Exemplarisch sei dieses anhand der Ausführungen von [Krog95] skizziert:

- "The primary goal for semantic quality its a *correspondence* between the externalized model and the domain as before, but this correspondence can neither be established nor checked directly: to build the model, one has to go through the 'participants' knowledge regarding the domain, and to check the model one has to compare this with the participants' interpretation of the externalized model." [Krog95, 99]. Diese Ausführungen zeugen von einer eher kritisch-realistischen als einer konstruktivistischen Sichtweise, da ein Konstruktivist die Annahme einer Korrespondenztheorie der Wahrheit ablehnt.

- Das Verständnis einer modeling domain ist mehrdeutig. Zunächst wird der Problematik des Domänenverständnisses aus einer konstruktivistischen Betrachtung Rechnung getragen. "The notion of ‚domain' is problematic from a constructivistic viewpoint, since it seems to imply the existence of an objectively, true solution." [Krog95, S. 97]. An anderer Stelle wird diese Einschätzung jedoch relativiert, da "If one use an objectivistic ontology, or one accept a high degree of intersubjective agreement on the modeling domain, this is similar to the definition of the original framework." [Krog95,

S. 99]. Es scheint dem Verfasser eine Verwechslung von ontologischer und erkenntnistheoretischer Sichtweise vorzuliegen. Die von einem wahrnehmenden Subjekt unabhängige Existenz des Seins erlaubt nicht die Annahme einer Domäne, die unabhängig von einem Subjekt zu denken ist.

- Die Bewertung der semantischen Qualität verdeutlicht die Problematik zwischen der Grundsatzposition und der Modellbewertung auf Objektebene. Die semantische Qualität wird als Korrespondenz zwischen Domäne und Modell verstanden, obgleich diese Bewertung aus einer konstruktivistischen Perspektive abzulehnen ist.

Die *Grundsätze ordnungsmäßiger Modellierung I* sind der einzige Ansatz, dem keine explizite ontologische und erkenntnistheoretische Position zugrunde liegt. Unter Berücksichtigung des Modellbegriffs, der Einschätzung der Domäne sowie anderer Annahmen ist von einer objektivistisch geprägten Perspektive auszugehen. Allerdings sollte aus dem abbildungsorientierten Modellverständnis nicht auf einen naiven Realismus geschlossen werden, da unter Annahme dieser Erkenntnisposition die Existenzberechtigung des gesamten Ansatz entfiele. Bei einem naiven Realismus dürften Modellierungsprobleme nicht auftreten. Aus diesem Grund wird unterstellt, daß die Grundsätze ordnungsmäßiger Modellierung I die Position eines kritischen Realismus einnehmen. Sofern diese Erkenntnisposition unterstellt wird, ergeben sich u.a. folgende Inkonsistenzvorwürfe:

- Bei den GoM I wird das zentrale Bewertungskriterium der semantischen Richtigkeit aus dem abbildungsorientierten Modellbegriff abgeleitet, d.h. es wird ein ähnlichkeitsorientierter Modellbegriff vertreten. Da die Realität nicht subjektunabhängig erkennbar ist, sind ähnlichkeitsorientierte Modelldefinition nicht mit.einem kritischen Realismus verträglich. Aufgrund des subjektiven Realitätszugangs könnte maximal die größtmögliche Homomorphie zwischen menschlichem Gehirn und Modellsystem erreicht werden. In den Grundsätzen ordnungsmäßiger Modellierung I wird somit ein Kriterium formuliert, das im Widerspruch zu modernen Erkenntnispositionen steht. Zudem werden keinerlei operationale Kriterien angegeben, aufgrund derer die Struktur- und Verhaltenstreue von Modellen überprüft werden kann.

- Die Annahme, daß es zweckunabhängige Modelle gibt, kann wenig überzeugen. Dieses gilt insbesondere bei dem unterstellten abbildungsorientierten Modellverständnis. Dort dient der Zweckbezug zur Selektion der relevanten Modellierungsobjekte, da die Abstraktionsfunktion eines Modells ohne Selektion nicht möglich ist. Demzufolge kann es keine zweckneutralen Modelle geben.

- Die Annahme, daß es sprachunabhängiges Wissen gibt, d.h. sich die Welt eines Individuums unabhängig von Sprache in Tatsachen gliedert, ist aus erkenntnistheoretischer Perspektive und für die Modellierung von Informationssystemen problematisch.

Die Grundsätze ordnungsmäßiger Modellierung II weisen keine der skizzierten Inkonsistenzen auf.

Bei der Vollständigkeit der unterstützten Konstruktionsphasen sind bei den GoM I und II sowie bei KROGSTIE ET AL. Integrationsansätze in Vorgehensmodelle zur Informationsmodellierung vorhanden, die sich allerdings auf ausgewählte Vorgehensweisen beschränken. Bei MOODY, SHANKS werden Beziehungen zwischen der Bewertung von Modellen und der Vorgehensweise zur Modellierung erst in Ansätzen diskutiert.

Hinsichtlich der Homogenität der Konzeptanwendung sind die GoM II den anderen Ansätze überlegen, weil sie die systemtheoretische Trennung von Struktur und Verhalten konsequent beachten. Dieses reicht von der Differenzierung struktur- und verhaltensorientierter Grundsätze bis hin zur konsequenten Homogenitätsforderung des Grundsatzes des systematischen Aufbaus. Bei den GoM I ist die Ausgestaltung des Grundsatzes des systematischen Aufbaus und die „unglückliche" Differenzierung zwischen Funktionen und Prozessen nur mittelmäßig. Bei den anderen Ansätzen werden die Wechselwirkungen zwischen Struktur und Verhalten nur am Rande thematisiert, so daß sie in nur geringem Maße die Homogenität von Modellen fördern.

Praktische Güte

Die praktischen Güte zu beurteilen stellt angesichts der geringen praktischen Verbreitung der Ansätze ein problematisches Unterfangen dar. Hinsichtlich der Implementierbarkeit dürften einige Ansätze aufgrund ihrer Einfachheit Vorteile besitzen, weil sie mitunter irreale Annahmen treffen. Beispielsweise führen die ungenauen Annahmen der Bewertungsmethodik bei MOODY, SHANKS zu einer einfacheren Implementierbarkeit, die sich auch in einem ersten Prototypen widerspiegelt [ShDa97].

Die Bewertung der Verständlichkeit eines Ansatzes dürfte durch subjektive Einstellungen, die zumeist erfahrungsdeterminiert sind, geprägt sein. Den Erfahrungen des Verfassers zufolge sind die theoretisch weniger ambitiösen Grundsätze ordnungsmäßiger Modellierung I bei Anwendern einfach zu vermitteln, da ihr unterstelltes Weltbild und die Benennung der Grundsätze intuitiv eingängig sind. Analoges gilt für die Überlegungen von MOODY, SHANKS, während das Konzept von KROGSTIE ET AL. und die GoM II als weniger verständlich empfunden werden.

5   Ausblick

Aus den vorhergehenden Ausführungen dürfte deutlich geworden sein, daß sämtliche Ansätze noch Defizite in ihrer theoretischen Fundierung oder praktischen Anwendbarkeit besitzen. Die Evaluation sprachlicher Artefakte stellt aus wissenschaftlicher Sicht hohe Anforderungen, da tradierte Forschungsmethoden nicht genutzt werden können. Zukünftigen Forschungsarbeiten stehen dabei vor heterogenen Herausforderung, die die Standardisierung von Kriterienkatalogen, die entscheidungstheoretische Durchdringung der Bewertungsproblematik sowie die bessere Unterstützung der Modellierungsträger in der betrieblichen Praxis betreffen.

Literatur

[BeRS95]   Becker, J.; Rosemann, M.; Schütte, R.: Grundsätze ordnungsmäßiger Modellierung. Wirtschaftsinformatik 37 (1995) 435-445.

[DaSh96]   Darke, P.; Shanks, G.: Stakeholder Viewpoints in Requirements Definition. A Framework for Understanding Viewpoint Development Approaches. Requirements Engineering (1996) 88-105.

[Grub93]   Gruber, T.: A translation approach to portable ontologies. Knowledge Acquisition 5 (1993) 199-220.

[Inwo95]   Inwood, M.J.: Weltanschauung. In: Honderich, T. (Hrsg.). The Oxford Companion to Philosophy. Oxford 1995 909.

[Krog95]   Krogstie, J.: Conceptual Modeling for Computerized Information Systems Support in Organizations. PhD Thesis, University of Trondheim. Trondheim 1995.

[KrLS95a]   Krogstie, J.; Lindland, O. I.; Sindre, G.: Towards a Deeper Understanding of Quality in Requirements Engineering. In: Proceedings of the 7th Conference on Advanced Information Systems Engineering (CAiSE `95). Hrsg.: J. Iivari, K. Lyytinen, M. Rossi. Berlin 1995 82-95.

[KrLS95b]   Krogstie, J.; Lindland, O. I.; Sindre, G.: Defining Quality Aspects Models. In: Proceedings of the International Conference on Information System Concepts (ISCO3). Towards a Consolidation of Views. Marburg 1995. Preprint.

194

[LiSS94]   Lindland, O. I.; Sindre, G.; Sølvberg, A.: Understanding Quality in Conceptual Modeling. IEEE Software (1994) 42-49.

[Ming95]   Mingers, J.C.: Information and Meaning: foundations for an intersubjective account. Information Systems Journal (1995) 285-306.

[Mood98]   Moody, D.L.: Metrics for Evaluating the Quality o Entity Relationship Models. In: Ling, T.W., Ram, S., Lee, M.L. Conceptual Modeling – ER '98. 17th International Conference on Conceptual Modeling. Singapore, November 1998 211-225.

[MoSh94]   Moody, D. L.; Shanks, S.: What Makes a Good Data Model? Evaluating the Quality of Entity Relationship Models. In: Entity-Relationship Approach - ER `94. Business Modelling and Re-Engineering. 13th International Conference on the Entity-Relationship Approach. Proceedings. Hrsg.: P. Loucopoulos. Berlin et al.1994 94-111.

[MoSh98]   Moody, D.L.; Shanks, G.: What Makes a Good Data Model? A Framework for Evaluating and Improving the Quality of Entity Relationship Models. Australian Computer Journal (1998) 97-110.

[MoSD98]   Improving the Quality of Entity Relationship Models – Experience in Research and Practice. In: Ling, T.W., Ram, S., Lee, M.L. Conceptual Modeling – ER '98. 17th International Conference on Conceptual Modeling. Singapore, November 1998 255-276.

[Musg94]   Musgrave, A.: Objektivismus. In: Seiffert, H., Radnitzky, G. (Hrsg). Handlexikon zur Wissenschaftstheorie. München:dtv 1994 234-236.

[Pohl93]   Pohl, K.: The Three Dimension of Requirements Engineering. In: Proceedings of the 5th International Conference on Advanced Information Systems Engineering-CAISE `93. Ed. By C. Rolland, F. Bodart, C. Cauvet. Berlin et al. 1993 275-292.

[Resc97]   Rescher, N.: Objectivity. The obligations of impersonal reason. Notre Dame, Indiana: University of Notre Dame1997.

[Sear97]   Searle, J.R.: Die Konstruktion der gesellschaftlichen Wirklichkeit. Zur Ontologie sozialer Tatsachen. Reinbeck bei Hamburg: rowohlt1997.

[Schü98]   Schütte, R.: Grundsätze ordnungsmäßiger Referenzmodellierung. Konstruktion konfigurations- und anpassungsorientierter Modelle. Wiesbaden:Gabler 1998.

[Schü99a]   Schütte, R.: Basispositionen in der Wirtschaftsinformatik – ein gemäßigt-konstruktivistisches Programm. In: Wirtschaftsinformatik und Wissenschaftstheorie. Hrsg.: J. Becker, W. König, R. Schütte, O. Wendt, S. Zelewski. Wiesbaden:Gabler 1999 213-244.

[Schü99b]   Schütte, R.: Evaluation von Modellen. In: Handbuch Evaluationsforschung. Hrsg.: I. Häntschel, L.J. Heinrich. München, Wien:Oldenbourg 1999.

[Schü99c]   Schütte, R.: Informationsmodellierung als Entscheidungsproblem - Gegenüberstellung und Bewertung von Ansätzen zur Modellevaluation.
Arbeitsbericht des Instituts für Produktion und Industrielles Informationsmanagement. Nr. 7. Essen 1999.

[ShDa97]   Shanks, G.; Darke, P.: Quality in Conceptual Modelling: Linking Theory and Practice. In: Proceedings of the Asia-Pacific Conference on Information Systems (PACIS). Brisbane 1997 805-814.

[ShDa98]   Shanks, G.; Darke, P.: Understanding Data Quality in Data Warehousing: A Semiotic Approach. Proceedings of the Information Quality Conference, Massaschusetts Institute of Technology. November 1998 (Preprint).

[Steg70]   Stegmüller, W.: Erfahrung, Festsetzung, Hypothese und Einfachheit in der wissenschaftlichen Begriffs- und Theoriebildung. Probleme und Resultate der Wissenschaftstheorie und Analytischen Philosophie, Band II Theorie und Erfahrung, Studienausgabe Teil A, Berlin et al.:Springer 1970.

[STBF98]   Studer, R.; Benjamins, R.V.; Fensel, D.: Knowledge Engineering: Principles and methods. Data & Knowledge Engineering 25 (1998) 161-197.

[WMPW95]   Wand, Y.; Monarchi, D.E.; Parsons, J.; Woo, C.C.: Theoretical foundations for conceptual modeling in information systems development. Decision Support Systems 15 (1995) 285-304.

[Zele95]   Zelewski, S.: Petrinetzbasierte Modellierung komplexer Produktionssysteme. Band 9: Beurteilung des Petrinetz-Konzepts. Arbeitsberichte des Instituts für Produktionswirtschaft und Industrielle Informationswirtschaft. Band 14. Leipzig 1995.

[ZeSS99]   Zelewski, S.; Schütte, R.; Siedentopf, J.: Ontologien zur Strukturierung von Domänenwissen. Ein Annäherungsversuch aus betriebswirtschaftlicher Perspektive. In: Wissen, Wissensmanagement, Wissenschaftstheorie. Wissenschaftliche Kommission Wissenschaftstheorie im Hochschullehrerverband für Betriebswirtschaftslehre e.V. (http://www.wiwiss.fu-berlin.de/w3/w3schrey/KOMWIS/Index.htm, 16.06.99).

Data Mining in der Praxis: Churn-Management bei Telekommunikationsanbietern

Christian Schütter[*]
debis Systemhaus Dienstleistungen GmbH
Führungsinformationssysteme

Zusammenfassung

Churn-Management Anwendungen (Churn ist ein Kunstwort aus dem Englischen Change und (Re-)turn) sind derzeit für Telekommunikationsanbieter sowohl hinsichtlich der inhaltlichen Anforderungen als auch hinsichtlich der vielfältigen und oftmals neuen Fragestellungen bei der Entwicklung dieser Informationssysteme ein erfolgskritischer Faktor in einem zunehmend schärferen Wettbewerbsumfeld. Das hier vorgestellte Vorgehensmodell umfaßt den gesamten Prozeß des Churn-Managements und basiert auf einer in der Praxis erfolgreich erprobten Vorgehensweise. Neben dem Vorgehensmodell selbst werden auch die Ergebnisse und Erfahrungen vorgestellt.

Inhaltsverzeichnis

---

[*] christian.schuetter@debis.com

Anhang:
Folie 1: Vorgehensmodell Churn-Management
Folie 2: Gesamtprozeß Churn-Analyse
Folie 3: Beispiel Churn-Cluster

1. Einführung

1.1 Verändertes Marktumfeld

Der Telekommunikationsmarkt in Europa und speziell in Deutschland ist seit einigen Jahren durch eine starke Dynamik und durch eine verschärfte Wettbewerbssituation gekennzeichnet, die durch die Liberalisierung bzw. Deregulierung des Telekommunikationsmarktes hervorgerufen wurde. Das staatliche Telekommunikationsmonopol wurde aufgehoben und neue Anbieter von Telekommunikationsdienstleistungen gewannen Marktanteile. Innerhalb weniger Jahre bestimmten nicht mehr die Anbieter das Marktgeschehen sondern die Kunden. Die Anbieter reagierten auf diese veränderte Wettbewebssituation in einem ersten Schritt vor allem in Deutschland mit Preissenkungen. Auch für die nächsten Jahre ist zu erwarten, daß die Dynamik auf diesem Markt weiter anhält und es für jeden Anbieter auf dem Markt eine große Herausforderung sein wird, in diesem Umfeld erfolgreich zu agieren.

Auf dem so neu strukturierten Telekommunikationsmarkt wird derzeit im wesentlichen zwischen Netzbetreibern, d.h. Anbieter mit eigenem Telekommunikationsnetz und sogenannten "Carriern", d.h. Anbieter ohne eigenes Telekommunikationsnetz unterschieden. Weiterhin differenzieren sich die Anbieter hinsichtlich ihrer angebotenen Dienstleistungen wie z.B. Auskunftsservice, Mehrwertdienste etc..

In den ersten Jahren der Deregulierung fand eine Abwanderung der Kunden von den ehemals staatlichen Monopolanbietern zu den neuen Anbietern auf dem Markt statt, deren Marktanteile stetig stiegen und auch weiter steigen. Daraus resultieren unterschiedliche Aufgabenstellungen bei den früheren Monopolanbietern und bei den sogenannten "Newcomern". Während die ehemaligen Monopolanbieter einen großen Analysebedarf für die strategische Unternehmensführung haben, liegt der Handlungsbedarf der Newcomer eher in der Optimierung der operativen Systeme, die dem starken Unternehmenswachstum nur schwerlich nachkommen und es oftmals zu Netzengpässen kommt.

1.2 Zunehmende Kundenfokussierung

Während in früheren Jahren bei staatlichen Telekommunikationsanbietern der Fokus auf der Bereitstellung und ständigen technischen Weiterentwicklung der Infrastruktur und Telekommunikationsnetze lag, hat sich seit der Deregulierung des Telekommunikationsmarktes der Fokus in Richtung eines kundenorientierten Dienstleistungsunternehmens gewandelt. Der langfristige Geschäftserfolg der Telekommunikationsanbieter kann nur durch die Ausrichtung des Services, der Qualität und der Produkte an den Bedürfnissen der Kunden erreicht werden. Dies erfordert das Schaffen bzw. Erreichen eines hohen Maßes an Kundentransparenz.

Die zunehmende Kundenfokussierung führt zu neuen Aufgaben bei der Entwicklung von Informationssystemen, bei denen die effiziente Massendatenverarbeitung und die benutzerorientierte Informationsgewinnung bzw. -bereitstellung zur strategischen Unternehmenssteuerung in einem sich ständig ändernden Marktumfeld eine zentrale Rolle einnehmen. Keine andere Branche verfügt dabei über eine solch große Menge an Kundendaten, die als Grundlage für Auswertungen von Kundenverhalten eingesetzt werden können. Dieser mit den Begriffen ''Database Marketing'' bzw. ''Customer Relationship Management'' beschriebene Themenkomplex zielt darauf ab, ausgehend von der Analyse des Kundenverhaltens bedarfsgerechte Angebote hinsichtlich Service, Qualität und Produkten zu entwickeln und diese Angebote einer ständigen Überprüfung zu unterziehen. Verbunden mit dieser kundenorientierten Ausrichtung der Unternehmen ist die Notwendigkeit, die Kundenorientierung auch in den Informationssystemen der Unternehmen sicherzustellen.

Aus Sicht der Informationssysteme gilt es hier eine sehr enge Verbindung zwischen den operativen Systemen und den dispositiven Analysesystemen für das Kundenverhalten sicherzustellen. Für die Informationsgewinnung aus Massendaten können Data Mining Verfahren eingesetzt werden.

1.3 Data Mining

Data Mining ist definiert als Anwendung von statistischen Methoden bzw. Algorithmen, die das Erschließen versteckter, impliziter Informationen sowie nicht trivialer Zusammenhänge in großen Datenmengen ermöglicht. Dies kann auch die Berechnung von Relationen der Daten untereinander beinhalten, die nicht direkt ersichtlich sind. Relationen können z.B. statistische Beziehungen oder auch Cluster mit bestimmten Ausprägungen, sogenannten Datenmustern sein.

Die Datenmustererkennung versucht Muster zu identifizieren, Unterschiede zwischen Gruppen von Datensätzen zu erkennen und ihre charakteristischen Attribute zu bestimmen. Die gewonnenen Erkenntnisse sind mit einer Angabe über ihre Sicherheit zu versehen und in einer verständlichen Form zu präsentieren. Der Benutzer soll dabei möglichst wenige Annahmen selbst formulieren müssen. Die Data Mining Verfahren sollen selbst Hypothesen erzeugen, diese verifizieren und die Ergebnisse ausgeben.

Data Mining umfaßt je nach Verständnis des Begriffs eine mehr oder weniger scharf umrissene Klasse von Methoden zur Datenanalyse. Zu den zur Zeit in der Literatur diskutierten und in der Praxis gebräuchlichsten Data Mining Verfahren zählen die Clusteranalyse, Entscheidungsbaumverfahren, statistische Verfahren wie die Regressionsanalyse sowie neuronale Netze. Je nach fachlicher Aufgaben- bzw. Fragestellung können unterschiedliche Verfahren oftmals in Kombination zum Einsatz kommen. In der Praxis ist die Qualität der gelieferten Ergebnisse ein Bewertungskriterium, die Laufzeit eines Verfahrens (Performance) sowie die einfache und automatisierte Anbindung an die operativen Systeme sind weitere wesentliche Kriterien für die Praxistauglichkeit.

1.3.1 Churn Management

Der Begriff Churn ist ein Kunstwort aus der englischen Sprache, das sich aus den Worten Change und (Re-)turn zusammensetzt. Churn bezeichnet die Tatsache, daß Anbieter einzelne Kunden ganz oder teilweise verlieren, jedoch auch neue Kunden gewinnen. Die Churn-Rate beschreibt den Anteil der abgewanderten Kunden im Verhältnis zur Gesamtkundenanzahl.

Mit dem Begriff Churn-Analysen werden Analysen auf Basis von verfügbaren Kundendaten bezeichnet, die nach Gründen für das Wechselverhalten suchen. An dieser Stelle werden die im Abschnitt Data Mining genannten statistischen Analyseverfahren eingesetzt.

Mit dem Begriff Churn-Management wird der Gesamtprozeß verstanden, der neben der eigentlichen Churn-Analyse die in Abschnitt 2 dargestellten Schritte des Vorgehensmodells Churn-Management beinhaltet. Wesentliche Kennzeichen des Churn-Managements sind der sich regelmäßig wiederholende Prozeß, die direkte Anbindung an operative Systeme zur schnellen und zeitnahen Datenversorgung sowie die Tatsache, daß es sich beim Churn-Management um einen Prozeß handelt, der verschiedene Abteilungen eines Telekommunikationsunternehmens betrifft und eine enge Zusammenarbeit erfordert.

Das Churn-Management bei Telekommunikationsanbietern als Beispiel für Data Mining Anwendungen befaßt sich mit der Analyse abwanderungsgefährdeter bzw. abgewanderter Kunden. Ziel des Churn-Managements ist es, durch Data Mining Methoden signifikante Verhaltensmerkmale abgewanderter Kunden aufgrund der verfügbaren Kundendaten herauszuarbeiten und so einen typischen "Kündiger" zu beschreiben. Mit diesen Informationen können in einem zweiten Schritt die abwanderungsgefährdeten Kunden, die noch Kunden sind, identifiziert und ggf. durch gezielte Marketingmaßnahmen betreut werden. Andererseits können auch die typischen Verhaltensmerkmale neu- bzw. zurückgewonnener Kunden ermittelt und potentielle Zielkundengruppen definiert werden.

Bei der Vorgehensweise zur Entwicklung von Churn-Management Anwendungen in der Praxis sind neben dem fachlichen Data Mining Prozeß noch weitere Aspekte zu berücksichtigen, die wesentlich den Erfolg von Churn-Management Anwendungen bestimmen. Hierzu zählen sowohl technische als auch organisatorische Aspekte, die besonders bei einer so weitreichenden Aufgabenstellung wie dem Churn-Management in der Vorgehensweise starke Beachtung finden sollten. Nicht zuletzt muß sich das Projektteam aus verschiedenen Gruppen (DV, Fachbereich, Management, "Data-Miner") zusammensetzen.

1.3.2 Weitere Data Mining Ansätze

Neben dem Churn-Management, das in heutiger Zeit besonders für die Telekommunikationsanbieter interessant ist, die schon viele Jahre auf dem Markt sind, können Data Mining Verfahren für weitere Themenstellungen in der Telekommunikationsbranche eingesetzt werden. Hierzu zählen das Fraud-Management, die Bonitätsprüfung sowie das Forderungsausfallmanagement. Diese Ansätze zielen darauf ab, das Risiko z.B. der Nicht-Bezahlung oder auch der mißbräuchlichen Nutzung von Leistungen vorher erbrachter Telekommunikationsdienstleistungen zu reduzieren.

Beim Fraud-Management wird die mißbräuchliche Nutzung von Telekommunikationsdienstleistungen verhindert. Hier werden Data Mining Verfahren eingesetzt, um Verhaltensmuster zu erkennen, die auf einen Mißbrauch schließen lassen. Bei der Bonitätsprüfung werden Neukunden vorab bezüglich ihrer Bonität überprüft und ggf. die Freischaltung verweigert. Beim Forderungsausfallmanagement sollen Data Mining Verfahren über das Aufzeigen typischer Verhaltensmuster bei der Reduzierung der offenen Forderungen Hilfestellung bieten. In allen genannten Themengebieten werden in erster Linie beschreibende statistische Verfahren wie z.B. das Entscheidungsbaumverfahren angewandt.

2. Vorgehensmodell Churn-Management

Das im folgenden dargestellte Vorgehensmodell basiert auf einer Vorgehensweise, die das debis Systemhaus in einem konkreten Churn-Management Projekt erfolgreich umgesetzt hat. Ziel des Projektes war es, die grundsätzliche Machbarkeit unter Beweis zu stellen und innerhalb weniger Monate qualitativ gesicherte Ergebnisse der Churn-Analysen zu produzieren. Abbildung 1 zeigt das gewählte Vorgehensmodell.

Neben dem eigentlichen Vorgehensmodell, was im folgenden weiter diskutiert werden soll, ist auch die personelle Zusammensetzung des Teams, welches in unterschiedlicher Weise an einem Vorgehensmodell für das Churn-Management beteiligt ist, von herausragender Bedeutung. Im wesentlichen sind drei Gruppen von Teams bzw. Mitarbeitern zu nennen:

1. Marketing- und Vertriebsmitarbeiter: Diese Mitarbeiter haben den direkten Kontakt zum Kunden und sind sehr stark an der Entscheidung über die konkreten Marketingmaßnahmen und deren Umsetzung beteiligt.
2. Analysten aus dem Bereich Marketing/Research: Die Tätigkeiten dieser Mitarbeiter umfassen die Aufgaben der Marketinganalyse (Data Mining), der Vorhersage- und Szenariomodellierung, der Produktentwicklung sowie des Business Developments.
3. IT-Spezialisten, die über das Know How zur Gewinnung der benötigten Daten und deren Aufbereitung zu Informationen verfügen.

2.1 Aufgabenstellung

Die konkrete fachliche Fragestellung muß mit der Fachabteilung wie z.B. dem Marketing oder dem Vertrieb definiert und abgestimmt sein. Dabei ist eine entsprechende Management-Attention wesentlich. In diesem Projekt lautete die konkrete Aufgabenstellung zum einen potentielle Kündiger mit einer Wahrscheinlichkeit größer 75 Prozent zu identifizieren sowie zum anderen die Erstellung einer verbalen Beschreibung für die dynamische Kundensegmentierung (Cluster). Die Festlegung der Aufgabenstellung geht dem in Abbildung 1 dargestellten Vorgehensmodell voraus und ist graphisch nicht dargestellt. Die Aufgabenstellung sollte einmal verbindlich zu Beginn des Projektes definiert werden und danach wenn möglich nicht mehr abgeändert werden, da andernfalls der Projekterfolg unter den gegebenen zeitlichen Restriktionen nicht gesichert ist.

2.2 Datenidentifikation, Datenaufbereitung und Datenbereitstellung

In diesem Projektschritt erfolgt nach der Identifikation der notwendigen und relevanten Daten aus den operativen Systemen die Transformation, Bereinigung sowie das Laden der operativen Daten in die Analysedatenbank. Die Identifikation der notwendigen und relevanten Daten setzt voraus, daß die Definition der Aufgabenstellung abgeschlossen ist.

Die Datenversorgung aus den operativen Systemen ist besonders beim Churn-Management ein kritischer Erfolgsfaktor, da es sich zum einen um ein großes zu übertragendes Datenvolumen handelt und zum anderen eine tägliche Datenversorgung aus den operativen Systemen erforderlich ist. Somit sollte der Prozeß der Datenaufbereitung und des Ladens der Daten in die Analysedatenbank weitestgehend automatisiert erfolgen.

Die relevanten Informationen umfassen ein breites Spektrum an Daten, die sich aus Kundenstammdaten, Kundenbewegungsdaten, sowie Produktdaten zusammensetzen. Kundenstammdaten sind beschreibende Merkmale wie Alter, Vertragsdauer, soziodemographische Merkmale, evtl. interne Kundenklassifizierung oder auch regionale Zuordnungen, die für die spätere Clusterbeschreibung relevant sein können. In diesem konkreten Projekt wurden die in der Analysedatenbank gespeicherten Informationen aus datenschutzrechtlichen Gründen anonymisiert gespeichert, so daß von Unbefugten keine direkte Verbindung zu einem konkreten Kunden hergestellt werden konnte. Einzelne Kunden lassen sich auf unterster Ebene über beschreibende Attribute zu Kundengruppen zusammenfassen.

Da Data Mining Verfahren u.a. darauf abzielen, unerkannte und nicht triviale Zusammenhänge in großen Datenbeständen zu erkennen, ist es wichtig, ein breites Spektrum an Informationen für die Datenanalyse zur Verfügung zu haben. In der Praxis wird diese Forderung zum einen durch die generelle Nicht-Verfügbarkeit dieser Daten und zum anderen durch die Qualität der verfügbaren Daten oftmals negativ beeinflußt.

2.3 Kundendatenanalyse/Ergebnismodellierung

Die Kundenanalyse bzw. Churn-Analyse erfolgt in iterativen Schritten, in denen die Ergebnisqualität immer weiter verfeinert wird. Aufgrund der Aufgabenstellung wurde das Entscheidungsbaumverfahren gewählt, um signifikante Einflußvariablen bzw. Attribute für die Kundensegmentierung herauszuarbeiten. Die im folgenden beschriebenen Schritte sind jeweils sukzessive durchzuführen. Abbildung 2 zeigt den Gesamtprozeß der Churn-Analyse mit den Phasen Training, Test/Evaluierung, Vorhersage und Ergebnisanalyse. In diesem Abschnitt erfolgt die eigentliche Anwendung der Data Mining Verfahren.

Im Abschnitt Training wird auf Basis einer Trainingsdatenmenge ein erster Entscheidungsbaum erzeugt. Dieser Entscheidungsbaum muß den Anforderungen entsprechend der Aufgabenstellung gerecht werden, so daß meistens mehrere Data Mining Läufe für die Definition dieses optimalen Entscheidungsbaumes erforderlich sind. Im zweiten Schritt wird dann der aus der Trainingsphase gewonnene Entscheidungsbaum auf Basis der Testdaten weiter verifiziert und verfeinert. Die ersten beiden Schritte basieren auf Analysedaten, die sich auf Daten in der Vergangenheit beziehen. Daten sollten mindestens über einen Zeitraum von mehreren zurückliegenden Monaten vorliegen, um statistisch gesicherte Aussagen treffen zu können. Bei einem großen Datenvolumen nimmt jedoch auch die Dauer der einzelnen Data Mining Läufe stark zu. Im Laufe des Projektes hat sich ein Zeitraum von vier zurückliegenden Monaten als sinnvoller Betrachtungszeitraum herausgestellt.

Im dritten Schritt erfolgt die konkrete Vorhersage abwanderungsgefährdeter Kunden auf Basis eines aktuellen Datenbestands bzw. eines Datenbestandes, der speziell für die Vorhersage bereitgestellt wird. Jeder Kunde aus dem Vorhersage Datenbestand wird entsprechend den Regeln des Entscheidungsbaumes einem Cluster zugeordnet. Damit kann jedem Kunden in diesem Datenbestand eine Churn-Wahrscheinlichkeit zugeordnet werden. Evtl. können einzelne Cluster mit hoher Churn-Wahrscheinlichkeit nochmals aufgeteilt werden, um herauszufinden, ob konkrete Marketingmaßnahmen, die für den einen Teil der Gruppe eingeleitet wurden, positive Ergebnisse liefern. Dies würde bedeuten, daß Kunden aus dieser Gruppe in absoluter Anzahl weniger den Telekommunikationsanbieter verlassen als Kunden aus der Gruppe, für die keine Marketingmaßnahmen vorgesehen waren. Diese Variante wurde in dem konkreten Projekt jedoch nicht gewählt.

Im vierten Schritt gilt es die Vorhersage mit den konkreten Ergebnissen zu vergleichen und zu überprüfen, wer von den vorhergesagten abwanderungsgefährdeten Kunden tatsächlich abgewandert ist. Damit kann gleichzeitig die Qualität bzw. Güte des Vorhersagemodells bewertet werden.

2.4 Definition eines Testszenarios

Die Ergebnisse des Data Mining Prozesses müssen für die verschiedenen Zielgruppen unterschiedlich aufbereitet werden. Neben den mathematischen Funktionen oder Formeln als Ergebnis des Data Mining Prozesses, die besonders für den

"Data Miner" von Interesse sind, müssen die Ergebnisse verdichtet dem Fachbereich bzw. dem Management in Form von Graphiken oder Tabellen zur Verfügung gestellt werden.

Auf Basis der Ergebnisse werden in einem weiteren Schritt gemeinsam mit den Fachbereichen Maßnahmen festgelegt, die dazu beitragen sollen, die Churn-Rate, d.h. den prozentualen Anteil der abgewanderten Kunden an der Gesamtkundenanzahl, zu reduzieren. Hierbei handelt es sich z.B. um konkrete Marketingaktionen wie Direktansprache des Kunden, Bonusprogramme, Mailing etc..

2.5 Testdurchführung

Als letzter Schritt erfolgt die konkrete Durchführung der definierten Marketingmaßnahmen. Nach Abschluß der Testdurchführung kann mit einem gewissen Zeitverzug das Vorgehensmodell zur Churn-Analyse nochmals durchgeführt werden. Die dann gewonnenen Ergebnisse können zeigen, ob zum einen die eingeleiteten Maßnahmen erste Erfolge zeigen und zum anderen ob das Modell des Entscheidungsbaums überarbeitet bzw. weiter verfeinert werden sollte.

3. Ergebnisse

Die im folgenden dargestellten Ergebnisse beinhalten die Endergebnisse des Projektes. Als erstes Ergebnis ist festzustellen, daß die Frage nach einer möglichen Identifizierung der abwanderungsgefährdeten Kunden entsprechend der Aufgabenstellung positiv beantwortet werden kann. Auch die geforderte Aussagewahrscheinlichkeit von größer 75 Prozent konnte erreicht werden. Dies ist nicht bei jedem Data Mining Projekt selbstverständlich, da die Ergebnisse des Data Minings nicht vorab garantiert werden können. Eine statistisch gesicherte Segmentierung und Beschreibung von Kunden, die abwanderungsgefährdet sind, liegt als ein Teilergebnis des Projektes vor.

Bei der Betrachtung des entwickelten Entscheidungsbaumes ist zu erkennen, daß das Attribut "Call by Call" in einem hohen Maße kennzeichnet, ob ein Kunde abwanderungsgefährdet ist oder nicht. Darüberhinaus waren die Attribute SozioSegment und Kundentyp aus den Kundenstammdaten sowie das Attribut Nutzung-Services jeweils signifikant beeinflussende Merkmale für abwanderungsgefährdete Kunden. Abbildung 3 zeigt das Cluster des Entscheidungsbaumes mit der höchsten Churn-Wahrscheinlichkeit in anonymisierter Form.

Als weiteres wesentliches Ergebnis wurde festgestellt, daß ca. 15 Prozent der Kunden über 60 Prozent der abwanderungsgefährdeten Kunden ausmachen. Dies ist besonders für die auf den Analyseergebnissen aufsetzenden Marketingmaßnahmen wichtig. Durch diese Segmentierung ist eine konkrete und direkte Ansprache der abwanderungs-gefährdeten Kunden möglich.

Die Ergebnisse der einzelnen Cluster können für einen direkten Datenzugriff genutzt werden und z.B. auf Basis des Gesamtdatenbestands eine Kundenliste der abwanderungs-gefährdeten Kunden erzeugt werden. Um die geforderte schnelle Anbindung der dispositiven Analysesysteme an die operativen Systeme sicherzustellen, ist z.B. die Generierung von SQL-Code, die Abfragen auf die operativen Systeme ermöglichen, eine wesentliche Voraussetzung.

Die eingesetzten Data Mining Verfahren wurden der gesetzten Aufgabenstellung gerecht. Sicherlich würden tiefergehende Data Mining Verfahren wie z.B. neuronale Netze nochmals verfeinerte Ergebnisse liefern, jedoch würde damit der Zeitaufwand für die einzelnen Data Mining Läufe erheblich steigen.

4. Ausblick

Nach Abschluß des ersten Durchlaufs des Vorgehensmodells geht es im nächsten Schritt darum, die konkreten Marketingmaßnahmen aufzusetzen und durchzuführen. Zu einem späteren Zeitpunkt wird das dargestellte Vorgehen wiederholt durchgeführt und so aufgezeigt, ob die durchgeführten Maßnahmen erfolgreich waren. Parallel dazu können die eingesetzten Data Mining Verfahren überprüft und evtl. tiefergehende Verfahren wie z.B. neuronale Netze zum Einsatz kommen. Somit ist die im Rahmen des Projektes entwickelte Churn-Management Anwendung Bestandteil der operativen Prozeßkette geworden. Eine direkte Anbindung an operative Systeme des Customer Relationship Managements ist geplant.

Hinsichtlich der Entwicklung dieser Informationssysteme ist ein prototypisches Vorgehen in enger Zusammenarbeit mit den beteiligten Gruppen zwingend erforderlich und ein erfolgskritischer Faktor. Nur so können innerhalb kürzester Zeit gemeinsam abgestimmte Ergebnisse erarbeitet und umgesetzt werden. Die Möglichkeit, sehr kurzfristig auf technische oder fachliche Änderungen zu reagieren, ist eine wichtige Voraussetzung für ein erfolgreiches und von den Benutzern akzeptiertes System.

Die Erfahrung aus dem Projekt hat gezeigt, daß es eine große Herausforderung ist, die Übergänge zwischen den einzelnen Phasen erfolgreich durchzuführen. Dies liegt daran, daß in den verschiedenen Phasen die beteiligten Projektgruppen mit unterschiedlicher Intensität beteiligt sind. Durch ein konsequentes Projektmanagement, einer intensiven Kommunikation zwischen den Projektbeteiligten und einer vorhergehenden gemeinsamen Abstimmung der Erwartungshaltung und Aufgaben kann dieses Problem gelöst werden.

Anhang

Anhang 1: Vorgehensmodell zum Churn Management

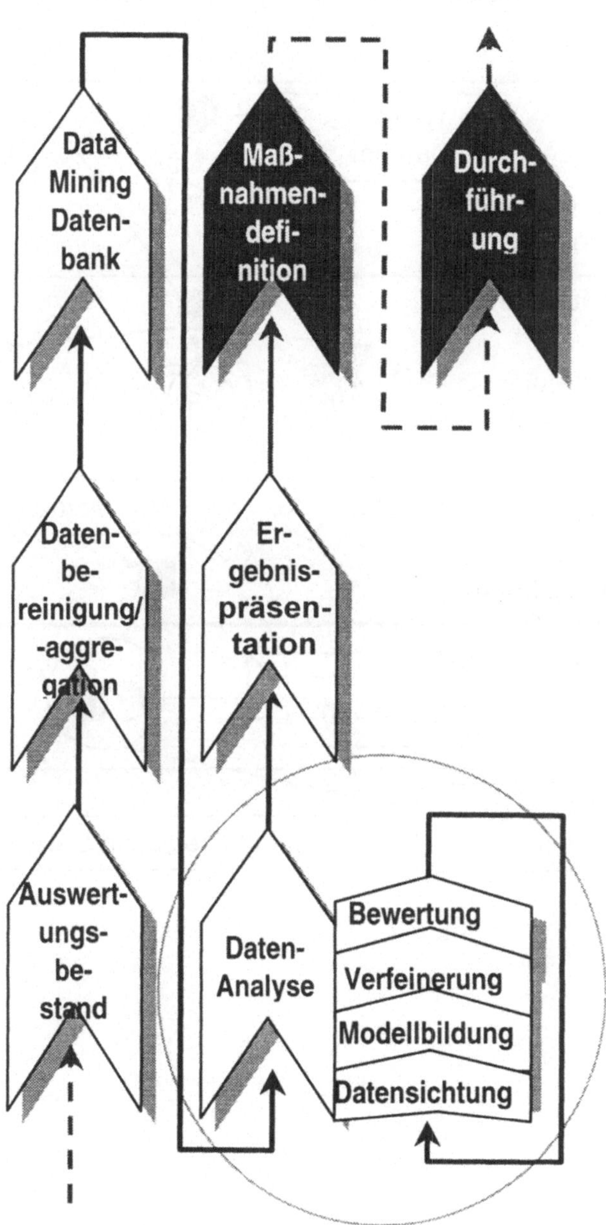

Anhang 2: Gesamtprozeß Churn-Analyse

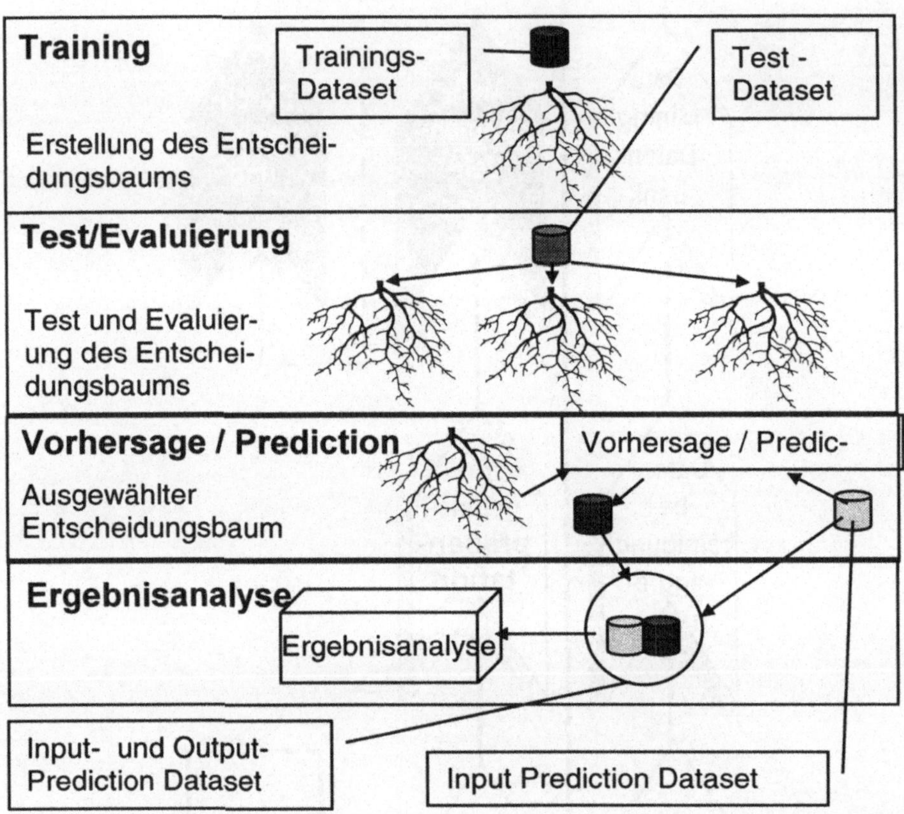

Anhang 3: Beispiel Churn Cluster

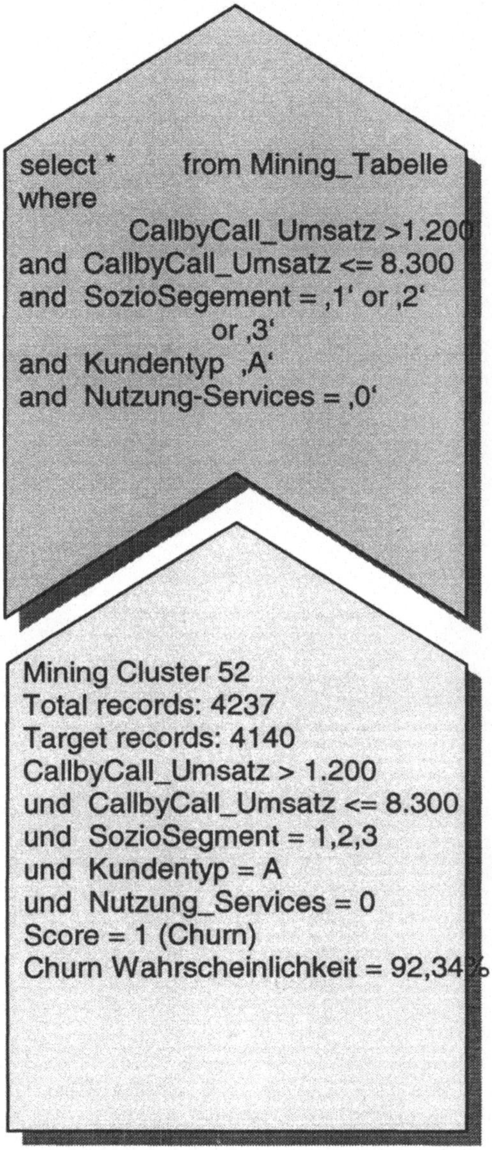

Systemmodellierung mit UML

Claudia Steinberger, Christian Kop, Roland Kaschek[*]

Institut für Wirtschaftsinformatik und Anwendungssysteme
Universität Klagenfurt
Klagenfurt, Austria

Zusammenfassung

Die Sprache UML wurde von der OMG als Standard für Modellierungssprachen festgelegt. Die Autoren von UML behaupten, daß sie für die Modellierung von Systemen geeignet sei. Die Untersuchung von Systemen hat eine lange Tradition und hat eine spezifische Begrifflichkeit und Methodik hervorgebracht, die wir zusammenfassend als Systemtheorie bezeichnen. Wir skizzieren eine systemtheoretische Sprache, die wir verwenden, um die Grundbegriffe von UML einzuführen. Wir behandeln die Frage, ob UML sich zur Standardsprache eignet und bewerten sie hinsichtlich ihrer Eignung zur Systemmodellierung, insbesondere der Unternehmensmodellierung.

1. Einleitung

Der Begriff *Objektorientierte Methode* umfaßt nach allgemeinem Verständnis eine Sprache sowie ein Vorgehensmodell. Die Sprache umfaßt Modellierungsbegriffe, das Vorgehensmodell und Hinweise zu ihrer Verwendung, vgl. dazu etwa [KM98, ME99]. Derzeit gibt es, soweit wir wissen, weder einen de facto, noch einen de jure Standard für Vorgehensmodelle. Man kann annehmen, daß die Standardisierung der Modellierungssprache durch die OMG den Versuchen Auftrieb geben wird, Methoden als Ganzes zu standardisieren. Solche Versuche sind z.B. vom OPEN Konsortium, vgl. [G*97, H*98], sowie von den UML – Entwicklern mit dem sogenannten ‚Rational Unified Process' vorgeschlagen worden, vgl. [B*99, S. 449 – 456] sowie [J*99], einem Auszug aus dem Buch über dieses Vorgehensmodell. Wir untersuchen die Eignung von UML, Version 1.3 (Alpha R2), vgl. dazu [U*99], als Modellierungssprache. Wir gehen davon aus, daß alle Modellierungsprobleme als Probleme der Systemmodellierung aufgefaßt werden können und eine Standardmethode sich kaum einer anderen Sprache als der Standardsprache bedienen kann. UMLs Eignung zur Systemmodellierung ist folglich von großer Bedeutung für die Software – Praxis und wird deshalb von uns in dieser Arbeit untersucht.

---

[*] Korrespondenz bezüglich dieser Arbeit bitte an die Adresse Roland.Kaschek@ifit.uni-klu.ac.at richten.

Wir untersuchen UML als Mittel zur Herstellung bzw. Dokumentation objektorientierter konzeptueller Modelle von Systemen. Dabei nennen wir ein Modell nach [B*92] konzeptuell, wenn es aus implementierungsfernen Begriffen besteht, somit gedanklich ist und die Bedeutung der Begriffe nicht mit Bezug auf Programmiersprachen und deren Ausdrucksmittel festgelegt ist. Unsere Sichtweise des Modellbegriffs ist kurz in [Ka99] dargestellt. Wir gehen davon aus, daß Modelle von Individuen auf etwas, das sogenannte Modelloriginal, bezogen werden und sie dieses daher für die Individuen zu einem bestimmten Zweck und für einen bestimmten Zeitraum in verkürzender Weise repräsentieren.

In Kapitel 2 führen wir Begriffe der Systemtheorie ein und reichern die natürliche Sprache mit diesen an, um eine Metasprache zur Besprechung von UML in dieser Arbeit zu erhalten. Wir unterscheiden in diesem Zusammenhang zwischen systemtheoretischer Ontologie und Methodik. In Kapitel 3 besprechen wir UML mit Hilfe der zuvor eingeführten systemtheoretischen Metasprache. Wir behandeln die Sichten, die UML zur Modellierung von Systemen anbietet sowie die wichtigsten Modellierungsbegriffe von UML. In Kapitel 4 wird die Eignung von UML zur Systemmodellierung im Allgemeinen und für die Unternehmensmodellierung im Speziellen bewertet. Außerdem werden die Stärken und Schwächen von UML in Bezug auf die Anforderungen an eine Standardsprache zur Systemmodellierung behandelt. Dazu geben wir eine bewertete Kriterienliste an. In Kapitel 5 folgt dann ein Resümee und in Kapitel 6 das Literaturverzeichnis.

2. System – theoretische Metasprache

Sprechen wir über UML, so ist sie unsere Objektsprache. Unsere Metasprache, vgl. dazu etwa [RM98, S. 413f], d.h. die Sprache in der diese Besprechung erfolgt, wird die um systemtheoretische Begriffe angereicherte natürliche Sprache sein. Wir führen unsere Metasprache mit Hilfe der im folgenden dargestellten systemtheoretischen Ontologie ein, vgl. [RM98, S. 471-473].

2.1. Systemtheoretische Ontologie

Unsere Haltung zur Ontologie ist von der Methodik geprägt. Ontologie bedeutet für uns „Seinslehre". Die Ontologie eines Weltteils sagt aus, wie dieser beschaffen ist. Wir meinen allerdings, daß mehrere Ontologien desselben Weltteils, die miteinander in Konkurrenz stehen, im Wesentlichen gleich plausibel und bewährt sein können. Möglicherweise kann keine dieser Ontologien die anderen dauerhaft verdrängen. Die Funktion einer Ontologie im Zusammenhang mit der Reflexion von Modellierungsansätzen besteht für uns gerade darin, diese Ansätze vergleichbar und bewertbar zu machen. Wir halten die Behandlung von Ontologien im Zuge der

Reflexion des Modellierungsprozesses für erforderlich, da sie den Gegenstand von Erkenntnisprozessen thematisiert. Die an der Metamodellierung orientierte Diskussion konzentriert sich bisher auf die Mittel der Erkenntnis, nämlich die Sprache, in der Erkenntnis formuliert wird, und die Methode, derer man sich zu Erlangung von Erkenntnis bedient.

Wir verwenden eine systemtheoretische Ontologie, weil die Systemtheorie weit in die Vergangenheit zurückreichende Traditionen hat und insbesondere in unserem Jahrhundert vielfach erfolgreich als leitendes Paradigma der Konzeptualisierung von Wirklichkeiten herangezogen wurde, vgl. etwa [St90, SJ92]. Zu einem Formalisierungsversuch siehe etwa [Pa98]. Wir gehen davon aus, daß die von uns unten definierten Begriffe den Lesern einigermaßen vertraut sind. Wir führen so das Neue, nämlich UML, auf etwas Altes, die Systemtheorie, zurück. Wir vertreten allerdings keinen Primat der Systemtheorie gegenüber anderen Ansätzen zur Konzeptualisierung, etwa UML, sondern wollen diese Sprache lediglich besser verstehen und verständlich machen.

Unter einem **System** wird in dieser Arbeit ein Ganzes verstanden, das aus **operationsfähigen** Teilen, den **Komponenten,** besteht, die untereinander in **Beziehung** stehen können. Die Beziehungen zwischen Komponenten können **zeitabhängig** oder **zeitunabhängig** in dem Sinne sein, daß sie Einflüsse der Komponenten aufeinander vermitteln oder nicht. Dies geschieht gegebenenfalls dadurch, daß die Komponenten untereinander möglicherweise mit Parametern behaftete **Strömungsgrößen** austauschen und so in die Lage, sind ihr **Verhalten** zu koordinieren. Unter dem Verhalten (oder der Dynamik) Ver(k) einer Komponente k wird die Menge der Durchführungsarten ihrer Operationen verstanden, die Menge dieser Operationen hingegen als ihre **Funktion** Fun(k) oder ihre Schnittstelle. Im Falle von Systemen anthropogenen Ursprungs nennen wir die Operationen **Aufgaben** und die Operationsdurchführung **Aufgabenerledigung**.

Eine zeitabhängige Beziehung wird **Kanal** genannt. Fließt von einer Komponente K die Strömungsgröße $F(P_1,...P_n)$ zu einer Komponente K', so bedeutet dies die an K' gerichtete Aufforderung zur Erledigung einer Aufgabe A(F) mit den Eingangswerten $P_1,...P_n$. Diejenigen Komponenten eines Systems, die mit anderen Systemen oder Komponenten von Systemen kommunizieren, werden als sein **Rand** bezeichnet, die Menge derjenige Komponenten, die das nicht tun, als sein **Inneres**. Während der Erledigung einer ihrer Aufgaben kann eine Komponente verschiedene Phasen der Aufgabenerledigung, d.h. **Zustände**, aufweisen. Ebenso kann ein Kanal verschiedene Zustände aufweisen, die seiner Beinhaltung von Strömungsgrößen entsprechen. Die Menge der Komponenten eines Systems S bezeichnen wir mit **Kom(S),** die Menge seiner Kanäle mit **Kan(S)** und die Menge seiner Beziehungen mit **Bez(S)**. Als **Struktur** eines Systems bezeichnen wir die

214

Menge Kom(S) zusammen mit der Menge Bez(S)\Kan(S). Als **Zustand** eines Systems S zu einem Zeitpunkt $t \in T$ bezeichnen wir die Menge $\{(X,Z_S(X,t)) \mid X \in Kom(S) \cup Kan(S)\}$. Dabei ordnet die Abbildung Z_S den Komponenten bzw. Kanälen von S deren jeweiligen Zustand zum Zeitpunkt $t \in T$ zu. Der Zustand eines Systems kann durch Kommunikation der Systemkomponenten verändert werden.

Komponenten können selbst wiederum Systeme sein und daher Mengen von Komponenten enthalten. Sinngemäß verwenden wir die obigen Redeweisen über Beziehungen, Austausch von Strömungsgrößen, Funktionen und Verhalten von System – Komponenten auch für Systeme. Kommuniziert ein System mit anderen Systemen, so nennt man es ein **offenes System**, [FS93]. Ein System T nennen wir **Teilsystem** eines Systems S, wenn $Kom(T) \subseteq Kom(S)$ und $Bez(T) \subseteq Bez(S)$ gilt.

Ein Auto ist ein Beispiel für ein System. In einem Auto sind Teilsysteme wie etwa Licht - oder Bremsanlage enthalten. Beim Bremsen fließt elektrischer Strom, d.h. eine Strömungsgröße, von der Bremsanlage zur Lichtanlage, welche die Bremslichter zu leuchten veranlaßt. Dieses Leuchten bedeutet dem Fahrer oder der Fahrerin eines nachfolgenden Fahrzeugs ebenfalls zu bremsen und ist somit eine Strömungsgröße im System Verkehrsstrom auf einer Straße. In einem Auto können Computer enthalten sein, die etwa im Motor, Verbrennungsprozesse steuern, das Blockieren der Reifen beim Bremsen oder ihr Durchdrehen beim Beschleunigen verhindern. Diese Computer werden von Software – Systemen gesteuert, deren Komponenten sich entweder in Software Komponenten zerlegen lassen, oder sich nur noch in Komponenten von Programmen zerlegen lassen. Die zwischen diesen Software – Komponenten auftretenden Programmaufrufe sind gerade die Strömungsgrößen der betreffenden Software – Systeme.

2.2. Systemtheoretische Methodik

Wir beschreiben nun, wie die oben dargestellte Ontologie dazu genutzt werden kann, methodisch Systeme zu untersuchen. Das Verhalten eines Systems kann seiner Funktion und diese den Systemzuständen und ihren Übergängen im Sinne einer **Realisierungsbeziehung** kausal zugeordnet werden. Die Reduktion eines Systems auf seine Funktion deuten wir als eine Einkapselung seiner Komponenten in das System. Diese Einkapselung kann dazu genutzt werden, Kommunikationsvorgänge übersichtlich zu beschreiben. Im Allgemeinen wird die Einkapselung der Komponenten als Kennzeichen für gute Qualität eines Systemmodells gesehen.

Bekanntlich, vgl. etwa [SK93], ist von Langefors eine Vorgehensweise zur Analyse und Synthese von Systemen angegeben worden, die auf der Idee der Einkapselung beruht: Um die Anforderungen an ein System einfach formulieren zu können, wird es durch seine Funktion repräsentiert, vgl. dazu auch [Ja95, S. 169 – 172]. Ausgehend von den Systemanforderungen, die mit Bezug auf seine Funktion formuliert sind, werden dann Anforderungen an die Systemkomponenten, d.h. ihre Funktion vorläufig festgelegt. Man versucht dann aus den Funktionen der Komponenten und ihrem Austausch von Strömungsgrößen eine zu den Systemanforderungen passendes Verhalten zu konstruieren. Eine übersichtliche Beschreibung von Systemen ist bei Verwendung lediglich zweier Beschreibungsebenen, der System – und der Komponenten – Ebene, nur bei Systemen geringer Komplexität, vgl. [Gi91, S. 171f], möglich. Bei komplexeren Systemen, d.h. solchen Systemen mit verhältnismäßig vielen Beziehungen zwischen den Komponenten, ist mitunter die Nutzung dieser Beschreibungsebenen auch für die Komponenten des Systems, die Komponenten dieser Komponenten usw. erforderlich, was zu einer ‚top down‘ System – Zerlegung und zu einer ‚bottom up‘ System – Synthese führt. Dieses verallgemeinerte Zerlegungs – bzw. Syntheseverfahren wird solange sukzessive durchgeführt, bis entweder die Funktion eines Systems auf seine Komponenten und deren Wechselwirkung so zurückgeführt ist, daß die Aufgabenerledigungen der Komponenten als elementar betrachtet werden können, oder aber der Versuch einer solchen Zerlegung als gescheitert betrachtet wird. Man kann versuchen die Qualitätsaspekte Koppelung und Kohäsion, vgl. [Bl92, S. 210 – 220], aus dem Software – Engineering zur Beurteilung der Güte der Systemzerlegung heranzuziehen. Ebenso wie im Software Engineering wird man hohe Kohäsion und geringe Koppelung als Zeichen für gute Qualität werten.

Bei der vorangegangenen Behandlung der systemtheoretischen Ontologie und Methodik wurden zur Beschreibung von Systemen ausschließlich Individualbegriffe, d.h. nach [RM98, S. 312] Begriffe zur Beschreibung von Individuen verwendet. In der semantischen Modellierung ist zusätzlich die Verwendung von Allgemeinbegriffen, d.h. durch einen Prädikator dargestellten Begriff, vgl. [RM98, S. 28], üblich, um die Komplexität von Systembeschreibungen gering zu halten. In [Bo94] wird beispielsweise darauf hingewiesen, daß Systemenkomponenten oftmals als gleichartig betrachtet werden und diese Gleichartigkeit durch den Begriff **Komponententyp** gefaßt wird. Da Komponenten aber Systeme sein können, folgt aus der Möglichkeit zu dieser Typ – Abstraktion, daß es sinnvoll ist, den Begriff „System“ als Allgemeinbegriff zu betrachten.

Die Einführung der verbreitetsten Abstraktionskonzepte der semantischen Modellierung, nämlich **Aggregation, Generalisation und Klassifikation**, vgl. [PM88, Ka96], ist im systemtheoretischen Zusammenhang entsprechend der Tabelle **Tabelle 1** möglich.

Unter einer **Sicht** T auf ein System S verstehen wir ein System T, das aus Teilen von S oder Teilen von Teilen von S besteht. Offenbar erlaubt die Identifikation geeigneter Sichten $T_1,...T_m$ auf ein System S dieses zunächst in durch die Sichten T_i erfaßten Aspekten zu beschreiben. Diese werden dann zueinander in Beziehung gesetzt, um S ausgehend von den Sichten vollständig und eindeutig zu beschreiben. Die Identifikation von Sichten auf ein System kann also als Ansatz verstanden werden, Größe und Komplexität der im Zuge der Modellierung jeweils herzustellenden Modelle gering zu halten

Abstraktionskonzept	Ontologische Fassung	methodische Fassung
$T_1,...,T_m$ POf G	Das Ganze G hat die Teile $T_1,...,T_m$	Der Begriff G hat die Teilbegriffe $T_1,...,T_m$
$S_1,...,S_n$ IsA G	$Fun(G) \subseteq Fun(S_i), \forall i$	Die Begriffe S_i sind dem Begriff G subordiniert, d.h. ihr Umfang ist in dem von G enthalten.
$O_1,...,O_p$ IOf K	Undefiniert[1]	$O_1,...,O_p$ sind Exemplare von K, d.h. gehören zum Umfang des Begriffs K.

Tabelle 1 : Abstraktionskonzepte in ontologischer bzw. methodischer Fassung

2.3. Anforderungen an einen Sprachstandard

Da wir von einer universellen Anwendbarkeit der Systemtheorie ausgehen, ist es naheliegend, Anforderungen an einer Sprache zur Systemmodellierung zu formulieren. Wir übernehmen hier leicht modifiziert Anforderungen aus [Al98, S. 5 f., Fr98, S. 15 f.], die wir, um Platz zu sparen, nur einmal, nämlich in Tabelle 3, angeben und in *Kapitel 4.1 Anforderungen an einen Standard* kurz besprechen.

3. Die Sprache UML

UML wird von ihren Autoren als eine Sprache verstanden, die zur Visualisierung, Spezifikation, Konstruktion und Dokumentation von Artefakten eines Software – intensiven Systems geeignet ist, vgl. dazu [B*99, S. 419]. Unter Artefakten werden Modelle und deren Darstellung in Form von Schemata verstanden. Ziel bei der Entwicklung von UML ist nach [B*99, S. xix] die Behebung von Mängeln früherer Sprachen zur objektorientierten Modellierung, insbesondere der von OMT, OOSE und Booch, vgl. [R*91, J*93, Bo94] sowie die Übernahme von deren Stärken. Wie OMT entwirft UML eine Reihe von Sichten auf ein zu modellierendes

---

[1] Wir definieren Klassifikation nur in methodischer Fassung, da unsere Ontologie das vom Denken unabhängige Sein beschreiben soll und in unserer System – Ontologie Klassen Gedanken sind.

System und kann so die Komplexität der zu erarbeitenden Schemata verhältnismäßig gering halten. Wie schon bei OMT, vgl. [K*93, S. 145], ist aber zu kritisieren, daß UML keine Mittel zur expliziten Integration der vorgeschlagenen Sichten enthält.

3.1. Sichten

Die von UML, vgl. [B*99, S. 31], entworfenen Sichten auf Systeme sind:

1. Funktionssicht:
Sie zeigt das *Nutzungsfall – Modell*, d.h. die Systemfunktion durch ein *Nutzungsfall – Diagramms (ND)*. Dieses besteht aus einer Menge von *Nutzungsfällen*, vgl. [Al98, p. 71]. Zwischen Nutzungsfällen können Beziehungen bestehen (,include', ,extend', ,generalization', vgl. [B*99, S. 226ff]). Derartige Beziehungen werden in der Systemtheorie, soweit wir wissen, bisher nicht behandelt. Nutzungsfälle beschreiben genau die Aufgaben des Systems.

2. Struktursicht:
Sie zeigt die Systemstruktur durch ein sogenanntes *Klassendiagramm (KD)* und besteht nach [Al98, S.75] hauptsächlich aus *Objektklassen* und *Assoziationen*, d.h. aus Komponententypen und zeitunabhängigen Beziehungen zwischen diesen. Ein sogenanntes *Objektdiagramm (OD)* beschreibt das System zu einem bestimmten Zeitpunkt. Es besteht hauptsächlich aus *Objekten* und *Objekt – Links*, vgl. [Al98, S. 82], d.h. Komponenten und Beziehungen zwischen diesen. Systeme müssen zu einem gegebenen Zeitpunkt nicht ihre gesamte mögliche Differenziertheit aufweisen.

3. Verhaltenssicht:
Sie zeigt das Systemverhalten, vgl.[Al98, S. 85], mittels eines sogenannten *Sequenzdiagramms (SD)*. Dieses besteht hauptsächlich aus sogenannten Klassen – bzw. Objekt – Rollen, d.h. aus Komponenten oder Komponententypen in einem bestimmten Zustand, sowie aus, in geeigneter Folge angeordneten, *Nachrichten* zwischen den Rollen. Nachrichten beschreiben Strömungsgrößen. Ein sogenanntes *Kollaborationsdiagramm (KollD)* kann zum selben Zweck verwendet werden wie das Sequenzdiagramm. Nach [B*99, S. 249] sind Sequenz – und Kollaborationsdiagramme semantisch äquivalent. Ein sogenanntes *Zustandsdiagramm (ZD)* besteht hauptsächlich aus *Zuständen* von Objekten einer Klasse sowie den *Übergängen* zwischen ihnen, vgl. [Al98, S. 98]. Es beschreibt den Beitrag einzelner Objekte einer Klasse zum Systemverhalten. Ein sogenanntes *Aktivitätsdiagramm (AD)* kann zur Spezifikation des Beitrages von Nutzungsfällen zum Systemverhalten verwendet werden. Es zeigt Folgen von *Aktivitäten*, d.h. Aufgaben, und

218

Objekten, deren Zustand angegeben werden kann. Vor – bzw. Nachbedingungen von Aktivitäten werden als Aktivitätsmengen dargestellt.

Des weiteren kennt UML noch die **Prozeßsicht**, die **Komponentensicht** sowie die **Verteilungssicht**. Da wir in dieser Arbeit UML nur hinsichtlich des konzeptionellen Entwurfs untersuchen, werden diese Sichten in dieser Arbeit nicht weiter behandelt.

3.2. Modellierungsbegriffe

Nach [B*99, S. 17 ff.] werden die Modellierungsbegriffe von UML in drei große Bereiche eingeteilt: **Dinge**, **Beziehungen** und **Diagramme**. Diagramme wurden bereits in Abschnitt 3.1 behandelt. Dinge können in 4 Arten unterteilt werden:

- **Strukturdinge**, die Komponentenarten der verschiedenen Systemarten, insbesondere Klasse, Schnittstelle, Kollaboration, Nutzungsfall, aktive Klasse, Komponente und Knoten.
- **Verhaltensbeschreiber**, die Verhalten spezifizierenden zu Strukturdingen zugeordneten Schemateile, d.h. Interaktion bzw. Zustandsmaschine.
- **Gruppierer**, die Pakete, die dazu dienen Strukturdinge, Verhaltensdinge und Gruppierer zusammenzufassen.
- **Annotationen**, d.h. Erläuterungen oder Präzisierungen von Schemateilen.

Die Beziehungen von UML können in 4 Arten unterteilt werden:

- **Abhängigkeit,** d.h. zeitabhängige Beziehungen zwischen zwei Komponenten. Sie vermitteln eine Veränderung der sogenannten unabhängigen Komponente in eine Veränderung der sogenannten abhängigen Komponente. Abhängigkeiten können durch *Assoziationen* mit dem Stereotyp <<call>> spezifiziert werden, sie bedeuten den Aufruf einer Client – Operation durch eine Server – Operation, vgl. [B*99, S. 443], und können verwendet werden um Nachrichtenflüsse in Sequenzdiagrammen oder Kollaborationsdiagrammen darzustellen.
- **Assoziation**, ist eine zeitunabhängige Beziehung zwischen Komponententypen. Aggregation, d.h. die Teil – Ganze Beziehung, wird als eine Form der Assoziation aufgefaßt und differenziert in (schwache) Aggregation und Komposition. Die Komposition als stärkere Form bedeutet Existenzabhängigkeit der Teile vom Ganzen und Disjunktheit der Mengen der Teile verschiedener Ganzer, vgl. [B*99, S. 146, 147].
- **Generalisation**, wird von UML als Generalisation im ontologische Sinne verstanden woraus die Substituierbarkeit des Generalisats durch das Spezialisat folgt.
- **Realisation**, ist die Beziehung zwischen Aufgabe und ihrer Erledigung.

In [B*99, S. 119f] wird bei der Einführung der Modellierungsbegriffe von UML danach unterschieden, ob sie Allgemein – (Klassifizierer) oder Individualbegriffe sind, also danach, ob sie Exemplare haben können oder nicht. Zur ersten Gruppe gehören beispielsweise Klasse, Komponente, Nutzungsfall und Subsystem. Allgemeinbegriffe besitzen Merkmale, nämlich Attribute und Operationen. Eine weitere Gruppe von Modellierungsbegriffen umfaßt Assoziation und Nachricht. Obwohl diese Begriffe Allgemeinbegriffe sind, werden sie von UML nicht in dieser Gruppe geführt, vgl. [B*99, S. 121]. Den Merkmalen eines Allgemeinbegriffes können diverse Eigenschaften (Sichtbarkeit, Gültigkeitsbereich, Veränderlichkeit, Ausführungsrestriktionen etc.) verliehen werden, vgl. [B*99, S 123ff]. Zu den Individualbegriffen gehören Generalisierung und Paket, vgl. [U*99, S.3-17, 2-169].

Meta – Sprache	Objekt – Sprache: UML
System Niveau	
System	*System*
Funktion	*Nutzungsfall – Diagramm,*
Aufgabe	*Nutzungsfall,*
Verhalten	*ZD*
Aufgabenerledigung	*SD, KollD, AD, ZD*
Struktur	*KD*
Zeitunabhängige Beziehung	*Assoziation*
Zeitabhängige Beziehung (Kanal)	*Assoziation mit Stereotyp <<call>> Nachrichtenfluss im SD/KollD*
Strömungsgröße	*Nachricht*
Systemrand	*Akteur, Klassenstereotyp Schnittstelle*
Generalisierung	*Generalisierung*
Teilsystem Niveau Teilsystem d. Meta-Sprache entspricht Subsystem der Objektsprache; des weiteren siehe System-Niveau	
Komponenten Niveau	
Komponente	Klasse bzw. Objekt
Funktion	*Menge der Operationen*
Aufgabe	*Operation*
Aufgabenerledigung	*AD, ZD*
Verhalten	*ZD*
Generalisierung	*Generalisierung*

Tabelle 2 : Gegenüberstellung der Begriffe von Objekt – bzw. Metasprache

UML kennt nach [B*99, S. 29] die Erweiterungsbegriffe: Stereotyp, Etikettwert (‚tagged value') und Bedingung. Ein Stereotyp ist nach [U*99, S. 2-65, 2-66, 2-36] ein Begriff zur Klassifikation aus dem Anwendungsfeld gewonnener, also nach Kant empirischer Begriffe, vgl. dazu [RM98, S. 97]. Jeder Stereotyp ist von einer sogenannten Basisklasse, d.h. einer Klasse des UML Metamodells (also z.B. Klasse, Assoziation, Bedingung oder ähnliche, vgl. [U*99, S. 2-67]) abzuleiten. Die Systemtheorie kennt Erweiterungsmechanismen, soweit wir wissen, nicht.

Pakete dienen dazu, eine indexikalische Umgebung für die Benennung, einen Namenraum (‚name space‘), ihres Inhalts zu schaffen. Die Sichtbarkeit von Elementen, die in Paketen zusammengefaßt werden, kann ähnlich wie bei Attributen und Operationen von Klassen festgelegt werden. Aus Sicht der Systemtheorie sind Pakete Systeme, zwischen welchen Import-, Zugriffs- oder Generalisierungsbeziehungen bestehen können.

Obwohl die Primärliteratur [B*99, U*99] in dieser Hinsicht nicht eindeutig ist meinen wir, daß man den objekt- mit dem metasprachlichen Systembegriff und den Begriff Subsystem der Objektsprache mit dem Begriff Teilsystem der Metasprache identifizieren kann. Wir stützen uns dabei auf die Aussage, vgl. [B*99, S. 421], daß ein System jenes Ding sei, für das man Modelle herstelle und werden in der Bewertung von UML (Kapitel 4) aufzeigen, welche Unklarheiten wir im Zusammenhang mit den objektsprachlichen Begriffen System und Subsystem gesehen haben. Der Begriff Subsystem ist in UML eine Stereotyp – basierte Ableitungen der Begriffe Klasse bzw. Paket. Die Komponenten eines Systems werden nach UML als *Subsysteme* bezeichnet. Die Funktion eines Systems wird nach UML in Form eines *Nutzungsfall-Diagramms* und die einzelnen Aufgaben durch *Nutzungsfälle* beschrieben.

In **Tabelle 2** fassen wir unsere bisherigen Ergebnisse zusammen. Wir identifizieren die in einer Zeile in verschiedenen Spalten stehenden Begriffe miteinander. Die weitgehende Entsprechung der Begriffe der Objektsprache mit Begriffen der Metasprache zeigt, daß die unter 2.2. diskutierten Vorgehensweisen bei Verwendung von UML anwendbar sind.

4. Bewertung von UML

Einige Arbeiten setzen sich bereits mit Unzulänglichkeiten von UML auseinander, vgl [SG98, S.209ff], [ST98, S.263ff]. Dabei wurde hauptsächlich die praktische Anwendbarkeit von UML kritisiert und auch Schwächen der UML unterstützenden Werkzeuge benannt. Wir konzentrieren uns in dieser Arbeit auf die in Tabelle 3 genannten Anforderungen an einen Standard für System – Modellierungssprachen im Allgemeinen und an die Systemmodellierung und die Geschäftsprozessmodellierung im Speziellen

Anforderung	Stufe[2]
Anforderungen an einen Standard	
(A1) Vorhandensein sofort einsetzbarer Basiskonzepte	1
(A2) Ausdrucksstärke über den gesamten Modellierungsprozeß hinweg	4
(A3) Vorhandensein von Mechanismen zur Spracherweiterung bzw. Spezialisierung der Basiskonzepte	1
(A4) Unabhängigkeit von Vorgehensmodellen	2
(A5) Unterstützung der Verwendung moderner Konzepte	1
(A6) Bewältigung der Komplexität von Systemen, Sichten	3
(A7) Vorhandensein einer formalen Basis	4
(A8) Weitgehende Akzeptanz	2
(A9) Gute Benutzbarkeit	3
(A10) Schutz von Investitionen in Software bzw. Ausbildung	4
(A11) Gewährleistung des Dokumentenaustausch zwischen Organisationen	4
(A12) Gewährleistung der Wiederverwendbarkeit von Dokumenten	4
Anforderungen zur Systemmodellierung	
(B1) Vollständigkeit der Modellierungskonzepte	1
(B2) Unabhängigkeit der Modellierungskonzepte	3
(B3) Adäquatheit der Modellierungsbegriffe	3
Anforderungen zur Geschäftsprozeßmodellierung	
(C1) Ausdruckmittel zur Beschreibung der Beteiligten Rollen/Objekte (Actor, Case-Worker, Entity etc) am Prozess	3
(C2) Unterscheidung zwischen aktiven und passiven Elementen	2
(C3) Eignung der Begriffe zur Ziel – bzw. Strategiemodellierung	5
(C4) Eignung der Begriffe zur Prozeßmodellierung	4
(C5) Eignung zur Modellierung von Business Rules	4
(C6) Unterstützung von wesentlichen Sichten auf Unternehmen	3

Tabelle 3 Erfüllung der Anforderungen an UML

Wir geben in Tabelle 3 eine bewertete Anforderungsliste an und motivieren unsere Bewertungen in den Unterkapiteln 4.1 – 4.3. Die Bewertung ist nicht Ergebnis einer Messung oder Studie, sondern soll unsere Eindrücke bei der Untersuchung von UML deutlich machen und zu einer Diskussion dieser Anforderungen und ihrer Erfüllung durch UML anregen.

---

[2] 1 = erfüllt , 2 = weitgehend erfüllt, 3 = mehr oder weniger erfüllt, 4 = kaum erfüllt, 5 = nicht erfüllt

4.1. Anforderungen an einen Standard

Einzelne der Anforderungen, etwa **(A1)**, **(A3)** sowie **(A5)** werden unserer Meinung nach von UML erfüllt. Die Basiskonzepte stammen bekanntlich aus populären Methoden. Die Erweiterbarkeit ist durch Stereotype und Etikettwerte gegeben. Die Verwendung von Patterns, Frameworks sowie Komponenten wird durch die Sprache unterstützt.

Mit Bezug auf **(A2)** werden in [SG98, S. 211] Bedenken angemeldet. 10 ihrer 37 Kritikpunkte an UML laufen darauf hinaus, daß wichtige Analyse- bzw. Design-Konzepte nicht angewendet werden konnten. Die Anforderung **(A4)** wird nur zum Teil erfüllt, da ein Nutzungsfall - orientiertes Vorgehen durch UML sicherlich bevorzugt ist. Pakete, Subsysteme sowie die einzelnen Sichten (Funktion, Struktur- und Verhaltenssicht) helfen bei der Komplexitätsbewältigung **(A6)**. Die verhältnismäßig große Anzahl der Modellierungsbegriffe und die vielfältigen Abhängigkeiten zwischen ihnen erhöht die Komplexität des Systems UML und kann zu erhöhter Komplexität der Beschreibung von Systemen führen. Es bleibt Praxisstudien vorbehalten, diese gegenläufigen Effekte gegeneinander abzuwägen. In den Studien [SG98, S.209ff; ST98, S. 263ff] wird mit Hinweis auf praktische Erfahrungen an der guten Benutzbarkeit **(A9)** von UML gezweifelt. Unsere Erfahrung ist in diesem Zusammenhang, daß Software Firmen zunehmend UML einsetzen möchten, weil der Markt das verlangt. UML wird weitgehend als Standard akzeptiert **(A8)**, eine ganze Reihe von CASE – Werkzeugen, die Modellierung mit UML unterstützen, ist verfügbar.

Wir bezweifeln die Existenz einer einheitlichen *formalen Basis* **(A7)** für die gesamte UML, weil 1. die Semantik mancher Begriffe, wie im Falle der Beziehungen zwischen Nutzungsfällen, nicht leicht überschaubaren Änderungen unterliegt. Es werden in der „älteren" Literatur [FS98, S53ff; U*97, S. 78ff; Al98, S. 73f] z.B. die Beziehungen zwischen Nutzungsfällen als Ableitungen von einer Generalisation mittels der Stereotype „uses" bzw. „extend" aufgefaßt. Derzeit werden von UML nach [B*99, S. 3-86f] derartige Beziehungen statt dessen von einer Abhängigkeitsbeziehung mit den Stereotypen „include" und „extend" abgeleitet. Wir halten 2. fest, daß in den UML definierenden Dokumenten Widersprüche auftreten. Der Begriff System etwa wird in [U*99, S.2-162ff] nur durch den Stereotyp <<system>> beschrieben und ist damit, wie auch nach [B*99, S121], kein Allgemeinbegriff. An anderer Stelle, vgl. dazu [B*99, S. 421], wird aber behauptet, daß Systeme Allgemeinbegriffe seien.

Die Anforderungen **(A10)** und **(A3)** können nicht unbedingt gleichzeitig in vollem Umfang erfüllt werden, weil Erweiterungen oder Adaptionen sich im Laufe der Zeit in einem Unternehmen als nützlich erweisen und so in diesem Unternehmen in allgemeinen, häufigen Gebrauch kommen können, während sie in anderen Unternehmen unbekannt bleiben und dort möglicherweise nicht einmal nützlich sind. Mit Bezug auf die Anforderungen **(A10)** – **(A12)** sehen wir das Problem eines sich überstürzenden Prozeßcharakters der Standardisierungsbestrebungen, der zu mitunter diffizilen Änderungen der Bedeutung von Modellierungsbegriffen führt, wie wir im vorigen Absatz gezeigt haben.

4.2. Anforderungen zur Systemmodellierung

Jedem Begriff unserer Meta-Sprache konnte ein Begriff der Objektsprache zugeordnet werden. Die Objektsprache besitzt überdies einen Erweiterungsmechanismus zur Einführung abgeleiteter empirischer Begriffe aus Basisbegriffen. In diesem Sinne kann man die Objektsprache durchaus als vollständig bezeichnen **(B1)**. Manche Begriffe der System – Theorie findet man in mehreren UML Konzepten wieder. Das Systemverhalten kann z.B. durch mehrere Ausdrucksarten (AD, SD, ZD, KollD) von UML beschrieben werden. Diese Beobachtungen zeigen uns, daß die Modellierungsbegriffe von UML nicht orthogonal sind **(B2)**. Daraus ergeben sich Möglichkeiten der pragmatischen, für bestimmte Organisationen spezifischen Färbungen der Semantik der betreffenden Diagrammarten. Die Nutzung dieser Möglichkeiten birgt die Gefahr, daß die Anforderungen an Austauschbarkeit von Diagrammen, Erhaltung von Investitionen und leichten Erlernbarkeit etc. nicht (oder nicht ausreichend) erfüllt werden können **(A10)**, **(A11)**, **(A12)**.

Unklar erscheint uns der Zusammenhang der Paket - Stereotypen <<system>> bzw. <<subsystem>>, **(B3)**. Die Autoren von UML postulieren eine funktionale Substituierbarkeit des Begriffs Subsystem durch den Begriff System, sie weisen nämlich darauf hin, daß ein System auf einer gegebenen Abstraktionsebene ein Subsystem eines anderen Systems auf einer höheren Abstraktionsebenen sein kann (vgl. [B*99, S. 421]). Die erwähnten Modellierungsbegriffe werden aber durch das Metamodell von UML unterschiedlich eingeführt. Während der Begriff System lediglich als Stereotyp <<system>> definiert ist, wird der Begriff Subsystem durch eine eigene Metaklasse eingeführt und ist somit sowohl Gruppierer als auch Strukturding, im Gegensatz zum Begriff System der nur Gruppierer ist. Die betreffende Unklarheit wird unserer Meinung noch dadurch vergrößert, daß UML, vgl. [B*99, S.121], Systeme zunächst nicht zu den Allgemeinbegriffen zählt, später [B*99,S.421] jedoch wohl.

4.3. Anforderungen zur Geschäftsprozeßmodellierung

Um Unternehmensmodellierung modellieren zu können werden zweckangepaßte Sichten auf ein Unternehmen verwendet. Eine der am meisten betonten Sichten auf ein Unternehmen ist die auf dessen Geschäftsprozesse.

Die UML Erweiterung für Geschäftsprozesse [U*99, S.41ff] benennt die folgenden Business Objects als die zentralen Modellierungsbegriffe für die Geschäftsprozeßmodellierung: *Actor, Worker, Case Worker, Internal Worker, Entity* **(C1)**. Dabei sind Actor, Worker, Case-Worker, Internal Worker *aktive Komponenten* und Entity eine *passive Komponente* **(C2)**. *Unternehmensziele oder Strategien* **(C3)**, denen Geschäftsprozesse gerecht werden müssen, werden anders als etwa in [K*95] nicht berücksichtigt.

Der Begriff des *Geschäftsprozesses* wird in UML durch keinen Modellierungsbegriff feiner Granularität **(C4)** erfaßt. Er kann lediglich mit einer verhältnismäßig groben Granularität durch Nutzungsfälle eingefangen werden. Diese sind aber nach UML keine Objekte bzw. Klassen, was mit dazu beigetragen haben mag, daß gemäß UML das Verhalten von Geschäftsprozessen als ein Inter – Objekt – Verhalten verstanden wird und so nicht durch Zustandsdiagramme beschrieben werden kann. Zur Beschreibung des Inter – Objekt – Verhaltens werden Aktivitätsdiagramme in [Bu97, S. 252] als Alternative bzw. nach [B*99, S. 260] als Spezialisierung von Zustandsdiagrammen gesehen. Sie dienen nach [B*99, S. 257] zur Beschreibung von Arbeitsvorfällen. Obwohl UML das nicht tut, liegt es nahe, falls Systeme modelliert werden, in denen größere Mengen von Geschäftsprozessen bzw. langlebiger Geschäftsprozesse oder Varianten von Geschäftsprozessen auftreten, Geschäftsprozesse als Objekte zu sehen. Ansätze zur Modellierung von Geschäftsprozessen als Objekt findet man bereits in [B*94, Ko95, K*98, K*95, M*93, Ro96]. Business – Rules, welche für Geschäftsprozesse Anwendung finden, können in UML durch Annotationen beschrieben werden (vgl. 3.2. oben). Dabei kann es sich beispielsweise um das Priorisieren von Geschäftsprozessen oder die Festlegung von Abhängigkeiten zwischen Geschäftsprozessen handeln **(C5)**.

Spezifische Sichten für die Unternehmensmodellierung (wie z.B. Daten, Organisation, Funktion, Geschäftsprozeß) werden nicht unmittelbar angeboten, können aber mit Hilfe der vorhandenen Sichten (Struktur, Funktion und Verhalten) und den vordefinierten Stereotypen abgebildet werden **(C6)**. Die betreffenden Abbildungsregeln hängen jedoch vom Vorgehensmodell ab und können daher nicht zu den Basiskonzepten von UML zählen.

5. Resümee und Ausblick

Es wurde in dieser Arbeit gezeigt, daß UML sich dann gut als Sprache zur Modellierung von Systemen eignet, wenn Geschäftsprozesse nicht im Mittelpunkt des Modellierungsinteresses stehen. Wir konnten für die meisten Begriffe der Metasprache Entsprechungen in der Objektsprache identifizieren. Der Weg von UML zu einem Standard kann bis auf einige Schwachstellen, nämlich: ihre Unzureichende Durchgängigkeit, das Fehlen einer die ganze UML umfassende formale Basis, das Vorhandensein unzureichend orthogonaler Modellierungsbegriffe, gutgeheißen werden. Hinsichtlich der Modellierungsbegriffe zur Geschäftsprozeßmodellierung sehen wir wesentliche Schwächen.

Tabelle 2 zeigt, daß mit Hilfe unserer Meta – Sprache eine Modellierungssprache „UML – light" definiert werden könnte, die zur Modellierung von Systemen besser geeignet wäre als UML, weil sie gleich ausdrucksfähig wie UML ist und weniger Modellierungsbegriffe als UML hat, die zudem voneinander unabhängiger (d.h. orthogonaler) sind, als die von UML. Diese Sprache könnte weitgehend unserer System – theoretischen Metasprache entsprechen. Der Erweiterungsbegriff Stereotyp könnte zu „UML - light" hinzugefügt werden, wie auch ein Prozeßbegriff und Beziehungen zwischen Aufgaben. Eine systemtheoretische Fundierung dieser Begriffe sollte zu dem erwähnten Zweck ausgearbeitet werden. Die oben für einen Standard für Modellierungssprachen gestellten Anforderungen würden von „UML – light" besser erfüllt werden, als von UML.

6. Literatur

[Al98]   Alhir, Sinan Si: UML in a Nutshell, O'Reilly & Associates; Inc., Camebridge et al., 1998.

[Bl92]   Blum, Bruce, I.: Software Engineering, A Holistic View, Oxford University Press, New York, Oxford, 1992.

[Bo94]   Booch, Grady: Object – Oriented Analysis and Design with Applications, The Benjamin/Cummings Publishing Company; Inc., Redwood City; California et al., 1994.

[Bu97]   Burkhardt, Rainer: UML – Unified Modeling Language, Addison Wessley, Bonn et al., 1997.

[B*92]   Batini Carlo; Ceri Stefano; Navathe Shamkant: Conceptual Database Design, The Benjamin/Cummings Publ. Company Inc., Redwood City, Cal.1992.

[B*94]   Bauer, Michael; Kohl, Claudia; Mayr, Heinrich C.; Wassermann, Johann Enterprise Modeling Using OOA Techniques, Proc. Connectivity-94: Workflow Management - Challenges, Paradigms and Products, Oldenbourg Verlag,Wien,München, 1994, pp 96-111

[B*99]   Booch, Grady; Rumbaugh, James; Jacobson, Ivar: The Unified Modeling Language User Guide, Addison Wesley Longman; Inc., Reading; Massachusetts et al., 1999.

[Fr98]   Frank, Ulrich: Object-Oriented Modeling Languages: State of the Art and Open Research Questions, in: [SK98], S. 14 – 31.

[FS93]   Ferstl, Otto; Sinz, Elmar: Grundlagen der Wirtschaftsinformatik, Oldenbourg, München, Wien, 1993.

[FS98]   Fowler, Martin; Scott, Kendall: UML – konzentriert, Addison Wesley Pub. 1998.

[Gi91]   van Gigh, John, P.: System Design Modeling And Metamodeling, Plenum Press, New York, London, 1991.

[G*97]   Graham, Ian; Henderson – Sellers, Brian; Younessi, Houman: The OPEN Process Specification, ACM Press, New York; Addison – Wesley, Harlow, England et al., 1997.

[H*98]   Henderson – Sellers, Brian; Simons, Antony; Younessi, Houman: The OPEN Toolbox of Techniques, ACM Press, New York; Addison – Wesley, Harlow, England et al., 1998.

[Ja95]   Jackson, Michael: Software Requirements & Specifications, ACM Press; Addison – Wesley Publishing Company, Wokingham, England, 1995.

[J*93]   Jacobson, Ivar; Christerson, Magnus; Jonsson, Patrick; Övergaard, Gunnar: Object – Oriented Software Engineering, A Use Case Driven Approach, ACM Press, Addison – Wesley Publishing Company, Wokingham, England et al., 1993.

[J*94]   Jacobson, I.; Ericson M.; Jacobson A.: The Object Adavantage; Workingham: Addison Wesley 1994.

[J*99]   Jacobson, Ivar; Booch, Grady; Rumbaugh, James: The Unified Process, IEEE Software 16, 3(1999), S. 96 – 102.

[Ka96]   Kaschek, Roland: Inheritance as a Conceptual Primitive, in: Thalheim, Bernhard (Hrsg.): Conceptual Modeling – ER'96, 15th. International Conference on Conceptual Modeling, Springer Verlag, Berlin, Heidelberg, New York, 1996, S. 406 – 421.

[Ka98]   Kaschek, Roland: Prozeßontologie als Faktor der Geschäftsprozeß-modellierung, in: Pohl, K.; Schürr, A; Vossen, G. (Hrsg.): Tagungs-band der Modellierung'98, Bericht Nr. 6/98 – I der Universität Münster, S. 93 – 98.

[Ka99]   Kaschek, Roland: Was sind eigentlich Modelle, in: EMISA FO-RUM, Heft1, 1999, S. 31 – 35.

[Ko95]   Kohl, Claudia: O^3MT – Ein Ansatz zur objektorientierten Unter-nehmensmodellierung. Dissertation, Univeristät Klagenfurt, 1995.

[KM96]   Kaschek, Roland; Mayr, Heinrich C.: A Characterization of OOA Tools, in: Frieder, Ophir; Wigglesworth, Joe (Hrsg.): Proceedings of the Fourth International Symposium on Assessment of Software Tools, IEEE Computer Society Press, Los Alamitos, California, 1996, S. 59 - 67.

[KM98]   Kaschek, Roland; Mayr, Heinrich C.: Characteristics of Object Ori-ented Modeling Methods, in: EMISA Forum, Heft 2, 1998, S. 10 – 39.

[K*93]   Kaschek, Roland; Kohl, Claudia,; Mayr, Heinrich C.: Grenzen ob-jekt – orientierter Analysemethoden am Beispiel einer Fallstudie mit OMT, in: Mayr, H.C.; Wagner, R. (Hrsg.): Objektorientierte Methoden für Informationssysteme, Fachtagung der GI – Fachgrup-pe EMISA, Springer Verlag, Berlin et al., 1993, S. 135 – 154.

[K*95]   Kaschek, Roland; Kohl, Claudia; Mayr, Heinrich C.: Cooperations – An Abstraction Concept Suitable for Business Process Reengi-neering, in: Györkös, Joszef; Krisper, Marjan; Mayr, Heinrich C. (Hrsg.): Conference Proc. ReTIS'95, Re-Technologies for Informa-tion Systems, R. Oldenbourg Verlag, Wien, München, 1995, S. 161 – 172.

[ME99]   Müller-Ettrich, Gunter: Objektorientierte Prozessmodelle, Addison Wessley, Bonn et al., 1999.

[M*93]   Müller-Luschnat, Günther; Hesse, Wolfgang; Heydenreich, Nor-man: Objektorientierte Analyse und Geschäftsvorfallmodellierung, in: Mayr, Heinrich C.; Wagner, Roland (Hrsg.): Objektorientierte Methoden für Informationssysteme, Springer-Verlag, Berlin et al., 1993, S. 74 – 90.

[Pa98]   Patig, Susanne: Ansatz einer strukturalistischen Rekonstruktion der allgemeinen Systemtheorie nach Luhmann als Theorieelement der Wirtschaftsinformatik, in: Schütte, Reinhard; Siedentopf, Jukka; Zelewski, Stefan (Hrsg.): Wirtschaftsinformatik und Wissenschaftstheorie, Grundpositionen und Theoriekerne, Arbeitsbericht, Essen, Oktober 1998, S. VII.1 – VII.18.

[PM98] Peckham, Joan; Marjanski, Fred: Semantic Data Models, ACM Computing Surveys 20,3 (1988), S. 153 - 189.

[Ro96] Rohloff, Michael: An Object Oriented Approach to Business Process Modelling, in: Scholz-Reiter, Bernd; Stickel, Eberhard (Hrsg.): Business Process Modelling, Springer Verlag, Berlin et.al., 1996, S.251 – 264.

[RM98] Regenbogen, Arnim; Meyer, Uwe: Wörterbuch der philosophischen Begriffe, Felix Meiner Verlag, Hamburg, 1988.

[St90] Steinbacher, Karl: System/ Systemtheorie, In: Sandkühler, Hans Jörg (Hrsg.): Europäische Enzyklopädie zu Philosophie und Wissenschaften, Felix Meiner Verlag, Hamburg, 1990, Band 4, S. 500 – 506.

[SG98] Simmons, Antony; Graham, Ian: 37 Things that Don't Work in Object-Oriented Modelling with UML. In: Kilov, H.; Rumpe, B.: Proceedings of the 2nd ECOOP Workshop on Precise Behavioral Semantics, Brussels, Belgum, 24 July, 1998, S 209 – 232.

[SJ92] Seiffert, Helmut; Jantsch, Erich: System, Systemtheorie, In: Seiffert, Helmut; Radnitzky, Gerard (Hrsg.): Handlexikon zur Wissenschaftstheorie, Deutscher Taschenbuch Verlag GmbH & Co. KG, München, 1992, S.329 – 338.

[SK93] Sølvberg, A.; Kung, D.C.: Information Systems Engineering, Springer Verlag, Berlin et al., 1993.

[SK98] Schader, Martin; Korthaus, Axel (Hrsg.): The Unified Modeling Language, Physica – Verlag, Heidelber, New York, 1998.

[ST98] Schroff A.; Teichreib A.: Conventions for the Practical Use of UML. In: [SK98], S 262 – 270.

[SW98] Schürr, A.; Winter, A.: Formal Definition of UML's Package Concept. In: [SK98], S 144 – 159.

[U*97] UML Specification Draft, Version 1.1. 1997.

[U*99] OMG – UML Specification Draft Version 1.3., 1999.

Codesign von Struktur, Verhalten und Interaktion für Datenbankanwendungen mit dem Abstraktionsschichtenmodell

Bernhard Thalheim*
Institut für Informatik
Brandenburgische Technische Universität Cottbus
P.O.Box 101344, D - 03013 Cottbus

Zusammenfassung

Aufgabe des Datenbankentwerfers ist die Spezifikation von Struktur, Funktionalität und Semantik einer Datenbankanwendung. Gewöhnlich wird eine Entwurfsmethodik empfohlen, die vom Strukturentwurf ausgeht, mit dem Entwurf der Funktionalität auf der Grundlage der entworfenen Strukturen fortsetzt und gegebenenfalls mit dem Entwurf der Oberflächen endet. Der Entwurf der Semantik kann jeweils im Anschluß an den Strukturentwurf (Entwurf statischer Semantik) und den Funktionalitätsentwurf (Entwurf dynamischer Semantik bzw. des Verhaltens) angeschlossen werden. Dieser Methodik sind eine Reihe von methodischen und inhaltlichen Brüchen eigen. Die Schwierigkeit eines kompletten Datenbankentwurfs ist in vielen Fällen auf diese Brüche zurückzuführen. Wir entwickeln nun eine Datenbankentwurfsmethodik, die die Spezifikation aller Teile schrittweise miteinander integriert und frei von Brüchen ist. Damit kann die Struktur, Funktionalität und Semantik konsistent in Übereinstimmung mit den Aufgaben der Datenbank und bei Berücksichtigung der Oberflächen entworfen werden. Die Methodik basiert auf einem Abstraktionsschichtenmodell.

---

*thalheim @ informatik.tu-cottbus.de

1 Der Datenbankentwurf

Im Datenbankentwurf wird die Struktur, Funktionalität und Semantik einer Datenbankanwendung so spezifiziert, daß die infragekommende Anwendung auf einer Plattform bzw. einem Datenbankverwaltungssystem (DBMS) effizient verwaltet und bearbeitet und in benutzerfreundlicher Form dargestellt werden kann. Damit sind neben der *Speicherkomplexität* und der *Verarbeitungskomplexität* auch die *Einfachheit der Benutzung* zu optimieren. Der Entwurfsprozeß [Tha94] ist ein Prozeß des Abstrahierens und des Konstruierens.

Probleme im Entwurf von Anwendungen lassen sich auf die ungenügende wissenschaftliche Fundierung des Entwurfsprozesses als Gesamtprozeß, den oft unzureichenden praktischen Erfahrungen, den schlechten Ausbildungsstand, den schnellen technische Fortschritt, Altlasten, eine ungenügende Nutzerpartizipation, vor allem aber auf die hohe Komplexität der Anwendung selbst zurückführen.

Aufgrund dieser Komplexität tendieren viele Entwurfsmethodiken zu einem Teilentwurf oder einem partiellen Entwurf. Oft wird nur die Struktur einer Anwendung entworfen. Die Semantik wird z.T. als intuitiv erklärt vorausgesetzt. Es wird dann angenommen, daß auf der Grundlage aus der Struktur ableitbarer generischer Operationen und Transaktionen jede Funktion auch in einfacher Form dargestellt und entwickelt werden kann. Da 4GL-Sprachen eine benutzerfreundliche Notation nachgesagt und deshalb eine Benutzeroberfläche nicht entwickelt wird, ist ein Datenbanksystem nach wie vor extrem benutzerunfreundlich. Viele DBMS erlauben deshalb die Erstellung von sichtenbasierten Formularen bzw. Menüs. Aufgrund dieser Vorgehensweise wird durch die Struktur einer Anwendung die gesamte Funktionalität und Benutzbarkeit durch den Strukturentwurf dominiert. Wenige geübte Datenbankentwerfer sind in der Lage, beim Strukturentwurf auch die Funktionalität, die Benutzbarkeit und die Effizienz in Einklang zu bringen. Diese 'Genialität' wird jedoch nur in jahrelangen Training erworben und ist spätestens bei einer Modifikation der Anwendung, die bereits meist nach kurzer Einführungszeit erfolgt und meist durch andere Spezialisten vorgenommen wird, zum Scheitern verurteilt. Deshalb benötigen wir eine *Entwurfsmethodik, die Struktur, Funktionalität, Benutzbarkeit und Effizienz in gleichem Maße berücksichtigt.*

Ziel des Entwurfes ist im wesentlichen eine Abbildung der (dynamischen) Handlungen der Realität wie in Bild 1 auf Ereignisse in der Datenbank. Damit besitzt die Spezifikation der Handlungen eine größere Bedeutung als im

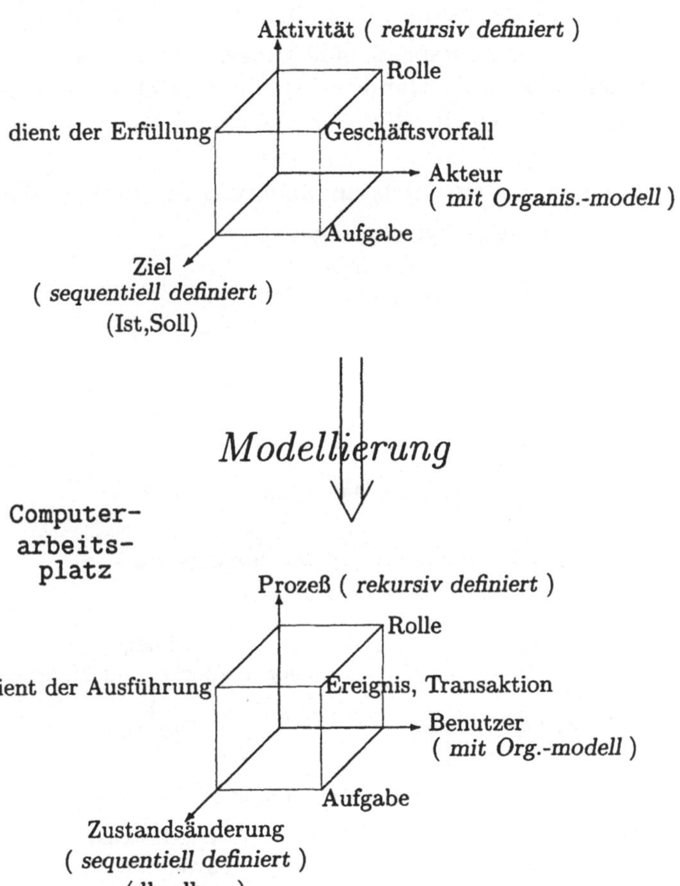

Bild 1: Geschäftsvorfälle werden auf Ereignisse abgebildet

klassischen Entwurf angenommen. Nach [Bis95] sollen Änderungen aufgrund von Handlungen sich in Datenbankanwendungen in statischen Daten wiederspiegeln, wobei Daten zum Ablauf der Bearbeitung einer Anwendung auch abgespeichert werden müssen. Damit werden Geschäftsvorfälle in der Anwendung auf Ereignisse abgebildet, die den Zustand eines DB-Systemes durch Transaktionen ändern. Ziel einer Aktivität eines Akteurs ist eine Veränderung des Ist-Zustandes in einen Soll-Zustand. Diese Veränderung wird als Zustandsänderung in der Datenbank abgebildet. Akteure der realen Welt benutzen das System, um durch entsprechende Prozesse eine Zustandsänderung in der Datenbank hervorzurufen. Damit wird für den Akteur als Benutzer des Systems seine Aktivität wie in Bild 2 als Zustandsänderung abgespeichert. Damit führen auch explizit Aktionen, die keine Veränderung der Daten in der Datenbank veranlassen, zu einer Zustandänderung für die Prozeßdaten. In der

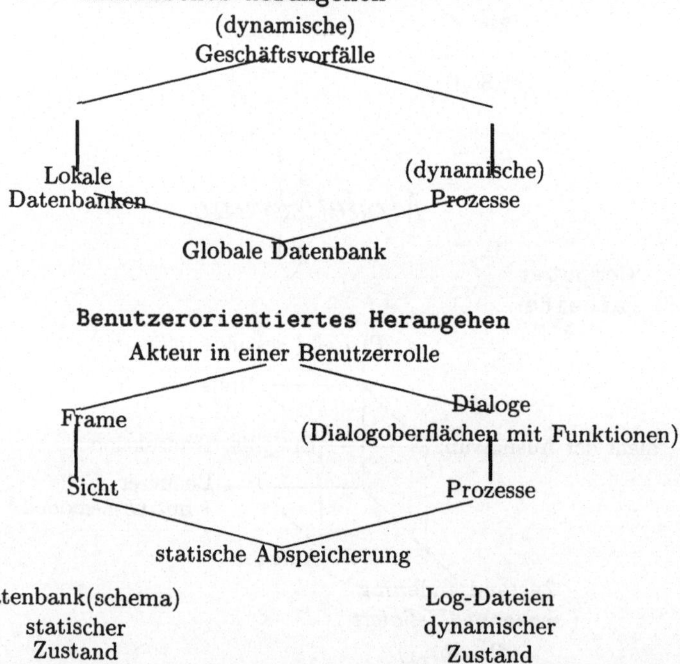

Bild 2: Der Zustandsänderungsprozeß durch Aktionen von Akteuren (Benutzern)

Datenbank-Modellierung werden oft nur die abzuspeichernden Daten betrachtet und nicht die Prozeßinformationen, sowie die Verarbeitung der Ereignisse. In unserem Ansatz verfolgen wir eine vollständige Modellierung der Struktur, Funktionalität und Interaktion.

Wir unterscheiden deshalb zwei Dimensionen: die Lokalisierung (global bzw. lokal; Datenbank bzw. Sicht) und die Dynamik (statisch bzw. dynamisch). Dialoge sind lokal und dynamisch. Prozesse sind global und dynamisch. Sichten sind lokal und statisch. Die Datenbank ist global und statisch. Die **Strukturspezifikation** für eine Datenbankanwendung umfaßt die Spezifikation des Schemas und der zugehörigen statischen Integritätsbedingungen. Die Spezifikation des **Verhaltens** erfordert die Angabe der Prozesse und der dynamischen Integritätsbedingungen. Die Spezifikation der **Interaktion** ist komplexer. Die Interaktion eines Akteurs mit dem System ist lokal. Sie basiert auf Sichten sowohl für die Bereitstellung von Daten als auch das Einbringen von Daten in das System. Sie erfordert zur Unterstützung Prozesse, die durch das System bereitzustellen sind. Die interne Struktur der Interaktion wird durch Dialoge dargestellt. Zur Darstellung der Interaktion ist deshalb auch ein theoretisches Modell erforderlich, das mit der Arbeit [WeG98] auch im wesentlichen vorliegt. Die Spezifikation, die wir verwenden, stellt eine Erweiterung der Resultate von [Sch96] dar. Unser Ansatz vereinigt die Ansätze in [ScS96] und [Tha97] zu einem einheitlichen Framework[SST98], für das bereits Erfahrungen mit größeren Anwendungen vorliegen.

In der Software-Technik wird bereits seit längerer Zeit an einem integrativen Modell zur Softwareentwicklung gearbeitet. Mit UML[Rat97] scheint dazu ein Rahmen vorzuliegen. UML verwendet eine Reihe von Diagrammen zur Darstellung einzelner Teile einer Software-Spezifikation auf unterschiedlichen Abstraktionsniveau. Mit dem Rational Rose Framework[] wurde erstmals der Versuch unternommen, die Anwendung der Diagramme unterschiedlichen Entwicklungsetappen zuzuordnen. Diese Entwicklung ist noch nicht abgeschlossen, insbesondere aufgrund der Sprachbrüche, der Integrationsfähigkeit und der z.T. fehlenden Exaktheit bei der Beschreibung der Konstrukte. Außerdem verfügt UML über keine Konstrukte über use cases[CoL99] hinaus, die eine Beschreibung der Interaktion der Benutzer erlauben.

2 State-of-the-art von Entwurfsstrategien mit Sprachbrüchen

Eine Errungenschaft des relationalen Modells ist die Entwicklung einer allgemeinen Entwurfstheorie. Diese Entwurfstheorie bietet Lösungen an für eine Reihe von Anwendungen der zweiten Generation [IZG97] wie Bank- und Verwaltungsanwendungen, nicht aber für komplexere Anwendungen. In diesem

Zusammenhang wurde versucht, durch allgemeinere Modelle wie z.B. objekt-orientierte Modelle eine Lösung zu finden. Die Literatur zum Datenbankentwurf ist von einer Reihe von Problemen, ungelösten Fragestellungen und inadequaten Lösungen geprägt. Dazu zählen insbesondere die folgenden Problemkreise:

1. Die *Normalisierung* wird meist als Allheilmittel benutzt. Dagegen gibt es eine Reihe von Gründen zur Denormalisierung: operationale Forderungen, Erweiterungen existierender Schemata und eine falsche Normalform-Variante.

2. Ein Schema kann für eine Gruppe von Anwendern adäquat sein, für eine andere aber nicht.

3. Durch ein Steckenbleiben beim Strukturentwurf wird die Entwicklung der Funktionalität zum Glücksspiel. Im Glauben, daß der Rest Anwendungsprogrammierung sei, wird die Performanz nicht im Entwurfsprozeß beachtet. Oftmals wird propagiert, daß ein Datenbankmodell keine Semantik benötigt und deshalb die Spezifikation von Semantik überflüssig ist, sowie Trigger überall helfen.

4. In der Literatur werden Modetrends verfolgt, die einer Solidität bei der Entwicklung von Modellen entgegenstehen. Die Vielfalt der Vorschläge zu objekt-orientierten bzw. neuerdings zu aktions-agenten-orientierten Datenbank-Modellen sind kaum zu überschauen. Fast alle Vorschläge sind bei der Syntax geblieben, beschreiben Semantik meist informal bzw. ohne entsprechenden Theorie-Hintergrund, legen wenig Wert auf eine Ausarbeitung einer Pragmatik und werden nur rudimentär angewandt. Beispiele dieses Herangehens wurden in [BeT98, ScT98'] untersucht.

5. Alles hat seinen Preis. Komplexes bleibt komplex. In der Ausbildung, insbesondere der universitären, wird durch eine Versimplifizierung eine Einfachheit vorgegaukelt. Schemata umfassen wenige Typen mit meist einfacher Semantik. Literatur, die eine komplexere Anwendung vollständig bis hin zur Anwendungsprogrammierung darstellt, ist kaum auffindbar. Schemata mit mehreren Hundert von Typen sind in der Praxis der Normalfall bei komplexeren Anwendungen. Datenbankentwurf ist und bleibt auch Problemlösen, und -verstehen. Deshalb erfordert der Entwurf tiefgehende Fachkenntnis des Anwendungsbereiches.

6. In der Literatur findet man oft einen Irrglauben an *einzige* Übersetzung in logische und physische Modelle. Normalisierungsalgorithmen sind

abhängig von der Reihenfolge der Attribute und der Reihenfolge der Abhängigkeiten. Es existieren im 'worst case' exponentiell viele verschiedene Normalformen der gleichen Menge von Abhängigkeiten bezogen auf die Anzahl der Attribute.

7. Benutzeroberflächen werden in einem späten Entwurfsstadium oder gar nach Fertigstellung des Entwurfs und nach einer Implementation entwickelt. Damit lassen sich nicht mehr einfach in das vorhandene Modell integrieren.

Diese Liste ist nur ein Teil einer umfangreichen Fehlerliste.
An der Behebung dieser Mängel wird in letzter Zeit intensiv gearbeitet. So werden z.B. Geschäftsvorfälle durch eine Geschäftsprozeßmodellierung besser dargestellt. Benutzer werden als Akteure mit UML-Methoden partiell mit modelliert. Aufgrund der hohen Erwartungen werden in die neuen Vorschläge oft auch viele unterschiedliche Aspekte eingearbeitet, so daß eine integrierte Verwendung dem Entwickler schwerfällt.

Der klassische Entwurf einer Datenbankanwendung ist von einer Reihe von Brüchen gekennzeichnet.

Struktur-/Funktionsbruch: Die meisten Methodiken und Werkzeuge unterstützen beim Entwurf keine gleichgewichtige Sicht auf Struktur und Funktionalität von Datenbanksystemen. Prozesse werden meist nur in einer rudimentären Form spezifiziert. Durch zusätzliche Einflußnahme kann ein Administrator auch Strukturen und Funktionen im internen Schema einer Datenbank verändern. Damit kann der Zusammenhang mit dem konzeptionellen Schema vollständig zerstört werden.

Struktur-/Semantikbruch: Datenintensive Anwendungen zeichnen sich meist durch eine komplexe Struktur aus. Die statische Semantik wird entweder intuitiv durch die angewandten Konstruktoren verstanden oder erfordert wie im relationalen Fall tiefgründige Kenntnis der mathematischen Logik. Damit wird aber entweder die Konsistenz in der Spezifikation willkürlich oder nicht mehr nachvollziehbar.

Funktions-/Verhaltensbruch: Die Funktionen werden durch mehr oder weniger komplexe Prozesse und Operationen implementiert. Das Verhalten dieser Prozesse kann auf der Grundlage einer kompositionellen Semantik in einigen Spezialfällen hergeleitet werden.

Damit ist aber nur ein Teil der dynamischen Semantik erfaßt. Sobald Prozesse zumindest in den Strukturen zyklisch werden, ist ein kompositionelle Semantik nur noch mit tiefgründigen Theorien darstellbar. Noch schwieriger ist die Darstellung der Abhängigkeiten zwischen Prozessen.

Oberflächenbruch: Verschiedene Anwender verlangen unterschiedliche Sichten auf die Datenbank und unterschiedliche Arbeitsweisen für die Arbeit mit der Datenbank. Werden die Oberflächen erst nachträglich entwickelt, dann ist eine Vielfalt von Sichten zur Unterstützung unterschiedlicher Benutzungsarten zu entwickeln. Außerdem verlangt oft auch eine Sicht eine eigenständige Funktionalität. Diese Vielfalt ist spätestens bei einer Modifikation nicht mehr zu überschauen.

Workflowbruch: Geschäftsprozesse können analog zu langandauernden Transaktionen im Ablauf unterbrochen werden, auf anderen Geschäftsprozessen basieren und unterschiedliche Granularität besitzen. Damit entsteht ein komplexes Ausführungsmodell, das von einem Normalentwickler nicht mehr überschaut wird.

CASE-Tool-Bruch: Die meisten Entwicklungsumgebungen erlauben, wenn sie über reine Malprogramme hinausgehen, nur eine Einbahnstraße in der Entwicklung. Nach der Erzeugung des logischen Modelles aus dem Entwurfsmodell ist es in der Regel unmöglich oder zumindest sehr schwer, beide Modelle miteinander konsistent zu halten. Es ist deshalb eine 'harte Kopplung' der konzeptionellen, externen und internen Modelle erforderlich. Jede Modifikation eines Schemas zieht ansonsten schwierige Reorganisationen der Datenbank nach sich.

Diese Brüche entstehen durch

- *unterschiedliche Spezifikationssprachen* und

- *unterschiedliche Semantik und Bedeutung der einzelnen Sprachkonstrukte.*

Außerdem implizieren sie eine *Nichtberücksichtigung der Bedürfnisse des Endbenutzers.*

Wir entwickeln eine **konsistente, allen Bereichen gerechtwerdende** Methode zur Modellierung zu entwickeln. Diese Methodik ist *nicht einfach,* weil auch für den Entwurfsprozeß keine universelle und zugleich einfache Weltformel existieren wird. Dabei können wir von der Existenz von geeigneten Modellen zur Spezifikation der Struktur (z.B. das HERM) [Tha93], der Sichten [Mai83, MaR92, Sch96], der Prozesse [Tha99] und der Dialoge [CLT97', Lew98, Mei95, Vale82] ausgehen und diese auch wie in [Tha97] demonstriert im Datenbankentwurf integriert verwenden.

3 Das Abstraktionsschichtenmodell

Allgemein bekannt - jedoch nicht ausgearbeitet - ist die unterschiedliche Granularität der Typen, die in einem Entwurfsprozeß entstehen. Im Entwurfsprozeß sind verschiedene Abstraktionsebenen konsistent zu verwalten. Wir erhalten damit eine Beziehung von Entwurfselementen wie in Bild 3. Abstrakte Kon-

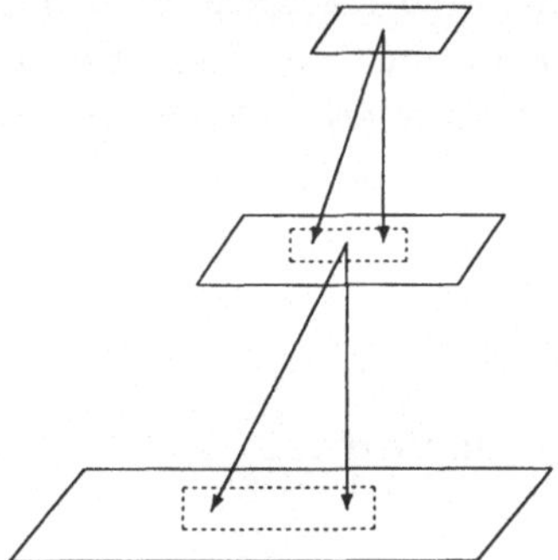

Bild 3: Objekte auf verschiedenen Abstraktionsebenen

zepte werden im Verlaufe des Entwurfsprozesses verfeinert. Meist entstehen aus einem Konzept eine Reihe von Konzepte. Zusammenhänge der Konzepte in abstrakteren Ebenen werden wie in [AlTh95] explizit gepflegt.

Da die Einzelmethoden bereits z.T. umfassend ausgearbeit wurden, ihre Integration aber kaum in der Literatur behandelt wurde, wird nun eine Integration dieser Einzelmethodiken vorgestellt. Wir haben im Verlauf der Diskussionen herausgestellt, daß eine Datenbankanwendung durch ein Datenbankschema spezifiziert wird, das aus vier Teilen besteht:

Die **Spezifikation der Datenbank** zur Darstellung der Struktur und der statischen Semantik.

Die **Spezifikation der Funktionen** zur Darstellung der Prozesse, die für eine Datenbank zugelassen sind, und der dynamischen Semantik.

Die **Spezifikation der Dialoge** zur Darstellung der Arbeit der Benutzer mit der Datenbank, d.h. zur Darstellung der benutzbaren Szenen und zur Darstellung der Oberflächen. Die Szenen und die Oberflächen basieren auf den Prozessen und den Sichten aus dem strukturellen Entwurf.

Die **Spezifikation der Sichten auf die Datenbank** für die Bearbeitung der externen Schemata.

Wir erhalten mit diesen Anforderungen die Aufgabe, die Struktur, die Funktionen, die Dialoge und die Sichten auf eine Datenbank im Zusammenhang zu entwerfen. Vereinfachend ist dabei, daß die Dialoge auf den Sichten und den Prozessen aufsetzen und daß die Sichten in das Schema einbindbar sein sollen. Die Prozesse werden damit über diese Einbindung in das Schema auf für die Sichten benutzbar. Damit ergibt sich eine Darstellung wie in Bild 4. Elementarobjekte der Interaktion sind *Dialogobjekte*. Ein Dialog besteht aus

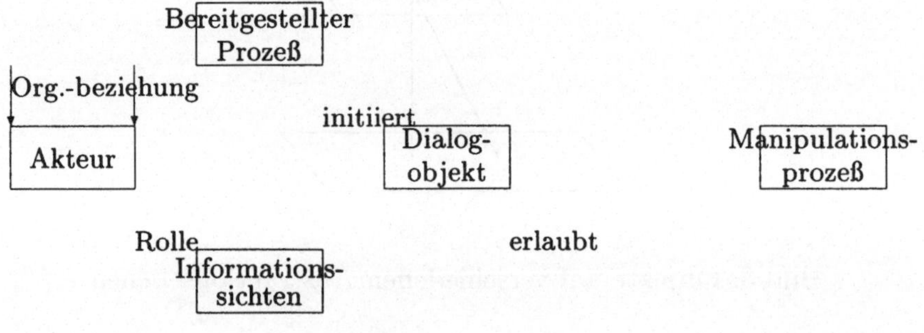

Bild 4: Ein Segment der Interaktionsspezifikation mit Dialogojekten

einer Komposition von Dialogobjekten. Zugelassene Kompositionsoperationen sind die bekannten Operationen für CSP. Dialogobjekte werden durch entsprechende Prozesse gestützt und basieren auf Daten aus einer Informationssicht. Sie können Daten in der Datenbank manipulieren. Akteure benutzen in Rollen Dialogobjekte. Das Organisationsmodell ist durch eine Organisationsbeziehung angedeutet.

Damit wird eine Datenbankanwendung durch vier Systemkomponenten unterstützt:

- Die *Datenverwaltung* dient der Verwaltung von Daten.

- Durch die *Prozeßkomponente* werden Prozeße für die Anwendung bereitgestellt.

- Mit der *Sichtenverwaltung* kann eine effiziente Bereitstellung der benötigten Sichten erfolgen.

- Die *Interaktionskomponente* unterstützt die Interaktion von Akteure entsprechend den Anforderungen der Anwendung.

Damit erhalten wir ein Entwurfsviereck bestehend aus der Datenspezifikation, der Funktionsspezifikation, der Sichtenspezifikation und der Dialogspezifikation.

Wie bereits diskutiert wird eine Spezifikation einer Anwendung auf unterschiedlichem Abstraktionsniveau durchgeführt. Das Entwurfsviereck kann mit den Abstraktionschichten wie in Bild 5 dargestellt werden. Eine Spezifikation einer Datenbankanwendung sich wie im *Abstraktion-Spiralmodell* auf unterschiedlichen Abstraktionsstufen darstellbar:

die Motivationsschicht zur Spezifikation der Ziele, der Aufgaben und der Motivation der Datenbankanwendung,

die Geschäftsprozeßschicht zur Spezifikation der Geschäftsprozesse, der Ereignisse, zur Grobdarstellung der unterlegten Datenstrukturen und zur Darstellung der Anwendungsstory,

die Aktionsschicht zur Spezifikation der Handlungen, der Detailstruktur der Daten im Sinne eines Vorentwurfs, zur Darstellung eines Sichtenskeletts und zur Darstellung von Szenarien zu den einzelnen Anwendungsstories,

die konzeptionelle Schicht zur Darstellung der Prozesse, des konzeptionellen Schemas, der konzeptionellen Sichten und der Dialoge in zusammenhängender Form, sowie

die Implementationsschicht zur Spezifikation der Programme, der physischen und logischen Schemata, der externen Sichten und zur Darstellung der Inszenierung.

Das Abstraktionsschichtenmodell erlaubt einen Datenbankentwurf im Zusammenhang. Wir können ein schichtenorientiertes Vorgehensmodell anwenden ebenso wie ein Modell, das sich zuerst auf eine der Komponenten orientiert. In jeder Schicht werden unterschiedliche Aspekte der Anwendung modelliert.

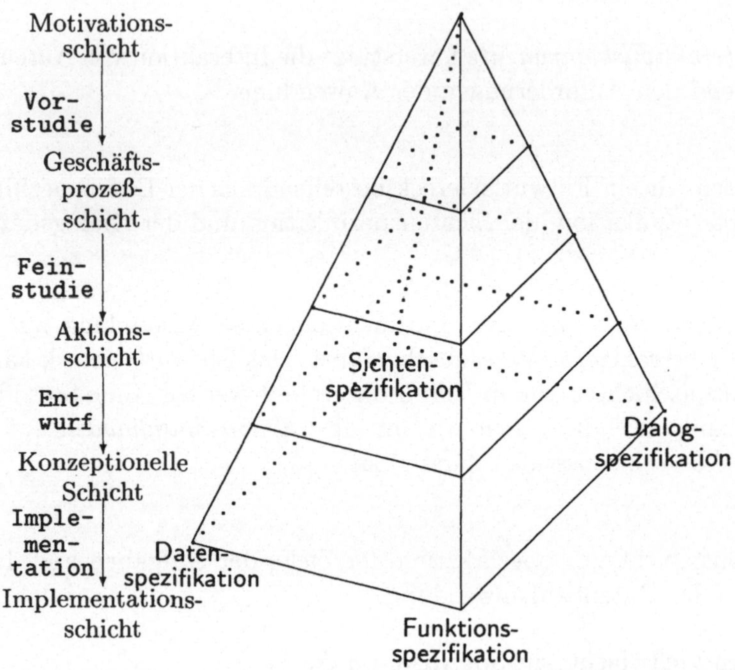

Bild 5: Das Abstraktionsschichtenmodell des DB-Entwicklungsprozesses

So können wir z.B. für die Spezifikation der Struktur folgende Aspekte in die einzelnen Schichten einbringen:

- In der Motivationsschicht werden die *Ziele*, die allgemeinen Ideen, die wichtigen Objekte angegeben. Es wird eine strategische Informationsanalyse durchgeführt. Auf dieser Grundlage werden die strukturellen Formalziele und die Sachziele bestimmt.

- In einer *Vorstudie* werden Kerntypen für die Geschäftsprozeßschicht in ihrem Zusammenhang skizziert. Es wird ein Skelett der Anwendung entwickelt.

- In der Aktionsschicht wird in einer *Feinstudie* das Systemmodell erstellt, das auf Skizzen von Schemata beruht und eine Verfeinerung des Skelettes einschließt. Dazu werden die Kerntypen und ihre Beziehungen, sowie ihre wesentlichen statischen Integritätsbedingungen erfaßt.

- In der konzeptionellen Schicht wird im Rahmen des *konzeptionellen Entwurfes* die Datenbankstruktur entwickelt auf der Grundlage des Skelettes aus der Feinstudie.

- Die Resultate des konzeptionellen Entwurfes werden in der Implementationsschicht in die logische bzw. physische Struktur unter Berücksichtigung von Optimierungskriterien wie z.B. Performanz, Tuningparametern transformiert.

In analoger Form kann die Interaktion spezifiziert werden:

- In der Motivationsschicht wird die Arbeitsorganisation und die allgemeine Struktur der Interaktion dargestellt.

- In der Geschäftsprozeßschicht wird der Story-Raum allgemein spezifiziert. Der Story-Raum umfaßt die einzelnen Stories, die eine Ausprägung der Interaktion darstellt. Die Akteure werden erfaßt und klassifiziert. Es werden ihnen Rollen, Rechte und Aufgaben zugewiesen. Darauf basierend werden die Hauptdialoge dargestellt.

- In der Aktionsschicht wird das Szenario aus der Story abgeleitet. Das Szenario besteht aus Dialogaufgaben bzw. Plots. Es werden der Szenenzusammenhang dargestellt, die Hauptdialoge verfeinert und die Aktionen der Akteure spezifiziert.

- In der konzeptionellen Schicht werden aus den Dialogaufgaben Dialogszenen entwickelt. Dialogszenen werden durch entsprechende Dialogobjekte untersetzt. Ergebnis ist ein Drehbuch, in dem die einzelnen Interaktionsphasen, die Absichten, die Akteure dargestellt sind.

- In der Implementationsschicht werden die Interface-Objekte mit Widgets und Operationen wie Navigation, Indexierung und Suche aus den Dialogobjekten abgeleitet.

Die Sichtendefinition und die Funktionsspezifikation wird analog schrittweise über die Schichten entwickelt.

Die Spezifikationssprachen können sich für die Schichten und die einzelnen Spezifikationsteile stark unterscheiden. Eine solche Sprachvielfalt ist jedoch nicht immer angebracht. Wir können [Tha97] aber einen Sprachmix verwenden, der sich mit jeder weiteren Schicht immer stärker auf die formalen Teile orientiert. Vorstellbar und praktikabel ist ein Sprachmix aus natürlichsprachigen Äußerungen, Formulartechniken und formalen Darstellungsmitteln wie Diagrammen zur Darstellung der Datenstrukturen und der Sichten, formalen Prozeßsprachen und Skriptsprachen zur Darstellung von Drehbüchern. Für die Implementationsschicht benötigen wir eine formale Darstellung mit exakt definierter Semantik, für die konzeptionelle Schicht ist dies ebenso notwendig. Wenn wir uns für einen Sprachmix entscheiden, dann sollten wir in jedem Fall die Abbildbarkeit der Konstrukte von Schicht zu Schicht garantieren können.

Auf die natürliche Sprache sollte schon aufgrund des ihr innewohnenden Potentials keinesfalls verzichtet werden. Formulartechniken sind eine Vorstufe der formalen Darstellung. Formale Techniken wie ER-Modelle, CSP-Modelle sind für den direkten Anwender weniger geeignet, sind aber mit einer entsprechenden Semantik versehen sehr gut zur Darstellung in der konzeptionellen Schicht geeignet.

Akteure sind den einzelnen Dialogszenen mit entsprechenden Rechten und Rollen zugeordnet. Diese Rollen erlauben einem Akteur das Agieren mit dem Informationssystem. Eine direkte Interaktion mit entsprechenden Funktionen über entsprechende Sichten oder das Schema direkt ist nach wie vor auch möglich. In diesem Fall wird jedoch nicht eine entsprechende Oberflächenmodellierung vorgenommen. Da solche Interaktionen in ihrer Vielfalt kaum zu behandeln sind, modellieren wir sie nicht gesondert, sondern benutzen die Dienste der logischen Schicht. Dieses Akteurmodell verallgemeinert das Use-Case-Modell von [JCJO95].

Diese Vorgehensweise ist wiederum mit Sprachbrüchen verbunden. Ein Ausweg ist das erweiterte Entity-Relationship-Modell (Higher-order ER model; HERM)[Tha99], das eine integrierte Spezifikationssprache für alle Aspekte besitzt. Die Strukturspezifikation folgt dem ER-Modell, das für die frühen Schichten um Mindmap-Techniken erweitert wurde. Die Funktionsspezifikation basiert auf einer Erweiterung der relationalen Algebra bzw. des relationalen Kalküls. Anfragen sind sowohl im Kalkül als auch mit HERM-QBE spezifizierbar. Die Sichtenspezifikation basiert auf einer Erweiterung der relationalen Techniken, wobei für Sichten HERM-Schemata abgeleitet werden. Die Spezifikation der Interaktion und der Dialoge kann mit zwei unterschiedlichen Methoden erfolgen. Die ereignisbasierte Spezifikation erlaubt die Definition von

Dialogschritten als Ereignisse und stellt eine Verallgemeinerung von UML-Techniken dar. Die zustandsbasierte Spezifikation der Interaktion erlaubt eine bessere Integration der Spezifikation in die Sichten-, Funktions- und Strukturspezifikation. Sie folgt dem Statechart-Zugang.

4 Codesign von Datenbankanwendungen

Die unterschiedlichen Aspekte einer Datenbankanwendung können nicht isoliert voneinander betrachtet werden. Deshalb ist im Rahmen einer Entwurfsmethodik auch das Zusammenspiel der einzelnen Spezifikationen zu entwickeln. Wir untersuchen dieses Zusammenspiel für eine der möglichen **Perspektiven**, die **datenorientierten** Perspektive. Analog kann auch die funktionsorientierte, benutzerorientierte und sichtenorientierte Perspektive betrachtet werden.

In der datenorientierten Perspektive, die auch zugleich die Spezifikation der Datenbankmaschine mit einschließt, wird der Zusammenhang der Strukturspezifikation und der Spezifikation der statischen Semantik mit der Spezifikation der Sichten einerseits und der Spezifikation der Funktionen anderseits explizit nach den Beziehungen wie in Bild 6 gewahrt. In der jeweiligen Schicht wird eine entsprechende Spezifikation der Sichten vorgenommen und kontrolliert, inwieweit eine adäquate Funktionalität entweder generisch auf der Grundlage des Funktionsmodelles gegeben ist oder inwieweit eine entsprechene Menge von Funktionen explizit angegeben werden kann. Aufgrund der Spezifikation in der vorhergehenden Schicht kann eine Verfeinerung der Struktur vorgenommen werden. Diese Verfeinerung der Struktur führt zu einer Reihe von Obligationen für den Sichten- und für den Funktionsentwurf. Diese Obligationen sind bei einer Verfeinerung der Sichten bzw. der Funktionen zu beachten. Damit wird eine abgestimmte Entwicklung ermöglicht. Benötigte Sichten bzw. Funktionen sind damit vorhanden.

Wird z.B. in einem Schritt ein Typ durch einen Dekompositionsschritt zerlegt, dann ist diese Zerlegung sowohl für die Funktionen als auch für die Sichten nachzuvollziehen. Wir haben für jede der möglichen Entwicklungschritte von [AlTh95] eine entsprechende Regel entwickelt, die bei der Weiterentwicklung der Sichten und der Funktionen beachtet werden muß. Diese **Entwurfsobligationen** ermöglichen damit eine konsistente Entwicklung von Struktur, Funktionen, Dialogen und Sichten. Ein Problem der Sichtenintegration entsteht damit nicht. Die Sichten sind mit dem Schema abgestimmt und an den Erfordernissen

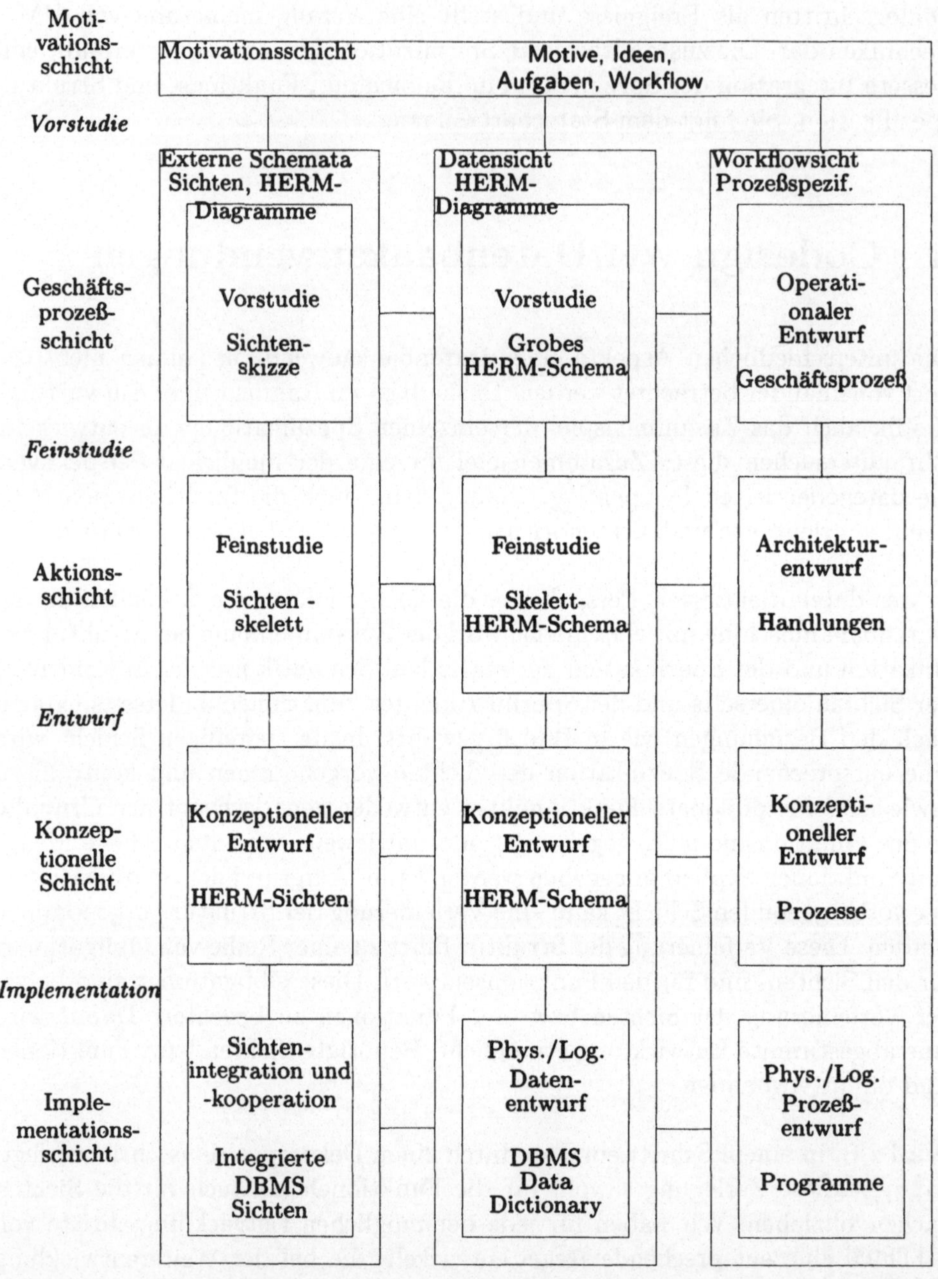

Bild 6: Das Sichten-Struktur-Prozeß-(Dialog-)Codesign-Modell mit Abstraktionsschichten (Datensicht)

der Dialoge ausgerichtet. Die Theorie der Obligationen ist analog zur Theorie der kontextsensitiven Graphgrammatiken entwickelt worden.

Da das erweiterte ER-Modell benutzt wurde zur Spezifikation der Struktur und der Sichten, existieren die generischen Funktionen *insert*, *delete*, *update* für jeden entwickelten Typen. Außerdem lassen sich die generischen Funktionen effektiv berechnen. Damit ist eine Abbildung der Algebren der verschiedenen Schichten effektiv berechenbar [ScT99].

In [Tha97] wurde eine Methodik zum Codesign entwickelt, die einen schrittweisen Entwurf von Datenbankanwendungen erlaubt. Diese Methodik erlaubt eine Vielfalt von Ausprägungen. Die Vielfalt wird nur durch die Abhängigkeit einzelner Entwurfsinformationen voneinander bestimmt. Eine sichtenorientierte Methode, die die Interaktionspezifikation präferiert, wird durch die folgende Schrittfolge unterstützt:

1. Entwicklung von allgemeinen Vorstellungen, Visionen und Motivationen mit einer anschließenden Informationsanalyse und einer allgemeinen Darstellung der Akteure;

2. Bestimmung der Formal- und Sachziele mit anschließender Entwurfsplanung;

3. Entwicklung des Skeletts der Anwendung und Darstellung der Kommunikation, der strukturellen Zusammenhänge, der Story, der Eigenschaften der Akteure und den Hauptdialogen;

4. Entwicklung der Sichtenskizze im Rahmen der Vorstudie;

5. Entwicklung der Geschäftprozesse, -vorfälle und -regeln der Organisationsmodelle und des Workflows;

6. Entwicklung der Szenarien, der Szenen und ihrer Zusammenhänge, der Dialoge und der Aktionen der Akteure;

7. Erfassen der Kerntypen der einzelnen Sichten mit Struktur- und Semantikdefinition;

8. Entwicklung der Identifikationsmechanismen der Kerntypen;

9. Modellierung der Handlungen, der aufgaben, der unterstützenden Funktionen in einer Vielzahl von Varianten;

10. Verfeinerung der Interaktionsdiagramme und Spezifikation des Zusammenhanges der Dialogschritte und Szenen;

11. Entwicklung des Drehbuchs;

12. Beschreibung der Aktionen der Akteure und der Darstellungsformen;

13. Darstellung der Handhabung der Identifikation;

14. Entwicklung und Validierung der Sichten mit Beispielen;

15. Modulare, integrierte Verfeinerung der Typen unter Berücksichtigung der Zusammenhänge des Sichtenskeletts;

16. Validierung der Sichten durch Normalisierung;

17. Ermittlung der Wertebereiche und ihrer spezifischen Eigenschaften;

18. Integration der Benutzersichten;

19. Transformation der konzeptionellen Sichten, der Prozesse, des konzeptionellen Schemas und des Drehbuchs;

20. Performanzbetrachtungen und konzeptionelles Tuning.

Diese Schrittfolge ist nur eine Ausprägung. Analog können andere Ausprägungen definiert werden. Die folgenden Schritte können orthogonal eingemischt werden:

- Modellierung der Verteilung

- Modellierung der Sicherheitskonzepte;

- Validierung der Benutzbarkeit;

- Betrachtung von potentiellen Änderungen und Erweiterungen.

5 Zusammenfassung

Mit der hier eingeführten Modellierungsmethode können die meisten der Kritikpunkte aus dem ersten Teil der Arbeit überwunden werden. Strukturen und Funktionen, Statik und Dynamik von Anwendungen, Syntax und Semantik sowie Verhalten und Interaktion sind innerhalb eines integrierten Modelles spezifizierbar. Die Sprache verkraftet unterschiedliche Abstraktionsgrade und erlaubt damit eine einfache Abbildung abstrakterer Beschreibungen auf konkretere in späteren Spezifikationsphasen. Mit dem RADD Projekt wurde auch der Nachweis für eine Überwindbarkeit des CASE-Tool-Bruches erbracht. Die Codesign-Methodik erlaubt ein flexibles Entwerfen von Datenbankanwendungen. Sie wurde in gemeinsamen Projekten mit Firmen erprobt. Für die Methodik wurden aus diesen Erfahrungen heraus Entwurfsschritte abgeleitet, die einen schrittweisen Entwurf von Struktur, Verhalten und Interaktion bis hin zur Implementation erlauben.

Danksagung

Ich danke den Gutachtern dieses Beitrages sehr für die genaue und detaillierte Kritik der ersten Variante. Bedanken möchte ich mich bei den Mitgliedern der RADD- und Codesign-Teams in Cottbus und Rostock für das kritische Hinterfragen, Weiterentwickeln und Erproben der Konzepte.

Literatur

[AAB96] M. Albrecht, M. Altus, E. Buchholz, H. Cyriaks, A. Düsterhöft, J. Lewerentz, H. Mehlan, M. Steeg, K.-D. Schewe, Die Entwicklung einer Datenbankentwurfsumgebung der dritten Generation: RADD - Rapid Application and Database Development. 4. Leipziger Informatik-Tage, LIT'96 (ed. K.P. Jantke, G. Gnieser), 103 - 106.

[AlTh95] M. Altus, B. Thalheim, Strategieunterstützung in RADD. In: Informationstechnik und Organisation (F. Schweigert, E. Stickel), Teubner-Verlag 1995, S. 137-152

[BCN92] C. Batini, S. Ceri, and S. Navathe, Conceptual database design, An entity-relationship approach. Benjamin Cummings, Redwood, 1992.

[BeT98] C. Beeri, B. Thalheim, Identification as a Primitive of Database Models. 7th Int. Workshop 'Foundations of Models and Languages for Data and Objects' FoMLaDO'98 (Eds. T. Polle, T. Ripke, K.-D. Schewe), Kluwer Acad. Publ., London 1998, 19-36.

[Bis95]   J. Biskup, Grundlagen von Informationssystemen. Vieweg, Wiesbaden, 1995.

[CLT97'] W. Clauß, J. Lewerenz, and B. Thalheim, Dynamic dialog management. Workshop 'Behavioral Modeling and Design Transformations' (Ed. St. Liddle), Los Angeles, 1997.

[CoL99]   L.L. Constantine and L.A.D. Lockwood, Software for use. Addison-Wesley, Reading, Mass., 1999.

[IZG97]   W.H. Inmon, J.A. Zachman, J.G. Geiger, Data stores, data warehousing and the Zachman framework. McGraw Hill, New York 1997.

[JCJO95] I. Jacobson, M. Christerson, P. Jonsson, G. Overgaard, Object-oriented software engineering: A use case driven approach. Addison-Wesley, Reading, 1995.

[Lew98]   J. Lewerenz, Dialogs as a mechanism for specifying adaptive interaction in database application design. Submitted for publication, Cottbus, 1998.

[Mai83]   D. Maier, The theory of relational databases. Computer Science Press, Rockville, MD, 1983.

[MaR92]   H. Mannila and K.-J. Räihä, The design of relational databases. Addison-Wesley, Amsterdam, 1992.

[Mei95]   H. Meißner, Qualität von Multimediaapplikationen. Vortragsmanuskript, anova GmbH, Rostock, 1995.

[Rat97]   Rational Software Corporation, Unified modeling language, version 1.1. http://www.rational.com

[Sch96]   B. Schewe, Kooperative Softwareentwicklung. Deutscher UniversitätsVerlag, Wiesbaden, 1996

[ScS96]   K.-D. Schewe and B. Schewe, View-centered conceptual modelling - An object oriented approach. Proc. ER'96 (B. Thalheim (ed)), Conceptual Modeling, LNCS 1157, 1996, 357 - 371.

[ScT98'] K.-D. Schewe and B. Thalheim, Limitations of rule triggering systems for integrity maintenance in the context of transition specification. Acta Cybernetica, 1998, 13, 277-304.

[ScT99]   K.-D. Schewe and B. Thalheim, Towards a theory of consistency enforcement. Acta informatica, 1999, 36, 97-141.

[SST98]   B. Schewe, K.-D. Schewe, and B. Thalheim, Codesign of Structures, Processes, and Interfaces for Large-Scale Reactive Information Systems. Tuturial, ER98, Proc. ER'98 Conference, Singapore, 1998, 73pp.

[Tha93]   B. Thalheim, Fundamentals of Entity-Relationship Modelling. Annals of Mathematics and Artificial Intelligence, J. C. Baltzer AG, Vol. 7 (1993), No 1-4, S. 197-256.

[Tha94]   B. Thalheim, Database design strategies. Proc. Advanced School Advances in Database Theory and Applications, (eds. J. Paredaens, L. Tenenbaum), CISM Courses and Lectures, 347, 267 - 286, Springer, Heidelberg, 1993.

[Tha97]   B. Thalheim, Codesign von Struktur, Funktionen und Oberflächen von Datenbanken. BTU Cottbus, Fakultät 1, Informatik-Bericht I-05/1997. 22. 2. 1997, 78pp.

[Tha99]   B. Thalheim, Fundamentals of entity-relationship modelling. Springer, Heidelberg, 1999.

[Vale82]   E. Vale, The technique of screen and television writing. Simon and Schuster, New York, 1982

[WeG98]   P. Wegner and D. Goldin, Interaction as a framework for modeling. In: P.P. Chen, J. Akoka, H. Kangassalo, B. Thalheim, Conceptual modeling: current issues and future directions, LNCS 1565, Springer, 1998.

Die verteilte, objektorientierte Anwendung DaRT: Entwurf, Realisierung und Einsatzerfahrungen

J. Zimmermann[*]   M. Lange[†]   S. Euchner[‡]
sd&m AG, Thomas-Dehler-Str. 27, D-81737 München, Germany

M. Schissler
TLC GmbH, Schicklerstr. 3-5, D-10179 Berlin, Germany

Zusammenfassung

Zu Beginn der 90er Jahre hatte die Deutsche Bahn AG die zwei unterschiedlichen und inkompatiblen Software-Welten der ehemaligen Deutschen Bundesbahn und Deutschen Reichsbahn, d.h. verschiedene DV-Systeme (mit eigenen Datenbeständen) für den gleichen geschäftlichen Ablauf. Da es keine Integration gab, waren Datenaustausch und -synchronisation zwangsläufig ein Problem. Deshalb wurde ab 1993 das durchgängig objektorientierte System DaRT (*Da*tenbank für *R*eisezugwagen und *T*riebfahrzeuge) zur Verwaltung der Reisezugwagen und Triebfahrzeuge von sd&m entworfen und zusammen mit der Deutschen Bahn AG entwickelt. Das Datenmodell ist tief strukturiert; und allein bei den Fahrzeugen gibt es ca. 230 Attribute, die darüberhinaus von den Endbenutzern zur Laufzeit um sogenannte Ausstattungskomponenten erweitert werden können. Derzeit sind ca. 600 Endbenutzer über ganz Deutschland verteilt, weshalb eine dreistufige Architektur auf der Basis von CORBA gewählt wurde, um einen guten Durchsatz und kurze Antwortzeiten zu erhalten. Jeder Applikationsserver verfügt über einen konsistenten Daten-Cache zur Entlastung des Datenbankservers. Um die Entwicklung der Applikationsserver mit ORBIX/C++ und der Endbenutzer-Clients mit VisualWorks/Distributed Smalltalk zu erleichtern, wurden Code-Generatoren für

[*] Juergen.Zimmermann@sdm.de
[†] Martin.Schissler@sdm.de
[‡] Sabine.Euchner@sdm.de

C++, Smalltalk und die CORBA IDL eingesetzt. In diesem Beitrag wird nicht nur auf die Entwicklung, Architektur und Performanz eingegangen. Es werden auch die Konsequenzen für die Weiterentwicklung diskutiert und die Erfahrungen mit dem Einsatz eines verteilten, objektorientierten Systems beschrieben.

Schlagwörter: Systemstruktur, dreistufige Architektur, durchgängige Objektorientierung, Systementwicklung, Entwurfsmuster, Heterogenität, Durchsatz, Antwortzeiten, Weiterentwicklung.

1 Einleitung und Motivation

Seit dem Zusammenschluß der Deutschen Bundesbahn und der Deutschen Reichsbahn im Jahr 1990 stand und steht die Bahn vor der Aufgabe, zwei völlig selbständig gewachsene Unternehmen sowohl organisatorisch (Konzernstruktur) als auch technisch (Fahrzeug-Bestand, Trassen, DV-Infrastruktur) zusammenzuführen. Eine Schlüsselrolle spielen hier die Anforderungen an die Verwaltung des gesamten Fahrzeugbestandes. Die Kenntnis über den Einsatz der Fahrzeuge, deren Verbleib, technischer Zustand und eine den hohen Sicherheitsanforderungen genügende Instandhaltungsplanung sind Voraussetzung für die optimale Auslastung der Fahrzeuge und die sichere Abwicklung des Schienenverkehrs bei der Bahn. Besonders hohe Anforderungen werden dabei an die Aktualität der Daten gestellt.

Aus dieser Notwendigkeit heraus wurde im Jahr 1993 das Projekt DaRT initiiert, ein Gemeinschaftsprojekt der Deutschen Bahn AG und der Firma sd&m. Das Ziel war die Entwicklung eines integrierten Systems für die Verwaltung und Instandhaltungsplanung der Fahrzeuge des Personenverkehrs bei der Deutschen Bahn AG [AW98]. Im Einsatz sind derzeit die Verwaltung für 17.000 Reisezugwagen und 12.000 Triebfahrzeuge sowie die Instandhaltungsplanung für die Reisezugwagen. Dazu gibt es eine Vielzahl von Export- und Import-Schnittstellen zu Nachbarsystemen, um eine redundante Datenpflege zu vermeiden und die Aktualität der Daten zu gewährleisten.

DaRT ist eine Client-Server-Anwendung mit zentraler Datenhaltung, die 1996 mit dem OO-Award der Object Management Group ausgezeichnet wurde. DaRT wurde und wird an verschiedenen Standorten entwickelt, und zwar von einem gemischten Team mit Mitarbeitern der Deutschen Bahn AG (Frankfurt), sd&m (München) und TLC (Berlin). 1996 ging die erste Stufe von DaRT in Produktion, und seitdem gab es mehrere Auslieferungen, die den Funktionsumfang sukzessive erweiterten. Verteilt über ganz Deutschland arbeiten mittlerweile ca. 600 Mitarbeiter der Deutschen

Bahn AG mit DaRT; in der maximalen Ausbaustufe sind bis zu 1000 Mitarbeiter geplant.

Der vorliegende Beitrag gliedert sich wie folgt: In Kap. 2 wird die dreistufige Architektur in Verbindung mit durchgängiger Objektorientierung, Software-Schichten und Entwurfsmustern dargestellt. Aspekte des heterogenen Systems – auch im Hinblick auf Codegenerierung – werden in Kap. 3 beschrieben. Abschließend werden die unterschiedlichen Einsatzerfahrungen in Kap. 4 diskutiert.

2 Dreistufige Architektur und durchgängige Objektorientierung

2.1 Architektur und Software-Plattform

Der Entwurf von DaRT ist dadurch geprägt, daß die Endbenutzer über ganz Deutschland verteilt sind, weshalb die Übertragungskosten einen dominierenden Einfluß auf den Durchsatz und die Antwortzeiten haben. In Abbildung 1 ist die verwendete *dreistufige Architektur* dargestellt: die Endbenutzer-Clients implementieren die grafische Benutzungsoberfläche der Anwendung, und die Applikationsserver den Großteil der fachlichen Funktionalität. Die Daten für einen Dialog sind in einem Smalltalk-Objekt zusammengefaßt, das 1:1 einem C++ bzw. CORBA- Objekt beim Applikationsserver entspricht und genauso im objektorientierten Datenbanksystem ObjectStore abgespeichert wird. So werden bei durchgängiger Objektorientierung immer nur die für einen Dialog benötigten Daten übers Netz transportiert. Damit gibt es zu einem Anwendungsobjekt drei Repräsentationen: das Datenbank-Objekt, das C++ Objekt im Applikationsserver bzw. Datenbank-Client und das Smalltalk-Objekt als Smart-Proxy beim Endbenutzer-Client.

Die *Auswahlserver* stellen die relevanten (Teil-) Daten von Objekten bereit, damit ein Endbenutzer in sogenannten Auswahldialogen das Objekt selektieren kann, das anschließend bearbeitet werden soll. Bei einem Reisezugwagen ist das z.B. die Fahrzeugnummer oder die Bauart. Um andere Applikationsserver nicht zu blockieren, arbeiten die lesenden Auswahlserver auf dem Zustand der letzten Transaktion; das wird in ObjectStore als MVCC (multi-version concurrency control) bezeichnet. Um einen guten Durchsatz zu gewährleisten, werden mehrere parallel-laufende Auswahlserver eingesetzt.

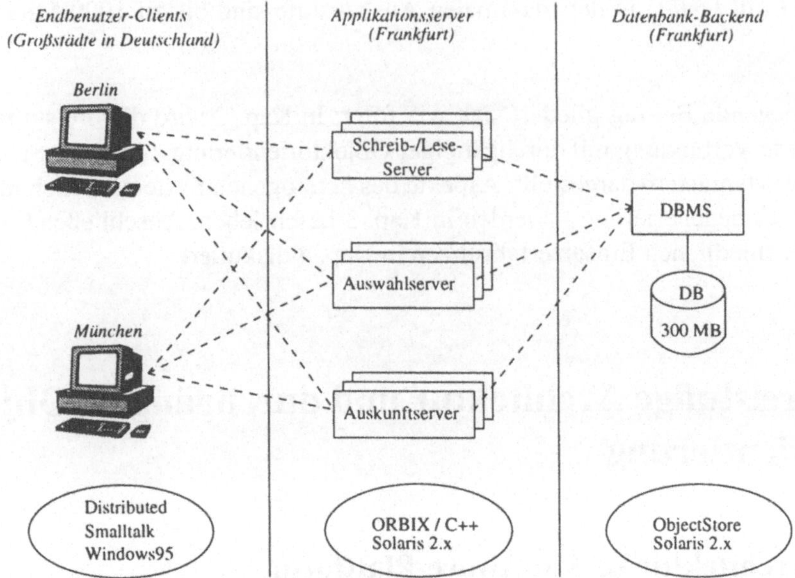

Abbildung 1: Dreistufige Architektur und Software-Plattform.

Im Gegensatz zu den Auswahlservern bearbeiten die *Auskunftserver* i.a. komplexe oder langlaufende Anfragen, die die Endbenutzer aus der Vielzahl der Attribute interaktiv im Hinblick auf die Bedingungen und Sortierung der Ausgabe zusammenstellen können (siehe Abb. 2). Ein Beispiel für eine Auskunft ist «Suche alle Reisezugwagen mit einer Länge über Puffer von mehr als 30,80 m und Kopfform "Wittenberg", für welche die Zweigniederlassung Frankfurt zuständig ist». Bei einer Auskunft werden vom bearbeitenden Auskunftserver i.a. sehr viele Daten bzw. Objekte benötigt, weil im Suchkriterium auch Attribute von solchen Objekten enthalten sein können, die von Fahrzeugobjekten referenziert werden. Nun ist ein Auskunftsserver auch Datenbank-Client und hat als solcher einen ObjectStore-Cache. Wenn dieser Cache zu klein ist, werden Objekte aus dem Cache verdrängt, die die Query-Komponente von ObjectStore später beim Zurücklaufen im Objektgraph der strukturierten Fahrzeugobjekte wieder benötigt. Mit anderen Worten: ein zu kleiner Cache kann dazu führen, daß ein Auskunftsserver vorwiegend mit Ein- und Auslagern in seinem Cache beschäftigt ist. Deshalb muß der Cache der einzelnen Auskunftserver prinzipiell so groß gewählt werden, daß die Daten aller strukturierten Fahrzeugobjekte aufgenommen werden können; die Daten der Instandhaltungsplanung werden dafür nicht benötigt. Obwohl das eine nicht-skalierbare Lösung ist, ist sie dennoch vernünftig, weil der Fahrzeugbestand der Deutschen Bahn AG aus verkehrstechnischen Gründen nur langsam wachsen kann.

Die dritte Gruppe der Applikationsserver umfaßt die *Schreib-/Leseserver*, welche die aktuellen Daten eines ausgewählten Objekts lesen und ggf. modifiziert in die Datenbank zurückschreiben.

Die mit CORBA/C++ [Bak97] entwickelten Applikationsserver werden *dialogorientiert* eingesetzt. Dazu wurden die Dialoge, die auf Auswahlserver und Schreib-/Leseserver zugreifen, analysiert und in Gruppen zusammengefaßt. Jede der Dialoggruppen (z.B. Zugriff auf Reisezugwagen, deren Bauarten und Komponenten) wird nun einem *spezialisierten* Applikationsserver zugeordnet, so daß ein guter Durchsatz gegeben ist.

2.2 Entwurfsmuster

Bei der Entwicklung der Applikationsserver und Endbenutzer-Clients wurden mehrere *Entwurfsmuster* [GHJV95] genutzt. So gibt es für die wichtigen Klassen (wie z.B. Reisezugwagen) jeweils eine Fabrik, die die Erzeugung der Objekte auf einem Applikationsserver übernimmt und die Einhaltung der vielfältigen Constraints gewährleistet. Die Fabriken agieren als Schnittstellen zu den Endbenutzer-Clients und sind jeweils ein singuläres Objekt – es gibt keine zwei Fabriken für dieselbe Klasse. Desweiteren werden Anfragen, wie z.B. "gib mir alle Reisezugwagen zur Bauart 62", an die Fabriken delegiert. Durch diese Fabriken sind also die Entwurfsmuster *factory*, *singleton* und *delegation* umgesetzt.

Ein weiteres, wichtiges Entwurfsmuster ist die *Datenpartitionierung*. Hier wird der persistente Datenbestand in disjunkte Objektmengen aufgeteilt. Jede solche Objektmenge, z.B. Baureihen der Triebfahrzeuge, wird in einem eigenen Cluster der Datenbank abgespeichert; das sind die sogenannten Segmente in ObjectStore. Das ist deshalb wichtig, weil das Datenbanksystem ObjectStore Seiten und nicht Objekte sperrt. Durch die Aufteilung in disjunkte Objektmengen bzw. Cluster werden Schreib-/Lesekonflikte zwischen den Schreib-/Leseservern reduziert.

Das Entwurfsmuster *Smart Proxy* betrifft die Kommunikation zwischen den Endbenutzer-Clients und den Applikationsservern (siehe Abb. 1). Um auch bei Engpässen in der Leitungskapazität einen möglichst reibungsfreien Betrieb zu ermöglichen, werden die Daten der Objekte bei einem Endbenutzer-Client gepuffert, bis ihr Zeitstempel nicht mehr aktuell ist. Mit den Smart Proxies und ihren Zeitstempeln wird ein unnötiges Nachladen der Objekte von einem Applikationsserver vermieden.

Bei DaRT ist es fast immer der Fall, daß die in den Dialogfeldern darzustellenden

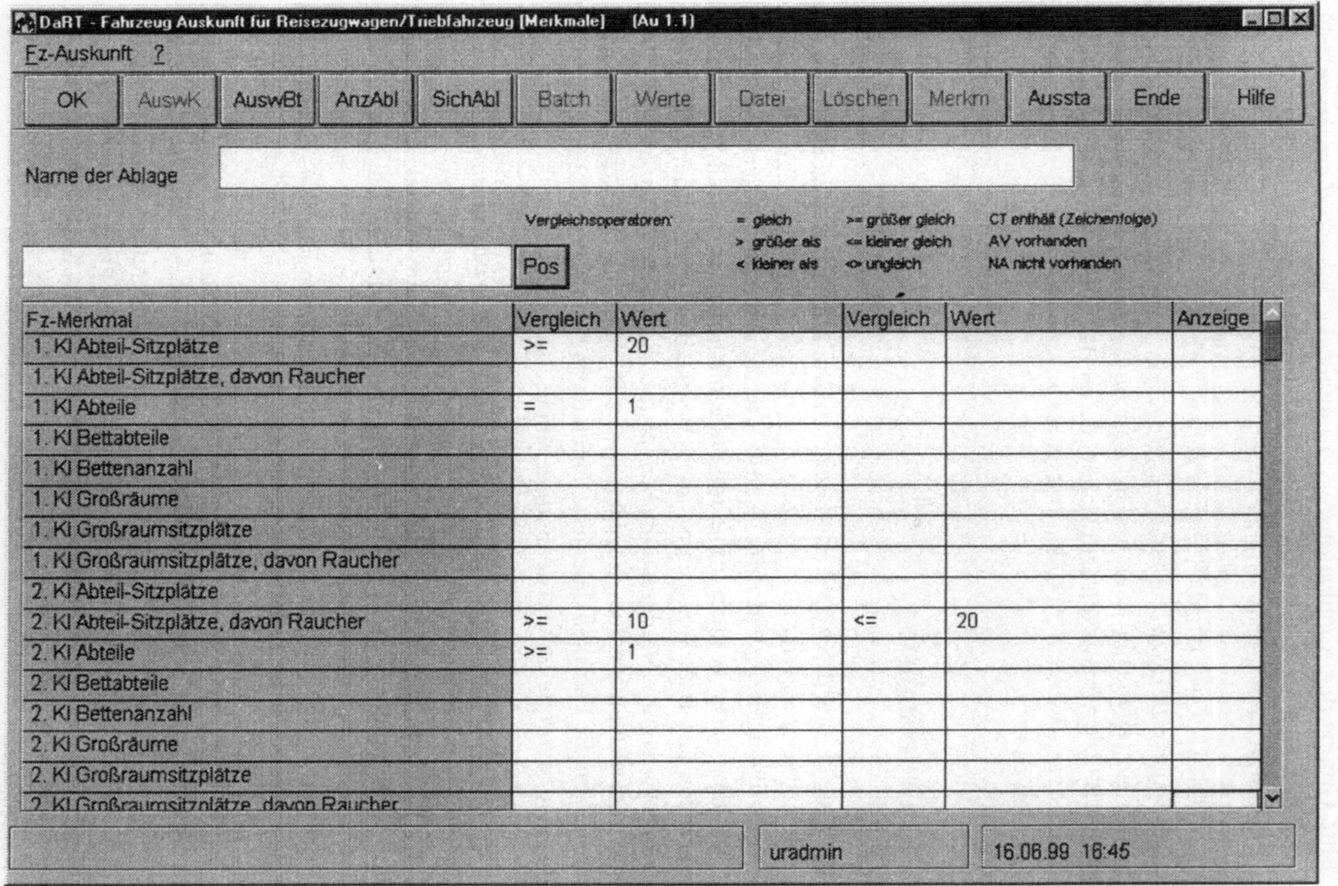

Abbildung 2: Dialog für die flexible Fahrzeugauskunft.

Daten genau den Attributen der (Server-) Objekte entsprechen. Damit liegt nicht nur eine durchgängige Objektorientierung, sondern auch ein *einheitliches Objektmodell für Client und Server* vor. Das brachte über den gesamten Projektzeitraum eine ganze Reihe von Vorteilen. Zunächst einmal hat sich die im Abschnitt 3 beschriebene Codegenerierung erheblich vereinfacht, obwohl mit C++ und Smalltalk verschiedene Programmiersprachen für Client und Server verwendet werden. Weiterhin ist die Kommunikation zwischen den Entwicklungsteams für Client und (Applikations-) Server nicht unnötig erschwert, weil beide Teams sich stets auf das gleiche, vertraute Objektmodell beziehen.

Dieser Umstand erleichterte auch die Weiterentwicklung am System in den letzten Monaten, als das Projektteam reduziert wurde – gemäß den restlichen ausstehenden Funktionalitätsanforderungen seitens des Auftraggebers Deutsche Bahn AG. Dabei war es unabdingbar, daß jedes Teammitglied mit Client und Server vertraut ist.

2.3   Schichten in der dreistufigen Architektur

Ein im Software-Engineering bewährtes Konstruktionsprinzip sind Schichtenarchitekturen. Dazu gibt es auch eine Vielzahl von Literatur, wie z.B. [Den91]. Typischerweise findet man bei Großrechner- oder klassischen Client/Server-Anwendungen Schichten für Präsentation, Anwendungskern und Datenbankzugriff. Diese Aufteilung wurde auch für DaRT prinzipiell beibehalten. In Abbildung 3 ist zu sehen, daß in den Applikationsservern die Schichten für Anwendungskern und Datenbankzugriff realisiert sind, während die Präsentation beim Endbenutzer-Client angesiedelt ist.

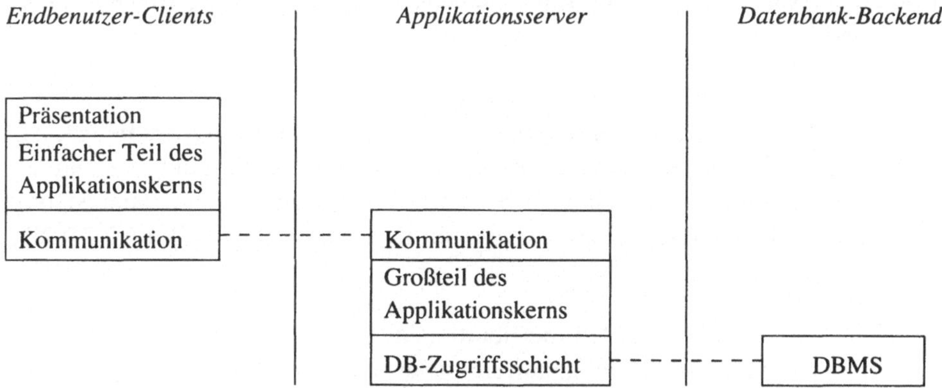

Abbildung 3: Schichten in der dreistufigen Architektur.

Im Gegensatz zu Großrechner- und klassischen Client/Server-Anwendungen mit *Fat Clients* muß aber noch die Kommunikation zwischen Endbenutzer-Client und Applikationsserver realisiert werden. Dazu wird auf beiden Seiten eine Kommunikationsschicht realisiert. Diese kapselt prinzipiell die CORBA-Aufrufe und damit auch die Abbildung der Datentypen von Smalltalk zunächst nach CORBA bzw. Distributed Smalltalk und dann nach C++ bzw. ORBIX (und zurück).

Die einzige Schicht, die bis jetzt noch nicht angesprochen wurde, ist beim Endbenutzer-Client der zusätzliche Anteil am Anwendungskern. Diese Schicht beinhaltet etwas Redundanz aus Sicht der Applikationsserver. Im Abschnitt 2.2 wurde erläutert, daß durch sogenannte *Smart Proxies* die Server-Objekte beim Endbenutzer-Client gepuffert werden. Wenn nun die Daten dieser Objekte vom Endbenutzer modifiziert werden, so wäre es nicht benutzerfreundlich, wenn mit Klicken eines OK-Buttons die Daten des Objektes zum Applikationsserver übertragen und erst dort vollständig auf Konsistenz geprüft werden. Deshalb finden einfache Plausibilitätsprüfungen bereits bei den Endbenutzer-Clients statt, um die Arbeit der Endbenutzer zu erleichtern und auch unnötigen Netzverkehr zu vermeiden. Beispiele für solche Plausibilitätsprüfungen sind die Syntaxprüfung der Fahrzeugnummer oder die Validierung eines Datums z.B. bei der Instandhaltungsplanung.

3 Heterogenität und Code-Generierung

Zur Entwicklung der Endbenutzer-Clients wurde Smalltalk eingesetzt, weil es im Jahre 1995 keine objektorientierte Sprache bzw. Umgebung zur Realisierung grafischer Bedienoberflächen gab, die derart komfortabel und auch einfach zu erlernen war. Mangels Alternativen kam für die Endbenutzer-Clients nur Distributed Smalltalk in Frage.

Auf der Seite der Applikations- bzw. CORBA-Server hat man sich dagegen aus Performanzgründen und nach umfangreichen Messungen für C++ entschieden. Als Produkt wurde ORBIX gewählt, weil es damals das stabilste Produkt war und zukunftsträchtig erschien, was sich auch bewahrheitet hat. Damit liegt zwangsläufig eine heterogene CORBA-Umgebung zwischen Distributed Smalltalk und ORBIX vor.

Beim Endbenutzer-Client werden die übertragenen Objekte durch Smart-Proxies mit einem Zeitstempel-Verfahren gepuffert (siehe Abschnitt 2). Deshalb gibt es auf Client- und Serverseite gemeinsame Funktionalitäten, wie z.B. das Setzen und Lesen von Attributwerten – allerdings in verschiedenen Programmiersprachen. Desweiteren gab es 1995 noch keine brauchbaren Tools, die eine Modellierung z.B. gemäß UML [Fow97] geeignet unterstützen sowie C++ und Smalltalk-Code generieren konnten. Erst im Laufe des Projekts war Rational Rose verfügbar, was dann nur noch zur Nachdokumentation eingesetzt werden konnte.

In einer eigenen Spezifikationssprache von DaRT werden deshalb die Anwendungsklassen und deren Methoden definiert, woraus dann ca. 60% des Server-Codes *und* 30-40% des Client-Codes generiert werden – diese Technik würde sich heute analog auf Java-Clients statt Smalltalk-Clients anwenden lassen. Ändert sich aus irgendeinem Grund die Schnittstelle zwischen Client und Server, wird diese in der Spezifikation durchgeführt und für den Server- und Client-Code eine Neugenerierung durchgeführt. Davon sind dann Methoden in folgenden Modulen bzw. Schichten betroffen:

- Anwendungskern (Client und Server): Initialisierung der Objekte, Methoden zum Setzen und Lesen einzelner Attribute,

- IDL-Schnittstellendefinitionen (Client und Server),

- Kommunikationsschicht (Client und Server): Übertragung der Attributwerte eines Objekts vom Server zum Client bzw. Lesen eines Objekts und Zurückschreiben der geänderten Attributwerte vom Client zum Server,

- Datenbank-Zugriffsschicht (Server).

4   Erfahrungen und Bewertung

Die Entscheidung für eine verteilte, dreistufige Architektur war auf jeden Fall richtig und notwendig. So konnte – auch bei langsamen Übertragungswegen von 9600 Baud – die Grundlage für kurze Antwortzeiten und einen guten Durchsatz gelegt werden. Wegen der durchgängig objektorientierten Realisierung von DaRT war es aber notwendig, viele *neue Technologien* einzusetzen: objektorientierte Programmiersprachen (C++ und Smalltalk), CORBA (ORBIX und Distributed Smalltalk) sowie ein objektorientiertes Datenbanksystem (ObjectStore).

Den objektorientierten Datenbanksystemen wurden zu Beginn der 90er Jahre deutliche Steigerungsraten vorausgesagt, die sich so leider nicht bewahrheitet haben, weshalb die Beurteilung differenziert ausfallen muß. Zunächst einmal wurde ein großer Entwicklungsaufwand dadurch eingespart, daß die übliche Abbildung von

260

Objekten auf relationale Tabellen entfallen ist. Ein weiterer Vorteil ergab sich daraus, daß auch in der Datenbank-Zugriffsschicht die *gleiche* Objektstruktur wie bei Applikationsserver und Endbenutzer-Client vorzufinden war. Dies hat die Kommunikation im Projektteam erleichtert und zu einer zügigen Entwicklung der ersten Versionen geführt. Auch im Betrieb hat sich das Datenbanksystem ObjectStore insbesondere im Hinblick auf Stabilität bewährt. Desweiteren ist ObjectStore wie jedes andere objektorientierte Datenbanksystem sehr wartungsfreundlich, was auch von den Herstellern immer wieder herausgestellt wird: Der Datenbank-Administrator (DBA) ist nur für das Erstellen der Sicherungsbänder verantwortlich.

Diese Einfachheit für den DBA hat sich im Laufe der Zeit und mit zunehmender Anzahl der Endbenutzer allerdings als nachteilig erwiesen, weil dem DBA wesentliche Eingriffsmöglichkeiten fehlen, um z.B. Anpassungen infolge von verändertem Nutzungsverhalten durchzuführen. Neue Indexe und eine Reorganisation des Clusterings kann *nicht* mit Tools von ObjectStore durchgeführt werden, sondern nur innerhalb von selbst implementierten Hilfsprogrammen. Deshalb wurde ein eigenes Dump&Load Programm erstellt, mit dem die Datenbank in eine ASCII-Datei entladen und gemäß der neuen bzw. geänderten Clustering-Strategie – bei gleichzeitigem Systemstillstand – neu geladen werden kann. Mit dem Dump&Load Programm ist es nun auch möglich, auf die (fehlerhafte) Schema-Evolution von ObjectStore zu verzichten, falls sich bei neuen Versionen von DaRT das Datenbank-Schema ändert. Eine weitere Unzulänglichkeit betrifft die Abfragesprache: es ist weder möglich, mehrere Attribute zusammen zu indizieren, noch kann das Resultat einer Abfrage sortiert werden – analog zu ORDER BY von SQL. Beim Einsatz von objektorientierten Datenbanksystemen gilt es also, sehr sorgfältig die Anforderungen der Anwendungen den derzeitigen Restriktionen dieser Technologie gegenüberzustellen.

Auch Smalltalk hat sich, nicht zuletzt durch das Aufkommen von Java, nicht so weiterverbreitet, wie noch zu Beginn der 90er Jahre erwartet wurde. Das ist hier aber schon der einzige Wermutstropfen. Die Entwicklung des grafischen Endbenutzer-Clients war genauso einfach und schnell durchzuführen wie erhofft. Desweiteren war diese Umgebung auch für solche Mitglieder des Projektteams einfach zu erlernen, die noch keine Vorkenntnisse über Objektorientierung hatten. Weil Smalltalk interpretiert wird, gibt es sehr kurze Entwicklungszyklen, verbunden mit einer hohen Produktivität. Weil ein Endbenutzer-Client stets nur wenige Objekte visualisiert und der Großteil des Anwendungskerns auf den Applikationsservern realisiert ist, war die Performanz der interpretativen Sprache Smalltalk nie ein Problem.

Die CORBA-Technologie war anfangs noch neu für die Entwickler, weshalb es – wie erwartet – auch technische Anlaufschwierigkeiten gab. Weiterhin waren die heterogenen CORBA-Produkte ORBIX und Distributed Smalltalk zu Projektbeginn noch neu und dementsprechend mit "Kinderkrankheiten" behaftet, die aber von den Herstellern i.a. zufriedenstellend behoben wurden. Nach anfänglichen Schwierigkeiten haben sich ORBIX und Distributed Smalltalk jedoch als stabil und zuverlässig erwiesen. Das einzige ungelöste Problem, ist die Tatsache, daß der Naming Service zwischen den beiden heterogenen Produkten nicht genutzt werden kann. Deshalb wurde auf der Basis von Sockets ein eigener, einfacher Name-Server implementiert.

Insgesamt kann man sagen, daß sich die objektorientierten Technologien in DaRT sowohl in der (Weiter-) Entwicklung als auch im Betrieb bewährt haben.

Danksagung

Das Projekt DaRT hat die kreative und tatkräftige Mitwirkung vieler Kolleginnen und Kollegen von der Deutschen Bahn AG, TLC und sd&m über mehrere Jahre hinweg erfordert. Bei ihnen allen möchten wir uns hiermit bedanken. Ohne ihre Mitarbeit wäre DaRT nicht in Produktion, und diese Veröffentlichung würde es nicht geben.

Literatur

[AW98]   T. Aichberger, A. Wickner: DaRT – ein CORBA-basiertes Auskunftssystem für die Fahrzeugdaten der Deutschen Bahn. OBJEKTspektrum, März 1998.

[Bak97]   S. Baker: CORBA Distributed Objects. Addison-Wesley, ACM Press, 1997.

[Den91]   E. Denert: Software-Engineering – Methodische Projektabwicklung. Springer Verlag 1991.

[Fow97]   M. Fowler: UML Distilled. Addison-Wesley, Object Technology Series, 1997.

[GHJV95]   E. Gamma, R. Helm, R. Johnson, J. Vlissides: Design Patterns: Elements of Reusable Object-Oriented Software. Addison-Wesley, Reading, Massachusetts, 1995.

Was sollten Informatikerinnen und Informatiker morgen über Informationssysteme wissen?

Heinrich C. Mayr[*]

Institut für Wirtschaftsinformatik und Anwendungssysteme
Universität Klagenfurt
Klagenfurt, Austria

Wie so vieles in der Informatik unterliegt auch das Gebiet der Informationssysteme einer kontinuierlichen Veränderung. Einschlägige Lehrveranstaltungen müssen ständig ‚gepflegt' und in kurzen Zeitabständen massiv überarbeitet werden: Neue Inhalte, neue Begrifflichkeiten, neue Realisierungstechniken, neue Anwendungsbereiche – und bei alledem gibt es immer noch keine einheitliche, allgemein verwendete oder gar anerkannte Definition dessen, was ein Informationssystem eigentlich ist. Ebenso unterschiedlich ist die Verankerung von Informationssystemen in den Curricula von Informatik-Hochschulstudien.

Was also sollte heute Studierenden der Informatik zu diesem Thema mitgegeben werden? Die Fachgruppe EMISA, die sich ja hauptsächlich mit Modellen und Methoden für die Entwicklung von Informationssystemen auseinandersetzt, hat hierzu bislang nicht Stellung bezogen. Anläßlich ihres zwanzigjährigen Bestehens ist es somit höchste Zeit, diese Frage aufzuwerfen. Dies soll im Rahmen einer Podiumsdiskussion mit Fachleuten aus Hochschule, Industrie und Anwendung erfolgen. Neben inhaltsbezogenen Aspekten soll dabei insbesondere herausgearbeitet werden,
- nach welchen Gesichtspunkten das Gebiet zu gliedern ist,
- wie ein angemessener Mix von Basistechnologien, Anwendungsaspekten und Gestaltungsaspekten aussehen könnte,
- wie das Gebiet gegenüber anderen abzugrenzen ist, wo die Schnittstellen liegen, welche Grundlagen vorauszusetzen sind,
- wie Lehrveranstaltungen aufeinander aufzubauen sind und welchen Studienabschnitten sie zuzuordnen sind; dies natürlich unter Berücksichtigung der unterschiedlichen Curricula von Kerninformatikstudien und angewandten Informatikstudien,

---

[*] mayr@ifi.uni-klu.ac.at

- welche Anforderungen aus der Sicht der Praxis bestehen,
- welche Fähigkeiten neben dem reinen Fachwissen vermittelt werden sollen.

Natürlich können diese Fragen im Rahmen einer Podiumsdiskussion nicht abschliessend beantwortet werden. Es soll dadurch aber zumindest ein Anstoß für eine weitere Behandlung des Themas in der Fachgruppe gegeben werden, die zur Formulierung einer entsprechenden Empfehlung führen könnte.